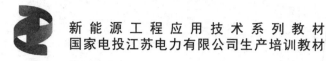 新能源工程应用技术系列教材
国家电投江苏电力有限公司生产培训教材

海上风电风机技术

主　编	邢连中	王　锋	邢建辉
副主编	王文庆	葛前华	葛双义
	田宏卫	李　成	和庆冬
	赵德中	黄　帅	杨　荣
	朱天华	陈　城	
参　编	刘跃伟	张　成	刁品宜
	黄　攀	田智捷	周国钧
	戚建功	杨　祥	刘　勇
	杨　叶	吴寿康	张家豪
	李　聪	陈　静	赵海波
	夏斯江	袁志钢	薛作军
	王国太	王乃新	许　明
	黄继勇	胥俊海	陈久野

南京大学出版社

图书在版编目(CIP)数据

海上风电风机技术 / 邢连中，王锋，邢建辉主编
. —南京：南京大学出版社，2023.12
ISBN 978-7-305-27552-4

Ⅰ.①海…　Ⅱ.①邢…②王…③邢…　Ⅲ.①海上—
风力发电—电力工程—技术培训—教材　Ⅳ.①TM62

中国国家版本馆 CIP 数据核字(2023)第 239339 号

出版发行　南京大学出版社
社　　址　南京市汉口路 22 号　　　邮　　编　210093
书　　名　海上风电风机技术
　　　　　　HAISHANG FENGDIAN FENGJI JISHU
主　　编　邢连中　王　锋　邢建辉
责任编辑　王骁宇

照　　排　南京开卷文化传媒有限公司
印　　刷　南京百花彩色印刷广告制作有限责任公司
开　　本　787 mm×1092 mm　1/16　印张 19.5　字数 486 千
版　　次　2023 年 12 月第 1 版　2023 年 12 月第 1 次印刷
ISBN 978-7-305-27552-4
定　　价　65.00 元

网　　址:http://www.njupco.com
官方微博:http://weibo.com/njupco
官方微信号:njupress
销售咨询热线:(025)83594756

编　委　会

序

电力是社会现代化的基础和动力,是最重要的二次能源。电力的安全生产和供应事关我国现代化建设全局。近年来,随着电力行业不断发展以及国家对环保要求的不断提高,在传统高参数、大容量燃煤发电机组逐步发展的基础上,新能源、综合智慧能源发展已经成为我国发电行业的新趋势。

国家电投集团江苏电力有限公司(以下简称"公司")成立于2010年8月,2014年3月改制为国家电投集团公司(以下简称"国家电投集团")江苏区域控股子公司,2017年11月实现资产证券化,主要从事电力、热力、港口及相关业务的开发、投资、建设、运营和管理等。近年来,公司积极参与构建以新能源为主的新型电力系统建设,产业涵盖港口、码头、航道、高效清洁火电、天然气热电联产、城市供热、光伏、陆上风电、海上风电、储能、氢能、综合智慧能源、售电等众多领域,打造了多个"行业第一"和数个"全国首创"。目前,公司实际管理11家三级单位,2个直属机构,62家控股子公司,发电装机容量527.63万千瓦,管理装机容量718.96万千瓦。其中,新能源装机325.23万千瓦,占比达61.64%。

为了落实江苏公司"强基础"工作要求,使公司生产技术人员更快更好地了解和掌握火电、热电、光伏、海上风电、储能、综合智慧能源等的结构、系统、调试、运行、检修等知识,江苏公司组织系统内长期从事发电设备运行检修的专家及技术人员,同时邀请南京大学专业导师共同编制了《国家电投江苏电力有限公司生产培训教材》系列丛书。本丛书编写主要依据国家和电力行业相关法规和标准、国家电投集团相关标准、各设备制造厂说明书和技术协议、设计院设计图,同时参照了行业内各兄弟单位的培训教材,在此对所有参与教材编写的技术人员表示感谢。

本丛书兼顾电力行业基础知识和工程运行检修实践,是一套实用的电力生产培训类图书,供国家电投集团江苏电力有限公司及其他生产技术人员参阅及专业岗前培训、在岗培训、转岗培训使用。

编委会

2023年10月

前　言

　　风能是可再生能源重要的组成部分,积极开发利用风电对于改善能源系统结构、保护生态环境具有深远意义。由于海上风电市场规模极大且风险极高,对设备的设计、安装、维护等高难度技术的掌握程度代表了当今风电技术的开发水平。在过去的10年中,海上风力发电机组在安装和运营方面积累了很多经验,但仍然存在着需要解决的技术难题。与陆基风能相比,海上风电的高成本一直困扰着运营商,这种限制要求海上风力发电机的状态监测系统具有更高的可靠性。同时将现有的陆基风力发电机海洋化也会产生问题,如机舱内腐蚀加剧等问题。未来海上风电在从近海向远海、单机容量不断增大等方向有不同程度的发展,从而带动我国风电全产业链高速发展。我国东部沿海水深50 m以内的海域辽阔,而且距离电力负荷中心很近,随着海上风电场技术的发展成熟,风电必将会成为我国东部沿海地区可持续发展能源的重要来源。

　　国家电投集团江苏电力有限公司作为一家主要从事电力、热力、港口及相关业务的开发、投资、建设、运营和管理的国有大型能源企业。近年来,公司积极参与构建以新能源为主的新型电力系统建设。2016年,行业内率先建成盐城滨海北H1(100 MW)海上风电项目,成为风电行业首个国家优质工程金奖项目,并入选中华人民共和国成立70周年百项经典工程。2018年,建成投运当时亚洲单体容量最大的盐城滨海北H2(400 MW)海上风电项目,同年建成投运当时国内离岸距离最远的盐城大丰H3(300 MW)海上风电项目。2020年,建成投运国内首个数字化、智慧化海上风电场——盐城滨海南H3 (300 MW)海上风电项目。2021年,建成投运国内单体容量最大海上风电场集群——南通如东800 MW(H4、H7)海上风电项目。至此,国家电投盐城、南通两个百万千瓦海上风电基地巍然屹立于祖国黄海之滨,为国家、社会提供源源不断的清洁能源。

　　本书主要从风资源、海上风电发展、海上风力发电场水工设备管理、风电机组基础知识、海上风电并网技术、海上风力发电机组技术、海上风电场施工、风电机组运行与维护、海上风电场安全管理、典型事故案例等方面介绍了海上风电风机技术知识。

本书是由国家电投集团江苏电力有限公司组织归纳编写而成,基层一线管理人员完成了资料收集及数据整理工作。同时在出版过程中得到了南京大学出版社的大力支持,值此表示由衷的感谢!

由于笔者水平有限、时间仓促,书中难免存在不足之处,恳请读者批评指正。

编 者

2023 年 10 月

目 录

第一章　风能资源概述 ·· 1
　　第一节　风能的形成及测量 ·································· 1
　　第二节　风能资源的计算及分布 ···························· 2

第二章　海上风电的发展 ·· 5
　　第一节　海上风电的发展趋势 ······························ 5
　　第二节　海上风电场的选址 ································· 9
　　第三节　影响海上风力发电量的主要因素 ··················· 11

第三章　海上风力发电场水工设备管理 ··························· 16
　　第一节　海上风力发电机组基础介绍 ······················ 16
　　第二节　海上风力发电机组桩基防腐 ······················ 21
　　第三节　海上风电场海缆防护措施 ························· 23
　　第四节　基础防护措施 ···································· 25

第四章　海上风电机组概述 ·· 32
　　第一节　风力发电机组基础知识介绍 ······················ 32
　　第二节　国内典型的大功率海上风力发电机组介绍 ··········· 35
　　第三节　国内各主机厂商海上风力发电机组技术路线 ········· 43

第五章　海上风电并网技术 ··· 45
　　第一节　风电机组/风电场并网技术 ························· 45
　　第二节　风电机组/风电场功率调节 ························· 54
　　第三节　海上风电机组涉网设备及其保护系统 ··············· 60

第六章　海上风力发电机组技术介绍 ·························· 65

第一节　海上风电机组设计要求 ·························· 65

第二节　SWT‑4.0‑130 型机组主要技术性能 ·················· 75

第三节　SWT‑4.0‑130 型机组主要部件 ···················· 97

第七章　海上风电场施工 ···························· 102

第一节　海上风电机组基础结构施工 ···················· 102

第二节　海上风电场海缆施工 ························· 107

第三节　海上风电机组安装 ·························· 112

第八章　海上风力发电机组的运行与维护 ··················· 125

第一节　SWT‑4.0‑130 型机组的调试 ···················· 125

第二节　海上风电场运行维护概述 ····················· 133

第三节　海上风力发电机组运行维护要求 ·················· 135

第四节　海上风电场的运行维护科学管理措施 ··············· 139

第九章　海上电场安全管理 ·························· 143

第一节　海上风电运维船介绍 ························· 143

第二节　海上安全管理 ···························· 144

第三节　海上逃救生知识 ··························· 159

第四节　海上风电场应急处置 ························· 177

第十章　风电机组典型事故案例 ······················ 188

第一节　施工阶段典型事故案例 ······················ 188

第二节　运营阶段典型事故案例 ······················ 193

附录一　SWT‑4.0‑130 型机组监控简介 ··················· 199

附录二　SWT‑4.0‑130 型机组的维护 ···················· 241

第一章　风能资源概述

第一节　风能的形成及测量

一、风的形成

所有的可再生能源(除了潮汐能和地热能),甚至是化石燃料能源都来自太阳,地球每小时所接受到的太阳辐射能高达 1.74×10^{14} kW,在这些能量当中,大约 $1\% \sim 2\%$ 辐射能转化为风能,这大约是植物将太阳辐射能转化为生物质能的 $50 \sim 100$ 倍。

地球赤道附近接受的阳光辐射比其他纬度地区多,如图 1-1 所示,从美国 NASA 的海洋表面红外卫星图上看,高温区域多分布在低纬度地区,这些地区的空气遇热后上升至大约 10 000 m 高空,然后分别向南北方向扩散。如果地球停止自转,这些空气将分别到达南极和北极,然后遇冷沉降,重新返回赤道附近,形成大气环流。

图 1-1　风能的形成

在赤道和低纬度地区,太阳高度角大,日照时间长,太阳辐射强度强,地面和大气接受的热量多、温度较高;在高纬度地区太阳高度角小,日照时间短,地面和大气接受的热量小,温度低。这种高纬度与低纬度之间的温度差异,形成了南北之间的气压梯度,使空气做水平运动。地球在自转,使空气水平运动发生偏向的力,所以地球大气运动除受气压梯度力外,还要受地转偏向力的影响。大气真实运动是这两种力综合影响的结果。

由于地球的自转,从地面固定位置上看,在北半球的空气运动会向右偏转,在南半球的空气运动会向左偏转,这种由于地球自转形成的偏转力被称为科里奥利力(名称源自法国物理学家 Gustave Gaspard de Coriolis,1792~1843 年)。科里奥利力是一种常见的物理现象,例如火车铁轨总是一侧铁轨的磨损比另一侧快一些;河流的河床两侧深度不一致,一侧总比另一侧深一些。在北半球,气流从高压区流向低气压区时,风倾向于逆时针旋转,而在南半球,则顺时针旋转。

二、风的测量

风的大小常用风的速度来衡量,风速是单位时间内空气在水平方向上所移动的距离。它是计算在单位时间内风的行程,常以 m/s、km/h、mile/h 等来表示,因为风是不恒定的,所以风速经常变化,甚至瞬息万变。专门测量风速的仪器,有旋转式风速计、散热式风速计和声学风速计等。风速是风速仪在一个极短时间内测到的瞬时风速,若在指定的一段时间内测得多次瞬时风速,将它平均计算起来,就得到平均风速,例如日平均风速、月平均风速或年平均风速等。当然,风速仪设置的高度不同,所得风速结果也不同,它是随高度升高而增强的,通常测风高度为 10 米。根据风的气候特点,一般选取 10 年内年平均风速最大、最小和中间的 3 个年份选择为代表年份,分别计算该 3 个年份的风功率密度的平均值,作为当地常年平均值。

风电场普遍采用风杯式风速计作为风速测量装置,其由一个垂直方向的旋转轴和三个风杯组成,风杯式风速计的转速可以反映风速的大小。一般情况下,风速计与风向标配合使用,可以记录风速和风向数据。除了风杯式风速计外,还有目前不常用的螺旋桨式风速计以及非接触式的超声波和激光风速计,超声波风速计通过检测声波的相位变化来记录风速;激光风速计可以检测空气分子反射的相干光波;热线风速仪则检测气流流过热线所引起的细微温度差异来测量风速和风向,这些非机械式风速仪的优点在于不受结冰天气(气候)的影响。但在实践中,风杯式风速仪的应用最广泛,在结冰地区可以通过电加热的方法防止仪器结冰。

第二节　风能资源的计算及分布

一、风能资源的计算

一个国家的风能资源状况是由该国的地理位置、季节、地形等特点决定的,目前通常采用的评价风能资源开发利用潜力的主要指标,是有效风能密度和年有效风速时数。有效风速是指 3 m/s~20 m/s 的风速,有效风能密度是根据有效风速计算的风能密度。平均风能密度的计算公式如式 1-1。

$$W = \frac{\rho \sum N_i v_i^3}{2N} \tag{1-1}$$

式中：W——平均风能密度，W/m^2；

　　　v_i——等级风速，m/s；

　　　N_i——等级风速 v_i 出现的次数；

　　　N——各等级风速出现的总次数；

　　　ρ——空气密度，kg/m^3。

风能的大小实际就是气流流过的动能，总体上说，风能大小与风速和风能密度有关，但是计算起来而这不是相等的关系。

图 1-2 为不同风速下的气流流过单位面积（1 m^2）截面时的功率随风速变化情况，在风速为 8 m/s 时，风功率密度为 314 W/m^2；在风速为 16 m/s 时，风功率密度为 2 509 W/m^2。

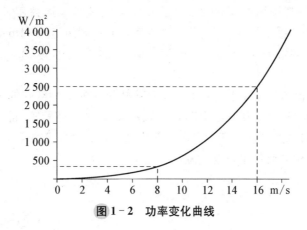

图 1-2　功率变化曲线

气流垂直通过圆截面的风功率计算公式如下所示：

$$P = \frac{1}{2}\rho V^3 \pi R^2 \tag{1-2}$$

式中：P——功率，W；

　　　ρ——空气密度，标准状态下的空气密度为 1.225 kg/m^3；

　　　R——圆截面的半径，m。

从上式可以看出，风能大小与气流通过的面积、空气密度和气流速度的立方成正比。因此，在风能计算中，最重要的因素是风速，风速取值准确与否对风能的估计有决定性作用，风速的大小决定着风力发电机把风能转化为电能的多少，也就是说，风速增加一倍，风能增加 7 倍。

二、海上风能资源的分布

风能资源分布受地形的影响较大，世界风能资源都集中在沿海和开阔大陆的收缩地带。8 级以上的风能高值区主要分布在南半球中高纬度洋面和北半球的北大西洋、北太平洋以及北冰洋的中高纬度部分洋面上，大陆上风能一般不超过 7 级，其中以美国西部、西北欧沿海、乌拉尔山顶和黑海地区等多风地带较大。

中国沿海地区，特别是东南沿海地区，拥有丰富的风能资源。这些地区的风能密度高,风向稳定,且持续时间长。其中,福建、广东、浙江、江苏、山东等省份的海岸线上的风能资源尤其丰富。这些地区的风能资源不仅有利于风电场的建设和运行,也有利于减少温室气体排放,推动清洁能源的发展。

除了沿海地区,中国近海地区的风能资源也十分丰富。据统计,中国近海水深小于50米的风能资源量约为1亿千瓦,其中可用于发电的风能资源量约为2千万千瓦。近海风电场的建设不仅能充分利用这一丰富的自然资源,还能避免占用陆地风电场的土地资源。

目前,我国现有风电场场址的年平均风速均达到6 m/s以上,一般认为,可将风电场风况分为三类:一类风场,参考风速为50 m/s,年平均风速为10 m/s,50年一遇极限风速为70 m/s,一年一遇极限风速为52.5 m/s;二类风场:参考风速为42.5 m/s,年平均风速为8.5 m/s,50年一遇极限风速为59.5 m/s,一年一遇极限风速为44.6 m/s;三类风场:参考风速为37.5 m/s,年平均风速为7.5 m/s,50年一遇极限风速为52.5 m/s,一年一遇极限风速为39.4 m/s。

中国的海上风能资源丰富且分布广泛,为风电开发提供了良好的条件。了解和掌握这些资源的分布情况有助于优化风电项目的规划、建设和运营管理,推动清洁能源的发展和实现可持续发展目标。同时,海上风电的开发还能带来经济效益和环保效益,为中国的能源转型和气候变化应对作出重要贡献。

第二章　海上风电的发展

第一节　海上风电的发展趋势

世界上第一个真正意义上的海上风电场起始于欧洲的丹麦,以 1991 年投运的丹麦 Vindeby 海上风场为标志,海上风电发展至今已经有多年历史。Vindeby 风场共计由 11 台 450 kW 风电机组组成,机组距离海岸线仅 1.5～3 km。凭借海风资源的稳定性和大发电功率的特点,海上风电近年来正在世界各地飞速发展,目前新增的风机容量普遍达到 6～8 MW,装机距离海岸线达数十公里。同时,世界上大部分发达地区是位于沿海地区,电力能源需求量大,发展海上风电可以缩短电力输送距离,减少电网投资及损耗。随着经济的发展需求,人们开始进一步研究海上风电,出现了重力式、单桩式、沉箱式、导管架式和漂浮式等装机类型。随着技术的成熟,成本的下降,目前海上风电已经进入了比较快速的发展时期。

一、海上风电行业的发展趋势

1. 海上风电成为全球新增电力装机的重要来源

根据英国 2019 年 3 月 7 日所发布新的海上风电产业战略规划,英国海上风电将在 2030 年前装机容量达到 30 GW。根据德国政府规划,海上风电开发目标是 2030 年装机总量 15 GW。

我国各地也积极布局海上风电,2018 年底江苏省一次性批复 24 个共计 6.7 GW 的海上风电项目,不完全统计,广东、福建、浙江等省份的海上风电核准数量也维持在高位,其中广东核准量为 7.1 GW、福建核准量为 2.7 GW、浙江核准量为 2.6 GW、以上 4 个沿海省共计核准 19.1 GW。

2. 全球海上风力发电成本持续下降迈向平价上网

据有关部门测算分析,预计 2025 年海上风电平均投资预计降至 12 000 元/千瓦,海上风电成本逐年下降将促使上网电价降低趋向平价。

3. 海上风电设备向大型化与智能化发展

随着技术进步,为充分利用风能资源,降低度电成本,风电设备正不断向大型化与智能化发展。同时,风电设备数字化、智能化发展趋势明显,且进程将随着 AI、大数据等产业的兴起而加快。

4. 海上风电领域竞争加剧

在国际上,原丹麦石油天然气公司卖掉其石油天然气业务,专注于开发海上风电业务,并更名为沃旭(Ørsted)公司,现已成为当今世界上最大的海上风电开发运营商。在国内,2019年5月份召开的江苏发展大会上,华能与江苏省政府签署战略合作协议,将投资1 600亿元打造基地型、规模化千万千瓦级海上风电基地。2019年中石油宣布进入风电领域,在江苏省灌云、如东海域投资建设总装机容600 MW的风电场。4月,中石化胜利油建工程公司与珠海市华言新能源有限公司签订战略合作协议,协议双方将在海上风电安装船上展开全面合作。与此同时,中海油也在当年宣布重返海上风电。海上风电已成为新能源领域的一个新的竞争点,可能会导致中国的发电企业重新洗牌。

5. 我国风电专业运维服务需求将大幅增加

随着海上风电爆发式的增长,我国海上风电存量资产规模将持续增长,海上风电专业运维服务需求将大幅增加。我国风电产业设备多源、多样化给设备运行、检修、备品备件等工作带来了极大的挑战。未来,行业内必将出现一批能深耕风电服务领域,在技术研发、产业链资源整合、区域布局上持续投入的企业,提高设备运行可靠性、降低服务成本。

二、风电机组技术发展趋势

在风电发展方面,我国将继续落实海上风电基地建设、陆上大型基地建设、陆上分散式并网开发,并结合我国制造业转型升级的国家战略,积极推动整机设备和零部件出口。风电机组出于充分利用风能资源和降低度电成本的目的,不断向大型化、智能化、数字化的方向发展,而具体技术突破则更多地借助于信息化、集群化以及多学科的交叉融合。

1. 大型风电机组整机设计与制造发展趋势和需求

(1) 大型风电机组的开发

海上风电场一般采用大容量风电机组,随着风电机组单机容量的不断增加及我国海上风电开发的不断深入,利用智能控制技术,通过先进传感技术和大数据分析技术的深度融合,综合分析风电机组运行状态及工况条件,对机组运行参数进行实时调整,实现风电设备的高效、高可靠性运行,是未来风电设备智能化研究的趋势。大型风电机组整机技术需求主要包括:大功率风电机组整机一体化优化设计及轻量化设计技术,大功率机组叶片、载荷与先进传感控制集成一体化降载优化技术,大功率风电机组电气控制系统智能诊断、故障自恢复免维护技术,以及大功率海上风电机组及关键部件绿色制造技术。

我国海床的构成特征确定了我国海上风电机组基础段的工程成本将高于欧洲,而我国海域的夏季台风则对海上风电机组构成了严峻挑战,这就促使我国海上风电市场需要设备更具有大容量和高可靠性。

海上风电机组技术需求主要包括:适用于我国的近海、远海风电场设计、施工、运输、吊装关键技术;适合我国海况和海上风能资源特点的风电机组精确化建模和仿真计算技术;10 MW级及以上海上风电机组整机设计技术,包括风电机组、塔筒、基础一体化设计技术,以及考虑极限载荷、疲劳载荷、整机可靠性的设计优化技术;高可靠性传动链及关键部件的设计、制造、测试技术以及大功率风电机组冷却技术;自主知识产权的海上风电机组及其轴承和发电机等关键部件;对于恶劣海洋环境对机组内部机械部件、电控部件以及对外部结构腐蚀的影响;台风、盐雾、高温、高湿度海洋环境下的风电机组内环境智能自适应性系统。

（2）零部件配套

在风电机组大型化的同时,结构性问题的重要性也凸显出来,一些新型的技术方案,如分段式叶片、全钢分瓣式柔性塔筒、低成本的辅助控制小型激光雷达、海上机组用的高度生物可降解油品等我国尚未完全掌握。

叶片大型化和柔性化带来一些新的问题,如叶片的一阶扭转频率越来越低,叶片气弹发散以及颤振稳定性边界逐渐降低,甚至威胁风电机组的正常运行,因此叶片气弹稳定性分析将是未来大型叶片结构设计的必要内容,通过结构设计提高叶片的气弹稳定性具有重要意义。

（3）风电试验平台

国内厂商进行产品性能试验时,多出于产品认证和市场准入的需要,而整机厂商和零部件厂商出于自身技术研发和产品优化需要而开发的试验平台或者制订的试验标准则一直比较缺乏。由于试验平台和标准涉及的上下游厂商较多,关系到从理论到实践的成果转化,需要行业标准归口单位组织众多厂商深入论证,并积极开展实质性的协作,真正推动产业技术成长。

2. 数字化风电技术发展趋势和需求

（1）风电场智能化监控

风电场智能化监控可以带来非常大的商业价值,具体需求主要包括:风电机组和风电场综合智能化传感技术、风电大数据收集、传输、存储、整合及快速搜索提取技术;风电场中不同制造商风电机组间通信兼容解决方案,建立风电场监控系统信息模型;大型风电场群远程通信技术,开发风电场间通信协议及数据可视化展示平台,实现风电场信息的无缝集成等。

（2）风电智能运维

风电场智能化运维技术正在向着信息化、集群化的方向发展。通过智能控制技术、先进传感技术以及高速数据传输技术的深度融合,综合分析风电机组运行状态及工况条件,对机组运行参数进行实时调整,实现风电设备的高效、高可靠性运行。

风电运维与信息技术的深入融合包括建立包含风电场群运行数据、气象数据、电网信息、风电设备运行信息的物联网大数据平台,通过多风电场群协同控制和综合分析,加强风电机组智能控制和发电功率优化;以可靠性为中心的风电场维修理论,按照以最少的维修资源消耗保持设备固有可靠性和安全性的原则,应用逻辑决断的方法确定装备预防性维修要求的过程;基于云计算平台的风电大数据挖掘及智能诊断技术,将数据分析范围覆盖风场从设计建设到状态监测、故障诊断以及运营维护的全流程等方面。

（3）风电机组故障智能诊断和预警

当前风电机组的运维主要采用定期检修和故障后维修的"被动"维修方式，需要改变风电机组运行维护方式，充分利用风电状态监控，开展预警相关研究，变风电机组"被动"维修为"主动"维修，提高风电运维效率，增加风电开发收益。当前在役风电场均配有监控与数据采集系统（SCADA），具备多年运行积累的历史数据；2010年以来，为监测风电机组振动状态，新增风电机组都配有振动状态监测系统（CMS），基于大数据技术开展风电状态监控及智能预警研究已具备开展条件。结合机组主控制系统、SCADA数据和CMS数据，开展风电机组状态预测与故障诊断方法研究，开展振动信号检测与分析研究，对风电机组关键部件故障进行特征提取与精确定位，并结合疲劳载荷分析和智能控制技术，对风电机组进行健康状态监测、故障诊断、寿命评估及自动化处置已经成为各个厂商都在积极投入的技术方向。

3. 电网友好型技术发展趋势和需求

我国风电的接入形式正从单一的集中接入远距离输送向多元化方式发展，分散式接入和微网应用正成为日益发展的趋势。在全新的应用场景下，风电将更为直接地面对用户需求，而用户对于风电的电能品质也将提出更高的标准。

欧美国家在风电的分散式应用方面发展较我国成熟，但接入标准根据市场发展情况也在不断完善中，以美国为例，UL1741标准在2016年年底对接入电源的故障穿越、频率支持等方面提出了一系列的新要求，其技术方向和适用性非常值得我国参考。

未来风电电源和传统电源、储能、负荷、其他新能源、充电桩和智能配电保护系统等都会产生更多元和深入的互动，在运行控制、信息交互和安全方面必将有广阔的发展空间。

4. 风电新概念技术发展趋势和需求

从长期来看，海上风力资源的综合利用仍然处于起步阶段，在低碳环保可持续发展理念下，风电机组技术未来也会发展出一些全新的理念，新的材料和工艺也将不断被利用到风电机组中，使我们能更高效、更灵活、更低成本地获取风能。

三、海上风电关键技术发展趋势

1. 叶片制造技术以及传动系统性能的持续改善

这使得可以应用更大型的叶片，相应地提高了单机容量，目前主流在役机组的单机容量为6 MW，风轮直径达到150 m。运用更大型的机组，可能并不一定会在现有设计的基础上进一步降低单位兆瓦的资本成本，但却可以通过提高可靠性以及降低单位兆瓦的基座制造和吊装成本，来降低度电成本。预计到21世纪20年代，单机容量为10 MW的海上风电机组将会投入商业化应用，而到21世纪30年代，单机容量为15 MW的机组将可以进入市场。

2. 机组吊装的便捷化

机组吊装将会不断趋于简单。通过在港口组装和预调试机组，并在海上一次性完成吊装工作,可以大大简化原有的环节。另外一种创新则是预先安装好机组和基座,再通过定制的运输船或者拖轮将其运到指定的机位点。这些方面的创新有助于降低吊装成本,并规避健康和安全风险。

3. 漂浮式基座的发展

漂浮式机组是另外一个将会对海上风电成本下降产生重要影响的创新环节,为风电行业带来了新的发展机遇。应用该类型的基座,可以使海上风电开发进入到风能资源更好,水深超过 50 m 的海域。在中等水深(30 m～50 m)的海域,相比于固定式基座,漂浮式基座无疑更具成本优势,因为可以使基座设计标准化,并能够最大限度地减少海上作业。此外,安装这种基座时还可以使用造价低、现成的安装船。

4. 输电环节的创新

输电环节也存在诸多可以创新的方面,其中就包括减少海上高压交流(HVAC)基础设施。在输送离岸较远的风电场所发电力时,高压直流(HVDC)方式要优于高压交流(HVAC)方式,因为前者可以减少线损以及电缆成本。高压直流输电基础设施成本的下降,将可以为其打开新的应用市场,并使高压直流变电站的互联成为建设国际或者洲际高压交流超级电网的第一要素。

第二节　海上风电场的选址

一、影响海上风电场选址的主要因素

由于海上风电场外部条件要比陆上复杂得多,风能资源、建设条件、施工及运营环境和陆上的都不相同,因此,海上风电场的选址影响因素和陆上的存在较大差别。但目前国内外对海上风电场的选址研究较少,即便是实际工程选址,也大多参考陆上风电场的选址标准和经验。

从海上风电场用海海域使用论证的角度来看,选址必须要符合海洋功能区划和岸线利用规划。影响海上风电场选址有如下主要因素。

1. 社会条件影响因素

海上风电场的选址必须对并网条件、对外交通条件和施工条件等进行分析、评估。

（1）并网条件

选址时,应考虑接入电网的要求,核查风电场建设规模,尽量靠近相应电压等级的变电站或电网,减少线路的损耗和对其建设的投资。

（2）交通条件

海上风电场建设应尽量考虑现有码头、交通道路,避免新增道路投资,同时考虑现有道路是否便利于大型设备的运输等情况,是否有利于项目施工需要等条件。

（3）施工条件

观察风电场选址区域周围，是否有利于工程建设，是否有工程建设所需物资，如水泥、钢材与油料等。

2. 经济条件影响因素

海上风电场开发成本和效益是风电发展的重要因素。由于海上风电场建设的一次性投资比较大，而且我国大部分风电设备比较依赖进口，这也是海上风电成本较高的主要原因。选址时必须要考虑该地区是否具有发展风电的潜力及发展的必要性。

3. 自然条件影响因素

（1）风资源条件

风能资源是风电场选址首要考虑的因素，平均风速、风频及主要风向分布、风功率密度、年风能可利用时间是风电场选址中一定要考虑的几个风能评估参数。其中，平均风速是最能反映当地风能资源的参数。一般来说，只有年平均风速大于 6 m/s 的地区才适合建设风电场。

（2）气象、地质条件

海上风电场一般位于沿海海域，气象灾害主要为台风、雷电、暴雨等，其中以台风最为严重。一般情况下，影响风电场的台风发生在每年的 5～11 月，对风电场区域的影响以外围为主。

4. 环境条件影响因素

（1）水动力及泥沙冲淤影响

风电场工程建设一般会引起平均流速变化，导致工程区附近潮流发生改变，由此引起工程区海域冲淤环境变化，尤其对风电场桩基周围泥沙冲刷的影响，形成冲刷坑，不利于桩基基础的稳定。因此，选址时应考虑工程建设后的水动力和泥沙冲淤变化影响。

（2）生态环境影响

海上风电场施工将对部分渔民的养殖活动造成影响，海底电缆管沟开挖和风机基础打桩将导致悬浮泥沙扩散，引起部分区域水质污染，造成部分浮游植物死亡，给海洋生态系统造成影响。运营期间，陆上风电升压站对周围的电磁辐射造成一定的影响，风机的电磁辐射还会令海洋生物迷路。

风电场施工期间，陆上风电升压站施工会对施工区及周边栖息的鸟类产生一定的影响；运营期间，风机的转动将造成迁徙过境及邻近区域鸟类等与之碰撞，并对邻近区域鸟类栖息和觅食活动造成影响。

（3）规划条件影响因素

海上风电场选址涉及的规划很多，涉及到的部门从省级职能部门到各地市政府职能部门都需要协调。例如对于同一规划区域，海事部门建议尽量利用沿海滩涂区域靠近陆域，避免造成对大型船舶航线的干扰；国家能源局和国家海洋局联合印发了《海上风电开发建设管理暂行办法实施细则》，其中对风电场的选址做了硬性规定："海上风电场原则上应在离岸距离不少于 10 km、滩涂宽度超过 10 km 时海域水深不得少于 10 m 的海域布局。"

二、海上风电场选址发展方向

长远来看,海上风力发电从潮间带和近海走向深海远岸将是必然趋势。一般认为,离岸距离达到 50 km 或水深达到 50 m 的风电场即可称为深海风电场。根据测算,距离海岸线越远,风速越大,发电量增加越明显,离岸 10 km 的海上风速通常比沿岸高约 25%。另据统计,2010 年欧洲已建成的海上风电场平均水深为 17.4 m,离岸平均距离为 27.1 km;2012 年平均水深 22 m,离岸平均距离 29 km;而从目前正在建设、批准或规划的项目来看,平均水深和离岸距离已分别已达到了 215 m 和 200 km。因此,今后随着潮间带及近海区域风电资源的开发强度逐渐饱和以及沿海地区环境保护呼声的日益强烈,海上风电场走向深海已成为中国海上风电发展的必然趋势。

第三节　影响海上风力发电量的主要因素

一、气候因素

1. 风能资源

风能资源评估是分析待评估区域长期的风能资源气象参数的过程。通过对当地的风速、风向、气温、气压、空气密度等观测参数分析处理,估算出风功率密度和有效年小时数等量化参数。通过风能资源评估可以确定区域的风能资源储量,为风电场选址、风力发电机组选型,机组排布方案的确定和电量计算提供参考依据。

以江苏省为例,江苏省沿海属温带和亚热带湿润气候区,又属于东亚季风区,区内具有南北气候及海洋、大陆性气候双重影响的气候特征。其显著特点为:季风显著,四季分明,雨量集中;冬冷夏热,春温多变,秋高气爽;光能充足,热量富裕,雨热同季。受大气环流、海陆分布和地理条件等因素的共同影响,该地区季风气候占主导地位,风向季节性变化强,夏季盛行东南风,冬季盛行东北风。江苏省近海岸带的风速、风能等值线走向基本与海岸线平行。

测风区域主要受季风影响,夏季盛行偏南风,冬季盛行偏北风,年风向分布较分散,测风塔主导风向为 SSE(13.01%),SE(10.47%),主要风能方向为 SSE(16.95%),N(11.36%),SE(10.49%)。

2. 湍流影响

湍流是流体的一种流动状态。当流速增加到很大时,流线不再清楚可辨,流场中有许多小漩涡,层流被破坏,相邻流层间不但有滑动,还有混合,形成湍流,又称为乱流、扰流或紊流。在自然界中,我们常遇到流体作湍流运动,如江河急流、空气流动、烟囱排烟等都是湍流,风电场湍流主要指空气湍流。

产生湍流的原因主要有两方面,一是当气流流动时,由于地面粗糙度的影响,气流受地面的摩擦而产生阻滞作用;二是由于空气密度差异和大气温度差异引起的气体垂直运动。通常湍流的发生是两者共同的作用。

湍流强度是反映风变化程度最主要的特征量,是指风速随机变化幅度的大小,从湍流强度值得出有效的风速,可以很好地估算风电场发电量。

湍流强度 I_T 定义为标准风速偏差与平均风速的比值,即

$$I_T = \sigma / V \tag{2-1}$$

式中:I_T——湍流强度;

σ——10 min 风速标准偏差,m/s;

V——10 min 平均风速,m/s。

风向和风速在不停地变化,有时产生很大程度的骤变,这种短时间内的变化现象称为风脉动。风脉动对风机部件(如风轮、叶片等)以及整机系统都会造成严重影响,也影响叶片的实际载荷,使其偏离理论计算值。由于湍流的存在,经过风机对风不能完全被利用,致使实际用来发电的风能大大减少。

3. 尾流影响

尾流效应是指风力机从风中获取能量的同时在其下游形成风速下降的尾流区。若下游有风力机位于尾流区内,下游风力机的输入风速就低于上游风机的输入风速。尾流效应造成风电场内风速分布不均,影响风电场内每台风电机组运行状况,进一步影响风电场运行工况及输出;且受风电场拓扑、风轮直径、推力系数、风速和风向等因素影响。随着风为发电技术的不断进步,风力发电机组的单机容量在不断增大,与此同时风机的叶轮直径也在不断增大,目前已达百米以上。在一个较大型的风电场内,开发商为了提高土地利用率,会希望在有限的土地上安装尽可能多的风力发电机组,从而获得尽量多的发电量,这时就需考虑风力发电机组之间的距离取多少最为合适,尾流效应是决定风机间距离的一个至关重要的因素。当一台风力发电机组处在上游风力发电机组的尾流区域里运行时,其发电功率会受到极大的影响,研究表明该风力发电机组的结构疲劳也会受到影响最终导致使用寿命的降低。

二、机组因素

1. 功率曲线

功率曲线是由风速作为自变量(X),有功功率作为因变量(Y),建立坐标系。用一条拟合曲线拟合风速与有功功率的散点图,最终得到能够反映风速与有功功率关系的曲线。风电行业取空气密度 1.225 kg/m³ 为标准空气密度,因此在标准空气密度下的功率曲线称之为风力发电机组的标准功率曲线,如图 2-1。

根据功率曲线能够计算风电机组在不同风速段下的风能利用系数。风能利用系数是指叶轮吸收的能量与整个叶轮平面上所流过风能的比值,一般用 C_p 表示,是衡量风电机组从风中吸收的能量的百分率。根据贝茨理论,风电机组最大风能利用系数为 0.593。因此当计算得到的风能利用系数大于贝茨极限时,可以判定该功率曲线为假。

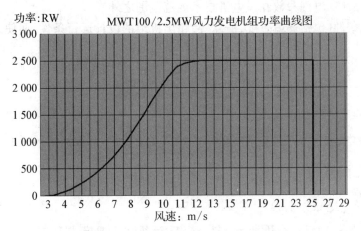

图 2-1 风力发电机组的标准功率曲线

由于风场内流场环境复杂,风环境在各个点位均不相同,因此建成的风电场内每一台风电机组的实测功率曲线应均不相同,因此对应的控制策略也不同。但是在可研或者微观选址阶段时,设计院或风电机组厂家或业主方的风能资源工程师仅能依靠的输入条件是一条由厂家提供的理论功率曲线或是实测功率曲线。因此在场区十分复杂的情况下,有可能会得到与风电场建成后不同的结果。

以满发小时数作为评估标准,很可能的结果是场区内整场的满发小时与前期计算值近似,但是单点的值出入很大。导致这种结果的主要原因是对于场区局部复杂地形的风资源评估出现较大的偏差。但是从功率曲线的角度上看,这种场区内的各个点位的运行功率曲线相差较大。若是按照这个场区统计出一条功率曲线,可能又会与前期使用的理论功率曲线近似。

同时,功率曲线不是一个单一随着风速而变化的变量,风电机组的各个部分出现状况,势必会引起功率曲线的波动。理论功率曲线和实测功率曲线会尽量将风电机组其他状况带来的影响消除,但是运行期的功率曲线是不能忽视功率曲线的波动。

如把实测功率曲线、标准(理论)功率曲线和机组运行生成功率曲线的形成条件和用途彼此混淆,势必造成思维混乱,失去了功率曲线所应有的作用,同时,也会因此产生不必要的纠纷和矛盾。

2. 风机设备可利用率

风机设备可利用率指统计周期内除去风力发电机组因维修或故障未工作的时数后余下的时数与这一期间内总时数的比值,即

$$f = \frac{T-A}{T} \times 100\% \qquad (2-2)$$

式中:f ——风机设备可利用率;

T ——统计时段的日历小时数,h;

A ——因风机维修或故障未工作小时数,h。

停机小时数 A 不包括以下情况引起的停机时间:

（1）电网故障（电网参数在风电机技术规范范围之外）。

（2）气象条件（包括环境温度、覆冰等）超出机组的设计运行条件，而使设备进入保护停机的时间。

（3）不可抗力导致的停机。

（4）合理的例行维护时间（不超过 80 小时/台年）。

3. 叶片污染的气动损失

叶片受沙尘、油污等污染会改变叶片的空气动力特性，从而影响风机的功率。

三、运维因素

1. 海上风电运维专业性

国内海上风电项目运行周期大多为 25 年，运维的主要模式为：前 5 年由整机厂商提供质保服务，出保后 20 年风场开发商会请新的服务商提供运维服务，运维服务商包括整机厂商、专业运维公司、开发商工程团队等。

海上风电整体运行维护成本较高，是陆上风电的 2 倍以上，这一方面是海上风电特殊环境影响（如高盐雾、高湿度对设备的影响，天气因素对维修窗口期的影响），另一方面也受到机组可靠性尚未充分验证、运维团队专业性还需提升、远程故障诊断和预警能力还不健全等因素影响。

从运行业绩来看，国内部分海上机组还没有经过充分的验证。由于项目经验较少，海上风电机组在产品设计和制造阶段对全生命周期成本、特殊海洋环境条件（如涂层和防腐）的适应性设计等方面因素考虑不足，同时海上风机样机也缺少长时间运行的验证，在风场投入运行后故障较多，增加了运维成本。

当前海上项目施工及运维，缺乏有效的、具备可操作性的规范。开发商、施工单位、设计院、整机厂商等都按照各自的理解进行项目施工运维，造成接口不清晰、行为不一致，给项目的后续运维增加了难度。同时，海上运维人员缺乏有效的技能培训和海上标准文件指导，专业素质和管理能力欠缺，机组维修周期过长造成发电量损失，影响项目发电收益。

此外，大部件更换成本巨大。无论是在海上风电相对成熟的欧洲，还是快速发展的中国，因为大部件供应链可靠性差，甚至整机设计有缺陷，导致大部件需要在海上进行更换。除了大部件本身的成本外，还要考虑大型吊装船施工手续及费用、海上运输费用、养殖户补偿，以及天气窗口因素等，甚至长时间停机造成的发电量损失等，都增加了海上风电的运营成本。

当前，海上风机的维护模式仍以定期维护和故障检修的"被动式运维"为主。虽然开发商、整机厂商以及部分关键部件生产商都逐步开始建立故障诊断和远程预警能力，但受限于海上风机运行数据积累、经验知识库的匮乏等原因，当前体系和水平尚不足以支撑海上运维成本的大幅降低。

2. 海上机组可达性

海上风电场大多地处海洋性气候和大陆性气候交替影响的区域，这些区域天气及海浪变化较大。由于海上运输设备（如运维船、直升机等）受天气影响很大，当浪高或者风速超过运输设备的安全阈值时，出于安全考虑，运维技术人员不能登陆风电机组进行维护。能够在海上进行风电机组维护作业的时间较短且具有随机性。据统计，以现有的技术水平每年能够接近海上风电机组的时间只有 200 天左右，并会随着海况条件的恶化而减少。

第三章 海上风力发电场水工设备管理

第一节 海上风力发电机组基础介绍

我国第一座海上风电站在绥中36-1油田成功并网发电,于2007年11月28日正式投入运营,这标志着我国发展海上风电有了实质性突破。在未来几年,我国海上风电必将大规模的开发。从世界其他国家海上风电的开发来看,很多风电场运行过程中出现的问题都与风电机组的基础有关,所以了解海上风电场风电机组的基础形式及其各自的适用情况、优缺点等对我国未来大力进行海上风电场的建设有着非常重要的意义。

一、基础形式介绍

1. 单桩基础

单桩基础如图3-1所示,是最简单的基础结构,由焊接钢管组成,桩和塔筒之间的连接可以是焊接连接,也可以是套管连接,通过侧面土壤的压力来传递风机荷载。桩的直径根据负荷的大小而定,一般在3~5 m左右,壁厚约为桩直径的1%。插入海床的深度与土壤的强度有关,可由液压锤或振动锤贯入海床,或者在海床上钻孔,二者在桩的直径的选择上有一些区别,采用撞击入海床的方法,桩的直径要小一些,采用海床上钻孔的方法,桩的直径可以大一些,壁厚可适当减小。单桩基础在丹麦的HornsRev海上风电场中广为应用。

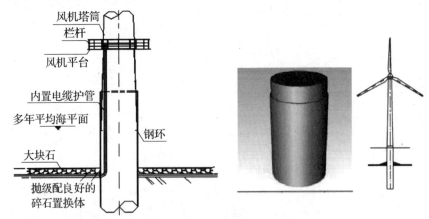

图3-1 单桩基础

适用情况:水深小于30 m且海床较为坚硬的水域,尤其适用浅水域,更能体现其经济价值。

优点:制造简单,无须做任何海床准备。

缺点:受海底地质条件和水深的约束较大,水太深易出现弯曲现象。再则,安装时需要专用的设备(如钻孔设备),施工安装费用较高。另外,对冲刷敏感,在海床与基础相接处,需做好防冲刷防护。

2.多桩基础

多桩基础分为普通多桩基础、三脚桩基础和导管架基础。

(1)普通多桩基础

普通多桩基础如图3-2所示,根据实际的地质条件和施工难易程度还可以做成五桩的形式,外围桩一般做成一定角度的倾斜。这种基础与单桩基础没有本质上的区别,其适用范围、优缺点和单桩基础都相差无几。

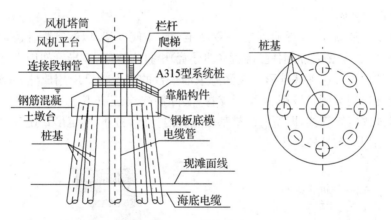

图 3-2 单桩基础

(2)三脚桩基础

三脚桩基础如图3-3所示,采用标准的三腿支撑结构,由中心柱、三根插入海床一定深度的圆柱钢管和斜撑结构构成,钢管桩通过特殊灌浆或桩模与上部结构相连,其中心柱提供风机塔筒的基本支撑。这种基础由单塔筒结构简化演变而来,同时增强了周围结构的刚度和强度。

适用情况:水深超过30 m,且海床较为坚硬的海域。

优点:可用于深海域基础,和单桩基础相比,除具有单桩基础的优点外,还克服了单桩基础需要冲刷防护的缺点,三脚桩几乎不需要冲刷防护。

缺点:受海底地质条件约束较大;不宜用于浅海域基础,在浅海域,安装或维修船有可能会与结构的某部位发生碰撞,同时增加了冰荷载;另外,建造与安装成本高。

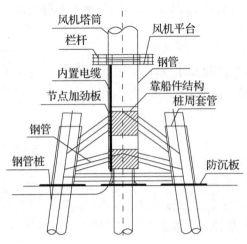

图3-3 三脚桩基础

（3）导管架基础

导管架基础如图3-4所示，它是一钢质锥台形空间框架，以钢管为骨棱，在陆上先焊接好，漂运到安装点就位，将钢桩从钢管（即导管）中打入海底，在导管架固定好后，在其上安装风机塔柱即可。这种基础形式在深海采油平台的建设中已应用成熟，在海上风电场的建设中尚无应用案例。该图为X形支撑，实际制作中还有K形支撑、单斜式支撑等。图中为主桩式固定导管架，即所有的桩都由主腿内打出，另外，固定形式还有裙桩式，即在导管架底部四周均布桩柱。

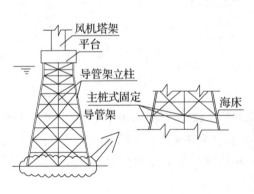

图3-4 导管架基础

适用情况：在深海采油平台中应用水深已经超过300 m，但在海上风电场中，考虑到建设成本，其应用水深在20 m左右，不宜在浅水中使用，对地质条件要求不高。

优点：导管架的建造和施工方便；受波浪和水流的荷载甚小。

缺点：导管架的造价随着水深的增加呈指数增长，应用受到一定的限制。

3. 重力式基础

重力基础如图3-5所示，一般为钢筋混凝土结构，是所有的基础类型中体积最大、质量最大的基础,依靠自身的重力使风机保持垂直。在制作时,一般利用岸边的干船坞进行预制,制作好以后,再将其漂运至安装地点。海床预先处理平整并铺上一层碎石,然后再将预制好的基础放于碎石之上,在与海平面接触的部位,为了减小冰荷载带来的影响,可将其设计成锥形,丹麦海域的风电场大部分都是采用这种基础。

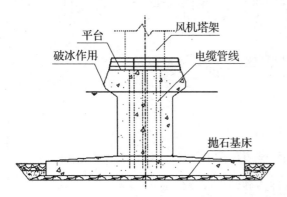

图 3-5　重力基础

适用情况:水深一般小于 10 m,任何地质条件的海床。

优点:结构简单,造价低;抗风暴和风浪袭击性能好,其稳定性和可靠性是所有基础中最好的。

缺点:需要预先海床准备;由于其体积大、质量大,使得安装起来不方便;适用水深范围太过狭窄,随着水深的增加,其经济性不仅不能得到体现,造价反而比其他类型基础要高。

为了克服混凝土重力式基础体积大、质量大、安装不方便的缺点,目前提出了钢桶重力式基础,这种结构形式是在混凝土平板上放置钢桶,然后在钢桶里填置鹅卵石、碎石等高密度物质。这种结构比起混凝土重力式基础来轻便很多,便于实现。用同一个起重机完成基础和风机的吊装。但是这种结构需要阴极保护系统,在造价上也比混凝土重力式基础要高。

4. 吸力式基础

吸力式基础如图 3-6(左图为深海吸力式基础,右图为浅海吸力式基础,也称负压桶基础)所示,浅海深海都可应用,在浅海中的负压桶实际上是传统桩基和重力式基础的结合,在深海海域作为张力腿浮体支撑的锚固系统,更能体现出其经济优势。吸力式基础是一钢桶沉箱结构,钢桶在陆上制作好以后,将其移于水中,向倒扣放置的筒体充气,将其气浮漂运到就位地点,定位后抽出筒体中的气体,使筒体底部着于泥面,然后通过筒顶通孔抽出筒体中的气体和水,形成真空压力和筒内外水压力差,利用这种压力差将筒体插入海床一定深度。该图为三个沉箱的结构,根据施工难易程度和实际的地质条件也可将其做成一个沉箱的结构。丹麦的 Frederikshavn 海上风电场的建设中首次使用了吸力式基础。

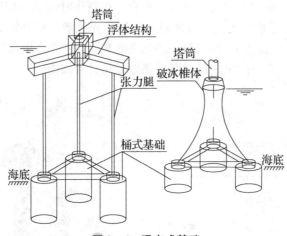

图 3-6　吸力式基础

　　适用情况:深、浅海域都可以,地质条件为砂性土或软黏土。

　　优点:可以节省钢用量,节省费用;采用负压施工,施工速度快,便于在海上恶劣天气的间隙施工;可以事先安装好,再拖到工地,便于运输和安装;由于吸力式基础插入深度浅,只需对海床浅部地质条件进行勘察,而且风电场寿命终止时,可以简单方便地拔出并可进行二次利用。

　　缺点:在负压作用下,桶内外将产生水压差,引起土体中的渗流,虽然渗流能大大降低下沉阻力,但是过大的渗流将导致桶内土体产生渗流大变形,形成土塞,甚至有可能使桶内土体液化而发生流动等,在下沉过程中容易产生倾斜,需频繁矫正。

5. 浮体结构支撑

　　浮体结构支撑如图 3-7(左图为固定式锚固系统,右图为悬链线锚固系统)所示,它是漂浮在海面上的盒式箱体,风电设备的支撑塔柱固定在盒式箱体上。在水深大于 50 m时,采用其他形式的基础形式不经济时,可考虑浮体结构支撑,浮体根据锚固系统的不同而采取不同的形状,一般为矩形、三角形或圆形。随着风电场向深海发展的时候,浮体支撑必然有其广阔的应用前景。

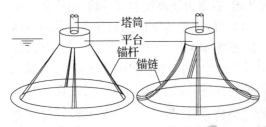

图 3-7　浮体结构支撑

　　适用情况:水深大于 50 m 的深海域,对地质条件没有任何要求。

　　优点:安装与维护成本低,在其寿命终止时,拆除费用也低;对水深不敏感,安装深度可达 50 m 以上;波浪荷载较小。

缺点:稳定性差;平台与锚固系统的设计有一定难度。在稳定性方面,相比较而言,固定式锚固系统要比悬链线锚固系统好,因为固定式锚固系统可以使浮体的大部分沉没在海平面以下,使得波浪荷载最小化,增强了浮体的稳定性。

浮体支撑还有张力腿式(图3-6中左图即为张力腿式)、船式等,其中张力腿式采用锁链拉紧固定在海底,成为一种不可移动或迁移的浮体支撑,通过操作张紧装置使得浮体处于半潜状态,其稳定性要好于船式。这些平台结构常用于海洋采油平台,但应用到海上风电场的建设中还是首次。

二、风电机组基础的选择

在选择风电机组基础时,要考虑到风电机组基础适用的海水深度以及经济性:水深在10 m以内,常选用重力基础;10～20 m时用吸力式基础;20 m以上常用三脚桩或者导管架基础;30 m以内单桩和普通多桩均可;水深超过50 m时,一般采用浮体支撑。

第二节　海上风力发电机组桩基防腐

一、海上风电基础腐蚀状况分析

海上风电场基础可能的结构型式有单桩钢管桩结构、群桩墩式结构、三角架或多角架结构以及重力式结构。无论何种结构形式,结构材料为钢材或钢筋混凝土,在自然环境下,特别是海水对结构有腐蚀作用。所以海上风电的运行环境更为复杂:高湿度、高盐分的海风,盐雾,海水浸泡,海浪飞溅形成的干湿交替区等,从而对海上风电设备的防腐提出了更高的技术、性能要求。

专家认为,海上风机所处环境恶劣,并且防腐技术比较复杂,海上风电机组下部承托平台为钢筋混凝土结构,防腐蚀工作重在对钢筋锈蚀的保护;海面以上的部分主要受到盐雾、海洋大气、浪花飞溅的腐蚀,因此,海上风电机组的防腐蚀比较复杂,需要分部分、有针对性地进行。

表3-1是对海上风电设施的防腐区域层次的划分:

表3-1　海洋环境中风电机组的腐蚀区域划分

海洋大气区	设计高水位+1.5 m以上的区域
飞溅区	设计高水位+1.5 m到设计高水位-1.0 m之间区域
潮差区	设计高水位-1.0 m至设计低水位-1.0 m之间的区域
全浸区	设计低水位-1.5 m以下海水淹没的区域
海泥区	在全浸区内被海泥覆盖的区域

对于海洋环境下钢结构腐蚀,无论是长钢尺挂片试验,还是在实际生产实践应用中,

都具有很强的规律性。

经相关研究和试验证明,海洋大气环境比内陆大气环境对钢铁的腐蚀程度高4～5倍。海洋飞溅区的腐蚀,除了海盐含量、相对湿度、温度等海洋大气环境中的腐蚀影响因素外,还要受到海浪飞溅的影响,在飞溅区的下部还要受到海水短时间的浸泡。飞溅区的海盐粒子含量要大大高于海洋大气区,由于海水浸润时间长,干湿交替频繁,碳钢在飞溅区的腐蚀速率要远大于其他区域。在飞溅区,碳钢会出现一个腐蚀峰值,在不同地区的海域,其腐蚀峰值也就在平均高潮位的距离有所不同。腐蚀最严重的部位是在平均高潮位以上的飞溅区,在这一区域,由于含氧量比其他区域高,氧元素的去极化作用加速了碳钢的腐蚀,与此同时,飞溅的浪花冲击也有力地破坏了碳钢表面的保护膜或覆盖层,所以钢表面的保护层在这一区域剥落更快,造成十分严重的局部腐蚀,从而促使腐蚀速率加大。

从平均高潮位到平均低潮位的区域称为潮差区,在潮差区的钢铁表面经常会与含有饱和氧气的海水接触,由于海洋潮差变化的原因而使钢铁腐蚀加剧,在有浮游物体和冬季流冰的海域,潮差区的钢铁还会受到撞击。

全浸区的钢结构全浸于海水中,如风塔管架平台的中下部位,长期浸泡在海水中,钢铁的腐蚀会受到溶解氧、海水流速、盐度、污染物和海洋生物等因素的影响,由于钢铁在海水中的腐蚀反应受到氧的氧化还原反应所控制,所以溶解氧对钢铁的腐蚀起到主导作用。在位于平均低潮位以下附近的海水全浸区,其风塔钢桩在海水起伏这一潮间带出现腐蚀率最低值,甚至小于在海水全浸区和海底土壤的腐蚀率。这是因为风塔钢桩在这一潮差带的海洋环境中,随着潮位的涨落,水线上方湿润的钢表面供氧总要比浸在海水中的水线下方钢表面充分得多,而且相互彼此构成一个回路,由此构成一个氧浓差腐蚀电池,在这一腐蚀电池中,富氧区为阴极,相对缺氧区为阳极,总的来说在这个潮差带中的每一点分别得到了不同程度的保护,而在平均潮位以下则经常作为阳极而出现一个明显的腐蚀峰值。

海泥区位于全浸区以下,主要由海底沉积物构成。海底沉积物的物理性质、化学性质和生物特性随着海域和海水深度的不同而不同。海泥区实际上是饱和的海水土壤,它是一种比较复杂的腐蚀环境,既有土壤的腐蚀特点,又有海水的腐蚀特性。海泥区含盐度高、电阻率低,但是供氧不足,所以一般的钝性金属的钝化膜是不稳定的。海泥区含有硫酸盐还原菌,会在缺氧的环境下生长繁殖,会对埋入海泥区的钢铁造成比较严重的腐蚀。

海洋生物的污损,如苔藓虫、石灰虫、藤壶和海藻等,对碳钢的腐蚀影响较大。虽然碳钢表面的海洋生物污损能阻碍氧分子在腐蚀表面的扩散,能对碳钢的腐蚀有一定的保护作用,但是由于污损层的不渗透性和外污损层中嗜氧菌的呼吸作用,使碳钢表面形成缺氧环境,有利于硫酸盐还原菌的生长,从而促使碳钢产生腐蚀。

海上风电机组防腐蚀,是一个系统问题,对于机组的每一部分,在设计上、材料上、密闭性上,都应该考虑到防腐蚀问题。对于海上风电的防腐工作,合理选材是防止和控制设备腐蚀的最普通和最有效的方法之一。选材务必做到:① 了解环境因素和腐蚀因素,包括介质的种类、浓度、温度、压力、流动状态、杂质种类和数量、含氧量,以及有无固体悬浮物和微生物等;② 研究有关资料数据;③ 按实际条件进行模拟试验,以获得选材的可靠数据。由此了解材料的耐蚀性能及其工艺特性;④ 综合考虑材料的耐蚀性和经济性;⑤ 考虑合适的防腐蚀措施。

二、桩基具体防腐蚀措施

（1）对于基础中的钢结构，大气区的防腐蚀一般采用涂层保护或喷涂金属层加封闭涂层保护；如塔筒外壁，可以采用常用的防腐涂料体系，中间漆采用环氧云铁漆，即环氧富锌底漆＋环氧云铁漆＋脂肪族聚氨酯面漆的三层复合防腐涂层系统。

（2）浪溅区和水位变动区的平均潮位以上部位的防腐蚀一般采用重防蚀涂层或喷涂金属层加封闭涂层保护，亦可采用包覆玻璃钢、树脂砂浆以及包覆合金进行保护；塔筒的桩基基础部分处在潮差区和浪溅区是防腐的重点区域，采用环氧玻璃鳞片涂料或者无溶剂环氧涂料，干膜厚度在 $1\,500\,\mu m$ 左右，环氧玻璃鳞片涂料在控制漆膜下的腐蚀蔓延稍差一些，但是可以采用具有良好阴极保护作用的环氧富锌底漆作为底涂层。根据海上平台的防腐应用经验，完全可以达到 25 年以上的防腐防护寿命。

（3）水位变动区平均潮位以下部位，一般采用涂层与阴极保护联合防腐蚀措施。

（4）水下区的防腐蚀应采用阴极保护与涂层联合防腐蚀措施或单独采用阴极保护，当单独采用阴极保护时，应考虑施工工期的防腐措施。

（5）对于深入海泥区的基础钢结构，可以不考虑涂装防腐涂层，只依靠阴极保护措施或者两者相组合的防腐方法，但涂层厚度在 $500\,\mu m$ 左右，设计上不用太厚。这种阴极保护方法属于电化学防腐，分为外加电流的阴极保护和牺牲阳极的阴极保护，前者主要用高硅铸铁作为阳极材料，被保护的钢铁作为阴极，在外加电流的影响下，形成电位差进而阻止腐蚀；后者主要用锌、铝等活性比铁高的阳极材料，焊接在钢铁结构物上，形成原电池而阻止腐蚀。这两种方法都需要由腐蚀介质作为原电池导电回路，因此适用于海水区、海泥区的钢结构材质防腐。

（6）对于混凝土墩体结构，可以采用高性能混凝土加采用表面涂层或硅烷浸渍的方法；可以采用高性能混凝土加结构钢筋采用涂层钢筋的方法；也可以采用外加电流的方法。对于混凝土桩，可采用防腐涂料或包覆玻璃钢防腐。

第三节　海上风电场海缆防护措施

海底电缆敷设于海床后，为抵御锚害、拖网等外力的冲击破坏，同时为防止在海流的作用下长期疲劳运动造成的海底电缆机械性损伤，必须对海底电缆实施稳固防护，这是海底电缆工程建设中重要的项目之一。

一、海滩段海缆防护方案

海滩段的地质情况千差万别，典型的有砂质海滩、堆积少量开山石或裸露礁石，如图 3-8 所示。

图3-8 典型的海滩段类型

对于海底电缆近海岸登陆段浅水区,划定海底电缆防护区为海底电缆两侧各50 m。电缆防护区周围还应设置禁锚标志,以提醒他人不得在防护区内作业。海底电缆可采取全程埋设并采用套管保护或水泥砂浆袋保护,套管埋入海底2 m,陆上段:海底电缆敷设可以放置在石砌电缆沟或混凝土槽内、再回填细沙,盖上盖板,埋设深度大于1.5 m。

二、风电机组基础附近海缆的防护措施

风电机组基础附近的海缆防护对于该条集电线路上的风机正常输电具有重要影响,电缆保护管处若无有效防护,受冲刷很容易导致海缆在管口处裸露与悬空,在后期的运行过程中,海缆不断与保护管发生摩擦,最终导致铠装破坏,海底电缆发生破损,电能无法传输至升压站,这在国内外工程中均有教训。随着海上风电的发展,电缆保护管处的海缆防护越来越得到重视。在该部位主要有以下几种方式:电缆自身外防护、J/I型管保护、弯曲限制器、海缆柔性保护管以及地基处理海底电缆自身外防护,通常是在电缆外层增加金属丝编织的防护层(铠装),其优点是增加电缆的抗磨损能力,缺点是减少了电缆的柔韧性。如果电缆的弯曲半径太小,将减少海底电缆的抗弯强度。此外,增加电缆的防护层将增加电缆的制造成本。一般情况下,前几种的成本较电缆铠装要小很多,其中J型管是目前海缆防护的通常做法,必要时再辅以后面三种做法。

(1)对于表层土为淤泥及淤泥质土的海域,冲刷的影响较小,可将J型管插入到淤泥一定距离,在电缆基本完成穿J型管施工时,由潜水员水下安装橡胶块封堵,避免电缆与J型管在喇叭口处摩擦。

(2)对于表层土为粉砂或其他砂土时,J型管可以配合弯曲限制器或柔性管使用,弯曲限制器由多个互锁元件组成,互锁元件包括聚合物元件、金属元件及混合元件。当弯曲限制器受到外部载荷时,互锁元件就会锁在一起,使弯曲限制器具有一定的锁定弯曲半径(大于等于软管的最小弯曲半径),从而限制复合软管的进一步弯曲。目前国内海上风电场应用最广泛的防护方案也是采用J型管结合弯曲限制器。根据类似的功能,国内设计了一种海缆上平台保护装置,该装置的工作原理就相当于将J型管的末端采用柔性结构延长,延长部分长度需要超过可能被冲刷的范围,末端埋于原始海床下作为固定端,该方案在国内工程中得到应用。此外,海缆柔性保护管在福建某工程也得到应用。

（3）地基处理主要是在安装基础结构前通过挖掉或清除上表层软弱土以及加固表层土等方法对表层土进行处理，使得其承载能力达到设计强度要求，该方法在单桩基础与表层土为砂土时用得较多，因为砂土容易被冲刷，且大直径单桩的冲刷效应更显著，必须在桩周围铺设一定厚度的砂石垫层，防止冲刷导致的海缆悬空以及所造成的损伤。

基础附近的最终海缆防护方案应根据结构形式施工技术及施工经验、风险等因素综合考虑确定。

第四节 基础防护措施

一、分离式防护系统

（1）人工岛防护系统

人工岛顶部一般在水面以下，有平缓的斜坡，以使船舶搁浅。这是一种最有效的防护系统，能够抵抗船舶的巨大冲击力，常设在有大型船舶航行的通航跨附近。人工岛要求基础较好，能承受其巨大的自重，在软土地基上修建人工岛需要对地基进行加固，投资大，工期长。

（2）浮体系泊防护系统

该系统由浮体、钢丝绳、锚定物组成。浮体移动、钢丝绳变形、锚定物在碰撞力作用下移动等都可吸收大量能量，对碰撞船舶也有很好的保护作用。

（3）群桩墩式防护系统

该系统采用独立的钢管桩基础防撞墩，基桩由承受压力的斜桩和承受拉力的竖直桩组成。群桩墩式结构刚度大，一旦发生碰撞事故，船只的损伤比较大，因而该防护系统仅适用于碰撞概率较低，且采用其他防护措施不够经济时采用。

（4）单排桩防护系统

该系统采用间隔布置的钢管桩作为防撞设施，钢管桩采用锚链或水平钢管相连，计算防撞能力时不考虑桩间联系刚度，即按单桩计算防撞能力。单排桩防护系统仅能抵抗小型船舶的撞击，对于中大型的船舶仅起到警示和缓冲作用。

二、附着式防护系统

当撞击能量相对较小，基础结构的抵抗水平力能力较大，或者受地质条件限制，不易做分离式独立防撞系统时，也可采用附着式防护系统。这种结构可以利用基础结构本身作为支承结构，不必单独进行基础的处理工作。附着式防护系统设计的主要内容是缓冲装置设计。缓冲装置主要采用钢质套箱和加装防冲橡胶护舷两种形式。该种防护措施对基础结构本身和船舶都有很好的保护。

以上结构从抵抗船舶防撞能量来说也可分两类：一类完全能抵抗船舶撞击能量，如人工岛防护系统、浮体系泊防护系统、群桩墩式防护系统；另外一类作为消能结构能部分吸收撞击能量，减少结构撞击力，如单排桩防护系统和附着式防护系统。

三、设置警示装置

警示装置设计是防撞设计的重要内容,所有处在外围的风塔基础均需设置夜间和雾天警示灯,警示灯布置在基础醒目位置,为防止个别警示灯意外损害,每个基础需布置多套警示灯,若海上风电场与海上航线接近,航道边应设置浮标,同时靠近航线侧的风塔基础应设置雷达。

四、冲刷对基础的破坏原理

根据海洋冲刷动力学原理分析,海底冲刷的形成,主要是由于海洋结构物安装在海底后,打破了原有水下流场的平衡,引起局部水流速度加快,使正常流动的水流形成一定的压力梯度并构成对海底的剪切力,导致冲刷现象的出现;同时,海洋结构物的出现还改变了水流的方向,使之产生湍流和旋涡,更加快了冲刷作用。海底桩周冲刷主要有海床整体运移、局部冲刷和整体冲刷3种方式。

海底冲刷对海洋结构物的安全造成很大的威胁,当桩周围的土壤被冲刷之后,桩的摩擦长度减小,承载力下降,在结构重力作用下,桩身下沉,不均匀下沉将导致结构物的损坏甚至倒塌。在北美、墨西哥和欧洲北海油气资源开发过程中,就有不少因海洋冲刷而造成海洋结构物损坏的事故实例。海底冲刷现象与水流速度和水流方向及海床特性(包括海底地形、物质构成)等多方面因素有关。

五、防冲刷措施

1. 抛石防护

国内已建海上风电场工程中,单桩基础由于自身刚度低,桩径大,为防止局部冲刷,多采用抛石保护(如图3-9),为防止抛石破坏基础,抛石前桩身采用土工布进行包裹保护。

图3-9 抛石防护

江苏龙源如东海上风电场工程单桩基础处于潮间带,抛石保护施工容易,且落潮时,海床露滩,容易观测到抛石保护的成效,当抛石被冲刷时,可及时补充抛石保护。对水深较深的区域则很难观测,需要专门派潜水员水下照相方能确定。

　　国外风电场根据其表层土质情况分为以下 2 种抛石模式,当浅表层土质较弱时,抛石填入桩周泥下区域;当浅表层土质较硬时,抛石堆积于海床面,在桩周形成保护,如图 3-10 所示。

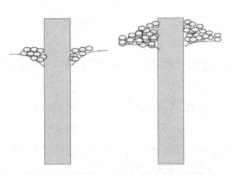 

(a) 浅表层土质较弱　　(b) 浅表层土质较硬

图 3-10　风机基础局部抛石保护示意图

　　欧洲风电场浅表层土质普遍较好,普遍采用图 3-10 右图所示抛石方式,将不同级配的块石抛筑于钢管桩周围。对于冲刷引起的桩基外露,一般采取抛撒石块填埋冲刷坑的方法,其工作原理为:抛石对床沙起保护作用,增加床沙起动或扬动所需的流速;同时抛石可以增大桩周附近局部糙率,对于减小桩周附近流速起到一定的积极作用。

　　桩周抛石体的破坏是水流、抛石体和床沙颗粒相互作用相互影响的结果,桩周局部的相互作用复杂多变,不同的排列组合方式的抛石体受水力和床沙颗粒的影响作用大有不同,同一抛石体在不同的水力和床沙条件下的失稳模式也不相同。在不同的冲刷条件下,对桩周抛石防护的具体抛石体的范围和大小都不同,不同的抛石体范围对桩周防护的效果也不尽相同。

　　2. 抛石防冲刷保护

　　① 抛石防冲刷保护方案施工顺序为抛填反滤层→本单桩基础沉桩→桩抛填护面层。

　　② 所有石料必须是花岗岩,具有致密、坚硬、耐用并能抵抗海水等特点,无裂纹和裂缝等对石料有害的缺陷。

　　③ 应对石料进行抽样和测试,记录性能和等级并符合 DS/EN13383-1A/C 和 DS/EN13383-2 的相关规定。

　　④ 抛石过程中,抛石的密实度需保证 $n=0.36$(抛石空隙体积/抛石区域总体积)。

　　⑤ 工程场区海床演变及局部冲刷较为复杂,风电场运行期间应加强运维监测,并根据现场情况及时采取补救加固措施。

3. 砂被防护

砂被和砂袋联合保护的方法,单台基础设置 3～4 块砂被,并根据砂被抛填情况、海缆施工要求等设置砂袋抛填。为保证砂被的现场铺设质量,砂被建议在工程整体加工、填充砂,在现场利用起重机整体吊放。

(1) 防冲刷保护主要施工顺序为:钢管桩沉桩→砂袋将沉坑填平至原始泥面→铺设砂被(砂被 1 和 2 拼接,旋转 90 度砂被 3 和 4 拼接)及砂袋→安装电缆及电缆保护装置→铺设防冲刷保护段海缆保护的砂袋。

(2) 砂被及砂袋充填料采用渗透系数不小于 3～10 cm/s 的普通中砂,粒径 0.2～0.6 mm 的颗粒含量应大于 95%,充填饱和度为 80%。

(3) 砂被及砂袋袋体采用 600 g/m² 涤纶长丝机织土工模袋缝制,其他项目应满足《土工合成材料 长丝机织土工布》GB/T17640 的要求。

(4) 单桩基础沉桩后,应立即采用砂袋将桩周沉坑填平至原始泥面处,且 1～2 天内进行砂被铺设,以防止桩周冲刷扩大。

(5) 施工完成后,应对防冲刷保护装置和海床面进行监测,建议在防冲刷保护施工后 6 周、18 周各监测一次,若防冲刷保护设施无损,可延长监测时间间隔,在前三年可每年监测一次。

(6) 由于机位所处的上覆土层不排水剪切强度值小于等于 2 kPa,需每 6 个月或在遭遇台风后对上述机位的防冲刷设施进行重点监测直至沉降稳定为止。

工程场区海床演变及局部冲刷一般较为复杂,除了在风电场运行期间加强运维监测以外,应根据现场情况针对有沉降的防冲刷设施重新安装至原始安装高度处(原始海床面以上 0.7 m),以防止海缆损坏。

4. 砂袋防冲刷保护

抛填块石也可由装有砂石和水泥的砂袋替代,砂袋相比抛石块经济,施工简便,但抛投精度不易掌控,需要添置定点抛投的控制设备。

(1) 防冲刷保护的施工顺序为:钢管桩沉桩→铺设砂袋→安装电缆及电缆保护装置→铺设防冲刷保护段海缆保护的砂袋。

(2) 对于防冲刷保护可能下沉的机位,建设单位应预留相应的海缆保护装置长度,以保证在防冲刷保护设施重新敷设至泥面处前不对海缆安全产生影响。

(3) 为避免沉桩后桩周的冲刷坑发展,应在沉桩后 1～2 天内进行防冲刷保护施工,若施工间隔时间更长,应在施工前将桩周冲刷坑填充至原始海平面再进行铺设防冲刷保护砂袋。

(4) 敷设防冲刷保护时,最小敷设半径不得小于 2 倍桩径,且应至少敷设 2 层,敷设的竖向误差为 −0/+0.35 m,水平向误差不小于 +2.0 m。

(5) 施工完成后,应对防冲刷保护装置和海床面进行监测,建议在防冲刷保护施工后 6 周、18 周各监测一次,若防冲刷保护设施无损,可延长监测时间间隔,在前三年可每年监测一次。

(6) 工程场区海床演变及局部冲刷较为复杂,除了在风电场运行期间加强运维监测以外,应根据现场情况针对有沉降的防冲刷设施重新安装至原始安装高度处(原始海床面以上 0.7 m),以防止海缆损坏。

六、防冲刷新技术

1. 仿生海底防冲刷技术

上述防冲刷方法的主导思想都是"堵截",在多年的实践中证明,这类方法虽然取得了一定的防冲刷效果,但是,由于水下抛石、沙包、混凝土沉排垫等固态物体的存在,同时也会导致海底"二次冲刷"问题的出现。人们曾设想采取"疏导"的办法来控制海底冲刷问题,比如,降低水流速度、改变水流方向等。

仿生防护工程构思,是模仿沙漠地区防风固沙的原理和我国东南沿海的红树林防护带。仿生林带可以吸收波能,起到消波作用,同时可以降低潮流速度,减少浪流动力对岸滩的冲蚀,同时促进海水中所携泥沙的沉降,从而达到固沙促淤的目的。仿生海底防冲技术是由采用耐海水浸泡、抗长期冲刷的新型高分子材料加工且符合海洋抗冲刷流体力学原理的仿生海草、仿生海草安装基垫、特殊设计的海底锚固装置,以及专用锚固设备等组成。仿生海底防冲刷技术,是由 SSCS 基于海洋仿生学原理而开发研制的一种海底防冲刷的高新技术措施,由采用耐海水浸泡、抗长期冲刷的新型高分子材料加工、且符合海洋抗冲刷流体力学原理的仿生海草、仿生海草安装基垫、特殊设计的海底锚固装置,以及水下安装专用水下液压工具等组成的。从作用机理来看,当仿生草垫被可靠地锚固在海底需要防止或控制冲刷得预定位置之后,海底水流经过这一片 FrondMat 仿生草垫时,由于受到仿生海草的柔性黏滞阻尼作用,流速得以降低,减缓了水流对海床的冲刷能力;同时,由于流速的降低和仿生草的阻碍,促使水流中夹杂的泥沙在重力的作用下不断地沉积到仿生海草安装基垫上,逐渐形成一个被海洋生物加强了的海底沙洲,从而控制了海底结构物附近海床冲刷的形状。

水下工程实践证明,与海洋工程领域其他常规海底防冲刷措施(比如:水下抛石、沙包堆垒、混凝土沉排垫等)相比,仿生海底防冲刷技术具有如下特征:

(1)采用先进的高科技装备和手段,确保了能够有针对性地将仿生防冲刷系统准确地安装到需要保护的海底位置,发挥最佳防冲刷效果;

(2)仿生草垫原理先进但结构简单,从而使海上施工所需的辅助船舶和装备尽可能少,而且相对缩短水下施工作业时间;

(3)仿生草垫安装到位后,几乎立刻便能起作用,抑制海底冲刷;

(4)水中淤积的泥沙通过软质基垫与海底结构物接触,不会出现硬性碰撞或损伤;

(5)水中泥沙在沉积的过程中,通过柔性仿生草端部的自然摆动,形成相当密实的泥沙层;

(6)随着时间的延续,在海底逐渐形成由高分子材料加强且完全与海床融合为一体的沙洲,这种海底沙洲的存在不会影响海洋生物的生长,符合海洋环境保护要求;

(7)海上施工费用远低于传统防冲刷措施,而且仅需一次投资,不必后续保养,便可永久解决海底冲刷问题。

2.固化土防冲刷技术

淤泥固化是一种复合实用型材料。固化新技术淤泥中水分与固化剂接触,发生水化、水解反应生成水化产物和胶凝物质。胶凝物质可凝结、包裹淤泥中的细小颗粒,形成一个由水化胶凝物为主的骨架结构。利用激发剂激发淤泥中次生矿物的活性,稳定推进反应进程,于淤泥中反应生成硅酸盐类高强度的架构。理论上,固化胶凝的生长周期较长,固化土一旦形成,寿命为50~100年。采用固化土护底结构进行冲刷防护是通过淤泥固化土的饱和性、较强的水稳定性、防冲刷性(无侧限抗压强度≥400 kPa、整板性和边界延展性形成护底结构)。

采用固化土进行桩基抗冲刷防护具备如下几个特点:

(1)抗冲刷能力强。材料整体匀质性佳、黏聚力指标高、抗冲刷能力强。在工程实践中,某工程测区潮流最大底层流速为1 486 mm/s,桩身周边最大流速(2 229 mm/s)约为海底最大流速的1.5倍,考虑富余,固化土抗冲刷能力设计为可以抵抗4 m/s以上流速的水流冲刷。

(2)结构整体性佳。底部贴合且融合于海床形成紧密的大整板结构,表面光洁,底部不渗水,具有显著的抵御涌浪破坏作用效果。

(3)桩基贴合性好。流动性易于控制,与桩基紧密贴合,无缝隙,不易形成冲刷点。

(4)水稳定性及耐久性强。固化土稳定、使用寿命长、维护修复较少、维护成本低,能有效解决基础防护和修复中的诸多难题。

(5)施工安全与可靠。通过管道泵送,远离桩基,施工中减少对海缆、桩基碰撞可能产生的损伤,施工安全有保障。

(6)施工便捷、高效。固化土流动性强,在船上搅拌固化土后直接通过泵送至指定部位,覆盖全面,可规模化作业,效率高。

(7)环保价值高。固化土为环保型材料,使用固化土替代砂石料等材料,减少了不可再生资源的消耗,环保效果明显。

七、防冲刷保护方案比较

表 3-2   防冲刷保护方案比较

方案	抛石	砂袋	砂被	固化土
优点	国外海上风电场应用实例较多,国内海上风电场也有应用实例,有成熟经验借鉴。	砂袋加工制作相对简单。	① 国内海上风电场应用实例较多,积累了较多的施工经验,保护效果初步得到验证; ② 砂被整体加工制作,通过吊架整体安装铺设,海上施工周期相对较短; ③ 铺设位置及均匀性的控制相对较好。	① 抗冲刷能力强; ② 结构整体性佳; ③ 桩基贴合性好; ④ 水稳定性及耐久性强; ⑤ 施工安全与可靠; ⑥ 施工便捷、高效; ⑦ 环保价值高。

续　表

方案	抛石	砂袋	砂被	固化土
缺点	① 施工需要专业的抛石船； ② 由于表层多为淤泥，抛石会下沉，需要控制抛石距离海床面高度； ③ 抛石边缘处可能产生二次冲刷。	① 施工抛投过程可能造成砂袋破裂，影响防护效果；需要注重加工和施工过程中砂袋的完整性； ② 要达到较好的抛投效果（位置准确、抛投均匀），通常需要专用的抛投船舶或者有针对性地进行抛投设备改造；否则，抛投效果较差、施工效率低。 ③ 国外使用案例极少；国内本有项目实施，但抛投效果仍需提高。	① 施工抛投过程可能造成砂被破裂，影响防护效果；需要注重加工和施工过程中砂袋的完整性； ② 铺设位置需要较为精准的控制，例如和单桩主体之间，如果出现没铺设到位的缝隙，则可能成为薄弱位置，并由此发展，逐渐造成防护失效；	在吹填过程中部分固化土会流至 17 m 范围外造成浪费，增加工程造价。

　　根据国内外冲刷防护的相关设计和实施经验，冲刷防护在被防护结构的寿命期内，须按照一定的周期进行检查（监测），并根据检查（监测）的情况进行必要的维护。

第四章　海上风电机组概述

第一节　风力发电机组基础知识介绍

一、风力发电原理

利用风力带动风车叶片旋转,再通过齿轮箱将旋转的速度提升,来推动发电机发电。依据目前的风电技术,大约是 3 m/s 的微风速度(微风的程度),便可以开始发电。风力发电正在世界上形成一股热潮,因为风力发电不需要燃料,也不会产生辐射或空气污染。风力发电所需要的装置,称作风力发电机组。风力发电机组大体上可分风轮(包括尾舵)、铁塔(塔筒)和机舱三部分。大型风力发电站基本上没有尾舵,一般只有小型(包括家用型)才会拥有尾舵。

风轮是把风的动能转变为机械能的重要部件,它由两只(或更多只)螺旋桨形的桨叶组成。当风吹向桨叶时,桨叶上产生气动力驱动风轮转动。桨叶的材料要求强度高、重量轻,目前多用玻璃钢或其他复合材料(如碳纤维)来制造。目前还有垂直风轮、S 型旋转叶片等,其作用也与常规螺旋桨型叶片相同。

由于风轮的转速比较低,而且风力的大小和方向经常变化,这会使转速不稳定,所以在带动发电机之前,还必须附加把转速提高到发电机额定转速的齿轮变速箱,为保证风轮始终对准风向以获得最大的功率,还需在风力发电机组上安装偏航系统。

塔筒是支承风轮、机舱的构架,一般修建得比较高,目的是获得较大的和较均匀的风力,塔筒要有足够的强度。塔筒高度视地面障碍物对风速影响的情况以及风轮的直径大小而定。

二、风力发电机组分类

1. 按照风轮构造分类

(1) 垂直轴风力发电机组

垂直轴风轮按形成转矩的原理分为阻力型和升力型。阻力型的气动力效率远小于升力型,故当今大型并网型垂直轴风力机的风轮全部为升力型。

阻力型的风轮转矩是由风轮所受阻力不同形成的,典型代表是风杯。大型风力机不采用阻力型。

升力型的风轮转矩由叶片的升力提供,是垂直轴风力发电机的主流形式,尤其是风轮像打蛋形的最流行,当这种风轮叶片的主导载荷是离心力时,叶片只有轴向力而没有弯矩,叶片结构最轻。

（2）水平轴风力发电机组

水平轴（风轮）风力发电机组是指风轮轴线基本与地面平行安置在垂直地面的塔筒上,是当前应用最广泛的机型。

水平轴风力发电机组还可分为上风向及下风向两种机型,上风向机组的风轮面对风向,安置在塔筒前方,上风向机组需要主动调向机构以保证风轮能随时对准风向,下风向机组其风轮背对风向安置在塔筒后方,当前大型并网风力发电机几乎都是水平轴上风向型。

2. 按功率调节方式分类

可分为定桨距失速调节型、变桨距调节型、主动失速调节型和独立变桨型风力发电机。

（1）定桨距失速调节型

桨叶于轮毂固定连接,桨叶的迎风角度不随风速而变化。依靠桨叶的气动特性自动失速,即当风速大于额定风速时依靠叶片的失速特性保持输入功率基本恒定。

（2）变桨距调节型

风速低于额定风速时,保证叶片在最佳攻角状态,以获得最大风能;当风速超过额定风速后,变桨系统减小叶片攻角,保证输出功率在额定范围内。

（3）主动失速调节型

风速低于额定风速时,控制系统根据风速分多级控制,控制精度低于变桨距控制;当风速超过额定风速后,变桨系统通过增加叶片攻角,使叶片失速,限制风轮吸收功率增加。

（4）独立变桨型

由于叶片尺寸较大,每个叶片有十几吨甚至几十吨,叶片运行在不同的位置,受力状况也是不同的,叶片的位置对风轮力矩的影响也是不可忽略的。通过对三个叶片进行独立控制,减小风力机叶片负载的波动及转矩的波动,进而减小传动机构与齿轮箱的疲劳度,减轻塔筒的振动,输出功率基本恒定在额定功率范围。

3. 按照有无齿轮箱分类

按照风机组机构中是否包括齿轮箱,可分为有齿轮箱的风力机、无齿轮箱的风力机和混合驱动型风力机。

（1）带齿轮箱的风力发电机

由于叶尖速度的限制,风轮旋转速度一般较慢。风轮直径在 100 m 以上时,风轮转速在 15 r/min 或更低。为了使发电机的体积变小,就必须提高发电机输入转速,这时就必须使用变速箱体高转速使得发动机输入转速维持在 1 500/min 或者 3 000/min,发电机体积就可以设计得尽可能小。

（2）无齿轮箱发电机

采用叶轮和发电机直接连接在一起的结构的风力发电机为无齿轮箱风力发电机。这种发电机由于没有齿轮箱,所以结构简单,制造方便,维护方便,所以无齿轮箱的风力发电机将来有可能应用在海上风力发电。

(3) 混合驱动型风力发电机

混合驱动型风力发电机采用二级齿轮进行传动,齿轮箱结构简单效率高。由于提高了电机转速,电机尺寸和重量比一般的直驱机组的电机尺寸小,重量也比较轻。所以这种风力发电机具有直驱风力发电机的特点也有体积小,重量轻的优点,逐渐成为大型风机组设计开发的一种趋势。

4. 按照风力发电机组的发电机类型分类

可分为异步型风力发电机和同步型风力发电机。

(1) 异步发电机按其转子结构不同又可分为绕线式双馈异步发电机和笼型异步发电机。

绕线式双馈异步发电机,转子为线绕型。定子与电网直接连接输送电能,同时绕线式转子也经过变频器控制向电网输送有功或无功功率。

笼型异步发电机,转子为笼型。由于结构简单可靠廉价、易于接入电网,而在小、中型机组中得到大量的使用。

(2) 同步发电机型按其产生旋转磁场的磁极的类型又可分为电励磁同步发电机和永磁同步发电机。

电励磁同步发电机,转子为线绕凸极式磁极,由外接直流电流激磁来产生磁场。

永磁同步发电机,转子为铁氧体材料制造的永磁体磁极,通常为低速多极式,不用外界激磁,简化了发电机结构,因而具有多种优势。

5. 按照发电机的转速及并网方式分类

按照发电机的转速及并网方式分类可将发电机分为定速风机和变速风机。

(1) 定速型风力发电机

定速风力机一般采用失速控制的桨叶控制方式,使用直接与电网相连的异步感应电动机,由于风能的随机性,驱动异步发电机的风力机低于额定运行的时间占全年运行时间的 60%~70%。为了充分利用低风速的风能,增加发电量,广泛应用双速异步发电机,设计成 4 级和 6 级绕组。在低速运转时,双速异步发电机的效率比单速异步发电机高,滑差损耗小,当风力发电机组在低风速运行时,不仅桨叶具备较高的启动效率,发电机效率也能保持在较高的水平。

(2) 变速风力发电机

变速风力机一般配备变桨距功率调节方式。风力机必须有一套控制系统来调节、限制转速和功率。调速与功率调节装置的首要任务是使风力机在大风运行发生故障和过载荷时得到保护,其次使风电机组能够在启动时顺利切入运行,电能质量符合公共电网要求。

6. 按风电机组变桨机构形式分类

按变桨机构的执行动力形式分为液压变桨和电气变桨。

(1) 液压变桨由电动液压泵作为工作动力,以蓄能器作为后备变桨动力,液压油作为介质,电磁阀作为控制元件,通过将油缸活塞杆的径向运动变为桨叶的圆周运动来实现桨叶的变桨距。

(2)电动变桨是用电动机作为变桨动力,以超级电容作为后备变桨动力,通过伺服驱动器控制电动机带动减速机的输出轴齿轮旋转,输出轴齿轮与桨叶根部回转支承的内侧的齿轮啮合,带动桨叶进行变桨。

7.按风力发电机组偏航方式分类

风力发电机组的偏航系统一般分为被动偏航系统和主动偏航系统。

(1)被动偏航指的是依靠风力通过相关机构完成机组风轮对风动作的偏航方式,常见的有尾舵、舵轮和下风向三种。

(2)主动偏航指的是采用电力或液压拖动来完成对风动作的偏航方式,常见的有齿轮驱动和滑动两种形式。对于并网型风力发电机组来说,通常都采用主动偏航的齿轮驱动形式。

第二节 国内典型的大功率海上风力发电机组介绍

一、国内大容量海上风电机组的应用

2018年1月1日上海电气首台6MW-154海上风机福建兴化湾吊装成功。2019年2月23日,基于6MW平台的上海电气SWT-7.0-154型机组成功中标国家电力投资集团公司广东揭阳神泉400MW一标段风电项目。

图4-1 风机吊装图

2018年2月,由新疆金风科技股份有限公司自主开发的GW154/6700海上风力发电机组,在福建省重点项目——福建三峡兴化湾海上试验风电场顺利完成安装。

图4-2　风机吊装图

2019年7月12日,国内单机容量最大的海上风电机组——明阳智能 MySE7.25MW 海上风电机组实现机组成功并网上电。

图4-3　风机吊装图

2023年6月28日金风科技 GWH252-16MW 海上风电机组在福建平潭三峡海上风电场成功完成吊装,刷新已吊装机组的最大单机容量、最大叶轮直径、最轻单位兆瓦重量三项全球纪录。

图4-4　风机吊装图

二、发展大容量海上风电机组的意义

海上风电是未来风电行业的重点发展方向。"十三五"期间,我国研究了 8 MW 到 10 MW 海上风电机组关键技术,建立大型风电场群智能控制系统和运行管理体系,实现 5 MW 到 6 MW 大型海上风电机组安装规范化和机组运维智能化。

开发大容量海上风电机组已成为海上风电技术发展趋势,开发大容量机组对降低海上风电场造价(度电成本),减少海上风电场海域占用面积,降低对海上渔业、养殖、军事的影响,减少海上风电运维成本都具有积极意义。大容量机组成为未来海上风电场的主力军已成为必然趋势,下文就目前市场上海上典型大容量风电机组技术要点进行介绍。

三、大容量海上机型基本介绍

1. 上海电气 SWT - 7.0 - 154 型机型

SWT - 7.0 - 154 风力发电机组沿用了西门子成熟的直驱发电技术,和 SWT - 6.0 - 154 属于同平台产品,采用完全相同的驱动链结构,并升级了电气传动链,以保证 7 MW 的额定发电功率,相对于原有 SWT - 6.0 - 154 风机在该风场同等风资源条件下多发 8% 的电量。自 2011 年首台样机起,D6/D7 平台机组已在Ⅲ类至Ⅰ类风区的海上风场成功运行超过了 6 年,全球订单超过 900 台,容量约 6 GW。以下为上海电气 SWT - 7.0 - 154 型。

机型的总体技术参数。

表 4-1　上海电气 SWT - 7.0 - 154 型总体技术参数

序号	部件	单位	数值
1	机组数据		
1.1	制造厂家/型号		上海电气/SWT - 7.0 - 154
1.2	额定功率	kW	7 000
1.3	转轮直径	m	154
1.4	轮毂高度(推荐方案)	m	110
1.5	切入风速	m/s	3
1.6	额定风速	m/s	12~14
1.7	切出风速(10 分钟平均值)	m/s	25(针对台风区域可到 31 切出)
1.8	极端(生存)风速(3 秒最大值)	m/s	70
1.9	预期寿命	y	25
1.10	设备可利用率	%	单机 92,全场 96
1.11	该机型已安装数量	台	50
2	叶片		
2.1	制造厂家/型号		中复(通过技术许可方式采用西门子 B75 型号叶片生产工艺制造)/B75

续　表

序号	部件		单位	数值
2.2	叶片材料			GRE(玻璃纤维树脂)
2.3	叶片端线速度		m/s	88.7
3	齿轮箱			无
3.1	制造厂家/型号			
3.2	齿轮级数			
3.3	齿轮传动比率			
3.4	额定转矩			
4	发电机			
4.1	制造厂家/型号			上海电气(通过技术许可方式采用西门子发电机生产工艺制造)
4.2	额定功率			7 400
4.3	额定电压		V	750
4.4	额定转速及其转速范围		r/min	10.3(~10.8)
4.5	功率因数调节范围或采用定、变桨矩风电机组的功率因数	1/4 额定功率		-0.9~0.9(额定电压)
		1/2 额定功率		-0.9~0.9(额定电压)
		3/4 额定功率		-0.9~0.9(额定电压)
		额定功率		-0.9~0.9(额定电压)
4.6	绝缘等级			F
5	变频器(全功率变频器)			
5.1	变频器型号			(KKwindsolution KK 风电解决方案有限公司)
5.2	视在功率		kVA	7400
5.3	额定输出电压		V	690
5.4	额定输出电压		A	2×4 000
5.5	输出频率变化范围		Hz	0~19
6	补偿电容(如采用定、变桨矩风电机组)			无
6.1	组数			
6.2	容量		kVAr	
7	主轴			
7.1	制造厂家/型号			直驱机组型式为固定轴 EN-GJS-400-C-Z/钢锐/日星
8	主轴承			

续　表

序号	部件	单位	数值
8.1	制造厂家/型号		A9B10198682/双列滚子圆锥轴承/罗特艾德/SKF(斯凯孚)
9	制动系统		
9.1	主制动系统		气动制动 A9B10203890/15个30 L蓄能器,系统工作压力 245 bar,清洁度 15/13/10/Hydratech(海卓泰克)
9.2	第二制动系统		机械制动 ZPS1030586/GKNSTORMAG(吉凯恩)
10	偏航系统		
10.1	型号/设计		西门子/S1060AA23002
10.2	控制		自动偏航
10.3	偏航控制速度	°/s	0.328 5
10.4	风速仪型号		702LTV22
10.5	风向仪型号		702LTV22
11	液压装置		
11.1	制造厂家/型号		A9B10110156/HyHC2250/-/2SC/-/10/SWSA12/S12/Hydratech(海卓泰克)
12	就地控制系统		
12.1	型号/设计		西门子/6BK1000-5WP01-0AA0
13	防雷保护		
13.1	防雷设计标准		IEC61400-24
13.2	机组接地电阻值	Ω	10
14	重量		
14.1	机舱	kg	95 000
14.2	发电机	kg	140 000
14.3	齿轮箱	kg	无
14.4	叶片	kg	84 000(一套三片)
14.5	叶轮	kg	180 000
15	变桨系统		
15.1	变桨范围		0~90°
15.2	变桨控制型式		液压变桨
15.3	制造厂家/型号		西门子/STC1-HM-101

2. 明阳智能(MySE7.0-158)

MySE7.0-158 抗台风机组,采用典型的半直驱技术,是专门针对中国特殊海域及风资源情况定制的,具有模块化设计、结构紧凑、效率高、度电成本低、防腐性能优良、工程施工便捷、易维护等优点的抗台风机组。以下为 MySE7.0-158 的总体技术参数。

表 4-2 MySE7.0-158 的总体技术参数

序号	部件	单位	数值
1	机组数据		
1.1	制造厂家/型号		明阳智慧能源集团股份公司/MySE7.0-158
1.2	额定功率	kW	7 000
1.3	转轮直径	m	158
1.4	轮毂高度(推荐方案)	m	103
1.5	切入风速	m/s	3
1.6	额定风速	m/s	11.1(静态)
1.7	切出风速(10 分钟平均值)	m/s	25
1.8	极端(生存)风速(3 秒最大值)	m/s	70(标空)
1.9	预期寿命	y	20
1.10	设备可利用率		单机:≥93%;全场:≥97%
1.11	该机型已安装数量	台	0(同平台已安装 3 台)
2	叶片		
2.1	制造厂家/型号		明阳智慧能源集团股份公司/MySE7.0-76.6A1
2.2	叶片材料		玻璃纤维增强树脂
2.3	叶片端线速度	m/s	99.3
3	齿轮箱		
3.1	制造厂家/型号		南高齿/MySE7.0CLXSa-R01 南方宇航/MySE7.0CLXSa-R02
3.2	齿轮级数		二级行星传动
3.3	齿轮传动比率		1:23.187
3.4	额定转矩	kN·m	6 366.7
4	发电机		
4.1	制造厂家/型号		中车/MySE6000-24-(55.6)
4.2	额定功率	kW	7 600
4.3	额定电压	V	690
4.4	额定转速及其转速范围	r/min	278(99.7～311.63)

续　表

序号	部件		单位	数值
4.5	功率因数调节范围或采用定、变桨矩风电机组的功率因数	1/4 额定功率		/
		1/2 额定功率		/
		3/4 额定功率		/
		额定功率		≥0.95
4.6	绝缘等级			H
5	变频器			
5.1	变频器型号			禾望/HWFP0695500 阳光、 天津瑞能、 海得/HD01FP6000
5.2	额定功率		kVA	7 350
5.3	额定输出电压		V/V	690
5.4	额定输出电流		A/A	4 854/5 020
5.5	额定/输出频率变化范围		Hz	50 Hz(47.5～52.5 Hz)
5.6	断路器额定分断能力 I_{cu}		kA	≥65
5.7	断路器 1 秒短路耐受值 I_{cw}		kA	≥65
6	补偿电容（如采用定、变桨矩风电机组）			
6.1	组数			无此项
6.2	容量		kVAr	无此项
7	主轴			
7.1	制造厂家/型号			无此设备
8	主轴承			
8.1	制造厂家/型号			罗特艾德/140.99.3112.001.62.1320_RE
9	制动系统			
9.1	主制动系统			变桨制动系统
9.2	第二制动系统			液压制动系统
10	偏航系统			
10.1	型号/设计			明阳智慧能源集团股份公司
10.2	控制			主动型变频电机驱动
10.3	偏航控制速度		°/s	0.293
10.4	风速仪型号			明阳配套/42-A-FF 明阳配套/13N310S101_INT10IF

海上风电风机技术

续　表

序号	部件	单位	数值
10.5	风向仪型号		明阳配套/13N330S101_INT30IF
11	液压装置		
11.1	制造厂家/型号		圣克赛斯 特力佳/TREKIT1704 海卓泰克/B5390
12	就地控制系统		
12.1	型号/设计		瑞能(西门子)/IPC427
13	防雷保护		
13.1	防雷设计标准		IEC61400-24 风力涡轮发电机系统第24 部分:雷电防护; IEC62305-1 雷电防护第 1 部分:总则; IEC62305-3 雷电防护第 3 部分:建筑物的实体损害和生命危险; IEC62305-4 雷电防护第 4 部分:建筑物内电气和电子系统; IEC61312 雷电电磁脉冲防护; GL2010(德国劳氏船级社)风力发电机组认证指南; GB50057 建筑物防雷设计规范; GB50343 建筑物电子信息系统防雷技术规范; NB/T31039 风力发电机组雷电防护系统技术规范; GB/T18802.12 低压配电系统的电涌保护器(SPD)第 12 部分选择和使用导则。
13.2	机组接地电阻值	Ω	≤4
14	重量		
14.1	机舱	kg	250 000
14.2	发电机	kg	45 000
14.3	齿轮箱	kg	76 000
14.4	叶片	kg	3×36 066
14.5	叶轮	kg	201 198
15	变桨系统		
15.1	变桨范围		0～90°
15.2	变桨控制型式		电机驱动
15.3	制造厂家/型号		SSB/S115、华天天仁、天津瑞能

第三节　国内各主机厂商海上风力发电机组技术路线

（1）上海电气西门子

代表机型：SWT-4.0-130、SWT-6.0-154、SWT-7.0-154。

技术路线：SWT-4.0-130属全功率鼠笼式液压变桨类，传动机构为增速齿轮箱，此型机组是目前国内海上投入运行数量最多的机组。SWT-6.0-154和SWT-7.0-154使用全功率变频器、采用永磁直驱发电机、变桨系统采用液压变桨技术，其变流器和变压器均采用机舱内置的方案。轮毂高度最大平均风速（10 min）50 m/s，极大平均风速（3 s）70 m/s，机械制动采用液压盘低速非驱动端制动，偏航系统采用16台带减速齿轮箱异步电机，控制器采用PLC模块，制造商为KK。轮毂高度90 m，切入风速为3 m/s，切出风速为25 m/s（高风速控制策略为28 m/s），额定风速为13～15 m/s。

（2）金风科技

代表机型：GW168-8MW、GW168/184-6.45MW、GW155-3.3MW。

技术路线：采用全功率直驱永磁发电机，6.45 MW机型采用液压变桨。目前，金风科技海上机组继承了金风科技直驱永磁全功率变流的优秀基因，结合海上运行条件，具有单机容量大、发电能力强、运输安装效率高等优点，并在设计中充分考虑冗余容错等基于可靠性的设计理念，搭载了金风科技系统的台风安全策略。海上风机具有优化风电场规划设计，降低风电场施工建设成本，保障风电场高效、稳定运行的特性。金风科技全球总装机容量大，技术积累相对深厚，整体优势明显。但金风科技6.45 MW机型切出风速为21 m/s（10 min），极大风速为40 m/s（3 s）。

（3）明阳智能

代表机型：MySE7.0-158、MySE5.5-155。

技术路线：明阳智能海上7.0、5.5 MW机组均采用全功率变频、电气变桨、半直驱紧凑型传动技术路线，发电机采用中速永磁同步发电机，传动链相对简单，低风速性能优越。抗台设计优良适用于I类风场。2018年12月明阳5.5～7.0 MW机型已在广东湛江外罗开始首次批量吊装，2019年2月国内最大海上机组（7.15 MW）在广东揭阳吊装成功（均属商业化运行风场）。

（4）远景能源

代表机型：EN-136/4.2。

技术路线：全功率鼠笼式超级电容电气变桨类，采用高速齿轮箱作为传动链机构。远景能源机组在机组智能化运行、后期功率提升实现电量超发有一定的技术优势，但海上单机容量目前不大。

（5）华锐风电

代表机型：SL3000/113/121、SL5000/128/155、SL6000/128/155。

技术路线：双馈发电技术路线和紧凑型齿轮箱传动链，采用超级电容电气变桨，属于国内少有的双馈型大容量机组,技术成熟。但采用双馈型发电机不利于发展更大功率机组。

(6) 湘电风能

代表机型:XE128－5000。

技术路线:低速直驱永磁同步发电类型,超级电容电气变桨,传动效率高,低风速性能优越,构造简单,维护方便。该型机组很早已在国内实现商业化运营,技术优势为基于湘电集团发电机制造技术。

(7) 联合动力

代表机型:UP6000－136(样机)、UP3000－108/120。

技术路线:采用双馈发电机＋高速齿轮箱传动＋超级电容电气变桨类型,属于双馈型风电机组。

(8) 中车风电

代表机型:CWT6000－D170。

技术路线:中速中压永磁型发电机、液压变桨、全功率变频发电机组,轮毂高度为110 m。

(9) 中国海装

代表机型:H151－5.0MW、H151－5.0MW、H136－6.2MW(新推)。

技术路线:全功率变频＋高速永磁同步发电机＋齿轮箱增速传动机构＋超级电容式电气变桨,中国海装研制的高速永磁同步发电机在国内是一项技术特色,适用于海上Ⅱ类风场,在中低风速运行条件下发电能力较强,另外其供应链配套能力较强。

(10) 东方电气

代表机型:FD140A－5000、DEW－D80000－185(样机)。

技术路线:5 MW 属全功率变频高速永磁发电型,采用齿轮箱作为传动机构,变桨系统采用电气变桨,该机组在 2018 年已投入商业运营。

第五章　海上风电并网技术

第一节　风电机组/风电场并网技术

与陆地风电场相比，海上风电场具有许多得天独厚的优点。

① 具有更高的风速（离岸 10 km 的海上风速比陆地高出 25％）和更低的风切变（风速随高度的变化）。由于海面比陆地更平滑，风切变较小，因此可以降低风电机的塔筒高度，减少建造成本。

② 具有较低的湍流强度。海上风能有稳定的主导风向，湍流更小，所以对风电机组造成的疲劳负荷较陆地更低，延长风机的使用寿命。

③ 受环境影响小，也不会对环境保护造成破坏。建设海上风电场，受电磁干扰、噪声、鸟类等因素限制较少。另外海上风电场不占用土地，也不会产生有害物质和造成环境污染。

④ 产出更高，经济效益更好。海上风电场可安装容量更大的风力发电机组，可以在更高的转速比下工作，输出的功率更大，经济效益较陆地风电更可观。

一、海上风电并网对电网的影响

大规模海上风电的并网实际上会对大电网的安全稳定运行造成一定的压力，甚至是成为一种安全隐患。由于海上风能是不可控、不可调的原动力（调控难度比陆地风能难得多），风电场输出的电力具有明显的波动性和间歇性，具体变化规律也难以掌握，当海上风电并网达到一定规模时将会改变电网的潮流分布，传统电网的潮流控制将发生重大改变，会直接冲击电网的稳定性和安全运行。同时，由于海上风力发电的不确定性，将导致风能功率的波动而使得电网电能质量下降。具体而言，其主要影响如下。

（1）会增加电网调度的困难，特别是电网调峰。在现有科学技术条件下，风电的出力变化是难以预见的，也是很难控制的。特别是风电的出力变化与电网的负荷需求往往相反，例如炎热的夏季，城市空调用电量巨大而风力却出力较低，这就是所谓的反调峰特性（东北电网的风电反调峰概率可达 60％）。反调峰特性会增加电网调峰的难度，同时会加大用电峰谷差，距离电力"移峰填谷"的目标越来越远。由于调峰容量不足，一些地区电网不得不在低负荷时段弃风。由于海上风电的出力概率密度较陆上风电更高（尤其是当出力占装机容量的 85％以上），海上风电的"反调峰"特点更明显，系统的调峰难度会更大，特别是在冬季如何消纳海上风电是一大难题。

（2）会加大电网电压控制和调频的难度。海上风电场的风速高、风力大，尤其是季风时期，风能资源极为丰富，此时风电出力大，而大量风电能源的远程输电往往会造成较高的线路压降值，同时风电场会从主网吸收大量的无功功率，造成电网的无功不足，电压稳定性就会受到影响（稳定裕度降低），增加了调压的难度。为支撑正常的系统电压，风电场沿线变电站的母线电压必须维持在额定电压的 1.1 倍甚至更高，调压容量不足，也会对输变电设备安全运行造成隐患。另外，海上风力的间歇性、随机性和波动幅度较大所引起的风电出力变化率较大（尤其是对小型风电场而言）会增加主电网调频的难度，需要通过限制风电接入率或增加储能装置加以解决。这里需要指出，由于海风较陆地风更平稳，风速的自相关函数衰减系数较小，即出力的波动性比起陆地风更低，海上风电并网对大电网调频的影响比陆上风电更小。

（3）风力发电机组抗扰动能力较差，会对大电网的安全运行带来影响。电力系统从发电、变电、配电到负荷，各种各样的微小扰动每时每刻都在发生（如小容量电机的投切、三相电压不平衡、架空线路的风摆等），在系统内产生小扰动时，风电机组会被迫退出运行（即脱网运行），这会引发连锁反应，会使周边更大区域内的风电场陷入脱网故障，从而导致事故扩大，使电网承受更大冲击。海上风电场由于受到风力和波浪的双重负荷，且所处环境、天气更加恶劣，要求解决防腐蚀、防盐雾等问题，机组发生故障的概率更大，而且维护人员无法快速接近风电场，故障检修与系统运维更加困难。

（4）海上风电固有的大间歇性和强随机性的特点会改变电网潮流，增加电网稳定运行的潜在风险。海上风电接入大电网后，会改变大电网的潮流流向和分布，增加了输电线路断面（即潮流断面，具有一定的稳定限额值）的运维控制难度；海上风力发电在主网中的成分（称之为渗透率）增加后，导致在相同的负荷水平下，机组的等效转动惯量下降，影响电网的暂态稳定性；又如，并网的海上风电机组在大电网发生故障后可能由于励磁回路故障或绝缘击穿而无法重新建立端电压（即定子电压），引起机组失稳，从而破坏局部电网的电压稳定，给大电网带来二次冲击电容电流的影响。在交流输送方式中，由于海上风电场要用一定电压（通常为 35 kV）的电缆与陆地电网连接，带大电容的海底电缆会产生较大的对地电容电流，产生高输电损耗。另外，我国 35 kV 及以下配电网仍大部分采用中性点不接地方式运行，如果海上风电场采用 35 kV 不接地系统，由于电容电流的增大，会危及海上风电场的正常运行。

（5）电能质量的影响。由于海上风向、风力的随机变化会使得风电机组的功率输出是不稳定的，并入主网后会影响大电网的电能质量，主要是谐波、电压波动与闪变以及三相不平衡等问题。

① 谐波。海上风电并网会给大电网带来谐波污染，主要是由以下两方面的问题造成的：一是电力电子装置所引发的谐波污染。众所周知，电力电子装置本质上是一种非线性负载，属于典型的谐波源，会带来较严重的谐波干扰。海上风电机组，尤其是采用高压直流输电方式（HVDC）连接并网的风电机组，由于采用大量的交/直流变流装置（整流器、逆变器等），所产生的谐波污染尤为突出。特别是双馈发电机组励磁控制电路中的电力电子装置，也会给系统带来不可忽略的谐波影响。二是大型风力发电机组并网时会从主网吸

走大量的无功功率,这就需要对它进行无功补偿,而由于无功补偿的并联电容器可能和系统中的谐波源发生并联谐振,从而加剧谐波污染。

② 电压波动和闪变。对风力发电机组而言,目前广泛采用晶闸管软并网方式以此限制启动时产生的冲击电流影响,但冲击电流仍无法完全消除。当风速超过某上限值切出风速,即风力发电机组并网发电的最大风速,超过该值机组将切出电网时,风力发电机将自动脱网运行。如果整个风电场所有机组同时脱网,这种冲击对大电网电压尤其是配网的影响将是剧烈的。不但如此,海上风速的多变性以及风力机的剪切效应、塔影效应等动态效应的影响,都会导致风电输出功率的波动,而这种波动发生在 25 Hz 以内,该频段恰恰是产生电压闪变的频率范围,因此风力发电机组给大电网带来的闪变问题是比较普遍的。

③ 除了以上影响以外,电网末端的电能质量也会反过来对风电场产生影响:电网故障或扰动会导致风电场解列,不平衡电压会造成机组振动、过热等后果。

二、海上风电并网的关键技术

相对于陆上风电而言,我国海上风电的研究工作明显滞后,海上风电并网的影响、功率预测、远程集群控制等还处于研发初级阶段,相关技术标准和规程规范等还在制定中;随着海上风电的大规模开发,亟须对海上风电开发设计、并网运行等方面的相关技术进行深入研究。本章节主要介绍海上风电并网方面的若干关键技术,从海上风电的电力传输、集变电设计以及运行控制等方面入手,涵盖海上风电高压交流/直流输电技术、集变电系统优化设计、功率预测、远程集群控制等内容,在全面评估海上风电并网对电网影响的基础上,一个运行良好的海上风电场要与大电网连接,必须具备以下几个能力或采用以下关键技术。

1. 海上风电输电技术

海上风电并网的输送方式可分为 3 大类:高压交流输电(HVAC)、高压直流输电(HVDC)和基于电压源换流器的轻型高压直流输电技术(VSC-HVDC)。小型的近海风电场,一般采用技术成熟、成本较低的 HVAC 方式。

根据相关研究显示,风电场额定容量在 400 MW 以内,离岸距离在 50 km 之内可考虑采用高压交流输电传输方式,但 HVAC 对于长距离、大容量输电存在以下问题。

(1) 传输相同有功功率,交流输电线路的工程造价和功率损耗比直流输电线路增长得快;

(2) 海底电缆的电容效应会产生大量的无功功率,降低了电缆的有效负荷能力,并抬升了电网电压,且难以在海底输电电缆中间进行无功补偿;

(3) 采用交流传输方式后,海上风电场和陆上电网任何一方的故障都会直接影响到另一方,对系统的安全运行不利。海上风电场采用交流输电技术需要考虑海上风电并网的电能质量问题,主要包括电压波动与闪变、谐波、电压三相不平衡、频率偏差、电压偏差等。

此外,由于电网和风电场之间的影响是相互的,当电网电压发生跌落或骤升时,也会对海上风电场的安全运行造成影响,这就要求海上风电场必须具备故障穿越能力。

对于离岸较远的海上风电场,宜采用 HVDC 或 VSC - HVDC 方式。相对于传统的 HVAC,VSC - HVDC 具有明显优势。

(1) VSC - HVDC 是直流输电,没有对地电容造成的输电距离限制;

(2) 采用双极配置时,导线(电缆)数可由 3 条减为 2 条;

(3) VSC - HVDC 技术利用电压源变流器等直流换流装置将风电场内部交流系统与外部大电网有效地隔离,这样海上风电的强随机性、高间歇性和大波动性对主网的负面影响就减轻到最小程度,从而也放宽了对海上风电场装机容量的限制;

(4) 该技术具有"组件化"的灵活思想,非常便于扩展,且能够独立地扩展风电机组的无功功率和有功功率,在发电和负荷快速变化的极端情况下,也能较好地增强大电网的稳定性,还可以消除塔影效应等引发的电压闪变,改善电能质量。

海上风电场应具备为大电网提供无功功率补偿的能力和响应电网频率变化自动调节出力的能力,这其实也是 VSC - HVDC 输电技术的优势所在,进一步分析 VSC - HVDC 技术的核心部件是两端的电压源变流器(VSC)。变流器既是能量转换部件,对电网输送风机的出力,又是一个控制单元,能调节电网端无功分量,起到无功补偿的作用。VSC 以具有高频通断功能的开关器件(如 IGBT -绝缘栅极双极晶体管)为核心部件,以脉宽调节控制方式对变流电路中的电力电子器件进行通断控制,在高、低电平间上、下快速切换产生交流电压,并通过交流低通滤波过滤得到基波电压。使用脉宽调节控制技术的优点在于可随时改变交流输出电压的相位与幅值,从而实现有功功率和无功功率的独立调节,经该变流电路产生的交流电压可随控制器的变化而变化,非常灵活。目前国际上对于 VSC 的研究焦点在于变流器的拓扑结构设计及其调制和均压控制方法,其中最新的拓扑结构是采用多电平变流器(包括多电平重注入变流器、有源箝位多电平变流器、多重化变流器和模块化多电平变流器等)。大容量变流器的核心技术主要为 ABB、西门子等国外公司所拥有,并已在一些大型海上风电场项目上得到成功应用,我国在该项技术上的研究还有待努力。

2. 海上风电交流故障穿越技术

基于交流输电系统的海上风电故障穿越技术可分为低电压穿越和高电压穿越。在海上风电穿透功率逐渐增大的背景下,风机自身及相关设备的控制及其与系统之间的相互影响等方面的相关研究还有待进一步深入。风机的故障穿越能力,尤其是低电压穿越能力与火电或水电不同,风的大小是不稳定的,不受人控制的,尤其是海上风能。因此风力发电机组多是异步或永磁式,无励磁调节系统。在电网出现故障的时候电网电压值会下降,此时风电机组不能及时做出反应,而继续向外输出功率,会引起振荡,直至跳闸停机保护,对电网和风电场都造成冲击。如果风电机组具备低电压穿越功能,就可以在电网故障时保持一段时间的低压输出而不脱网,在此期间电网解决故障并恢复正常,风机即可恢复正常工作,这对电网和风机都是一种保护。2008 年西班牙发布了并网风电机组故障穿越能力标准,要求风机在 500 ms 内不能脱网、在电压波动上下 5% 范围内,风电场必须持续 1 h 正常并网运行。由于该标准得到严格执行,西班牙已成功地解决了并网风电故障穿越问题。低电压穿越是对并网风力发电机在电网出现电压跌落时仍保持并网的一种特定的运行功能要求。目前国标《风电场接入电力系统技术规定 第 1 部分:陆上风电》(GB/T 19963—2021)定量地给出了风电系统脱网的条件(如最低电压跌落深度和跌落持续时间),只有当电网电压跌落低于规定曲线以后才允许风力发电机脱网,当电压在凹陷部分时,发电机应提供无功功率,如图 5-1 所示。

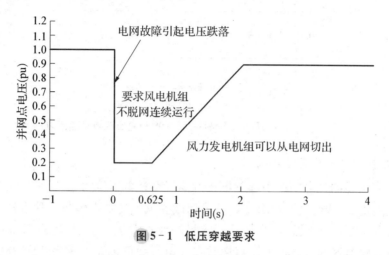

图 5-1　低压穿越要求

风电场低压穿越的具体要求为:风电场内的风力发电机组具有在并网点电压跌至 20% 额定电压时能够保证不脱网连续运行 625 ms 的能力;风电场并网点电压在发生跌落后 2 s 内能够恢复到额定电压的 90% 时,风电场内的风力发电机组能够保证不脱网连续运行。

图 5-1 曲线主要是对电网公共连接点(风电场并网点)的要求,由于该种系统故障具有传递性,即风电机组端电压下降受故障点远近影响,因此单台风电机组端电压下降幅度应小于上述曲线,然而国家电投滨海北 H1 和 H2 风场选用的上海电气 SWT-4.0-130 机组设计要求是将上述曲线要求用于单台风电机组的,因此完全满足标准要求。

在标准电压下限以上,SWT-4.0-130 机组可穿越电压突降实现传输系统的连接,这个性能的前提是安装的风机与电网的强度成正确比例,意味着风机传输终端的短路容量(S_k/S_n)与电网阻抗(X/R)的值必须适当。

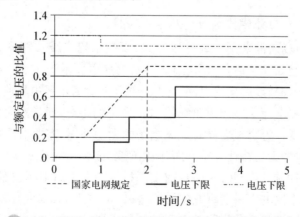

图 5-2　SWT-4.0-130 机组 0~5 秒电压故障穿越能力

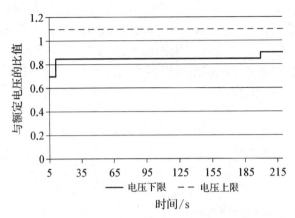

图 5 - 3　SWT - 4.0 - 130 机组 5～205 秒电压故障穿越能力

3. 电能质量问题及其治理技术

对于海底电缆的充电功率引起的电压升高以及过电压等问题,常采用高抗等无功补偿装置对电缆进行一端补偿、两端补偿或采用改变风电场功率因数三种方法解决。为了避开输电线非全相运行谐振区,高抗补偿容量一般不大于 80% 补偿度(并联电抗器容量与空载海缆线路电容无功功率之比),通常在输电海缆侧加装 60%～70% 补偿度的高抗容量,以满足输电电压层的无功平衡需求,当过电压较严重时,可考虑在相关位置加装避雷器。在海上风电场正常运行及故障过程中,运行环境和风电机组的特性会引起一定的电能质量问题,风力发电机组本身配备的变流器会产生不同次序的谐波,传统的治理方法是安装 LC 滤波器(无源滤波器),但只能滤除指定次序的谐波,且补偿特性受电网阻抗和运行状态的影响,易和系统发生并联谐振。有源滤波器(Active Power Filter,APF)相较于无源滤波器是一种主动性的补偿装置,具有较好的动态性能并能降低有功损耗。根据接入电网的方式不同,APF 可分为串联型、并联型和串-并联型 3 大类,但有源滤波器造价较高且容量较小,在实际工程中常采用无源滤波器。此外,由于海上风电输出功率的波动,会对风电场并网点电压质量造成影响,常采用 SVC、STATCOM 等动态无功补偿设备维持电压稳定。

4. 海上风电的无功补偿技术与电压分布特性

目前,海上风电场通常采用二级升压方式(少数采用三级),即风力发电机输出电压 690 V,经箱变升压至 35 kV 后,分别通过 35 kV 海底电缆汇流至 110 或 220 kV 升压站,最终通过 110 或 220 kV 线路接入电网。图 5 - 4 所示为海上风电场典型布局图。

由于海上变电站与岸上变电站通常有数十公里的距离,而长距离交流海缆带来的充电无功问题不容忽视。为合理配置海上风电场的无功补偿,需要对风电场的无功特性进行分析,在海上风电场无功特性分布方面,国内研究较多,分析也较为全面,但在无功补偿方面,由于缺乏相应的标准,同时国内目前实际投运的海上风电场也都处在摸索阶段,处理方式不尽相同。中国电力科学研究院依托国家 863 项目,针对实际示范工程,开展了海上风电场电压分布特性和无功配置及电压控制技术研究,并编制了国家电网公司企业标

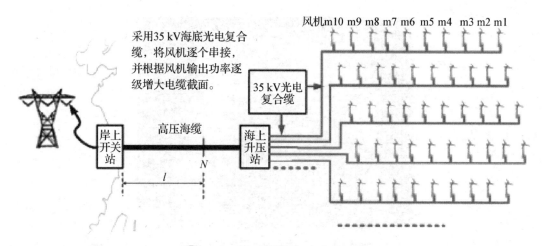

采用35 kV海底光电复合缆，将风机逐个串接，并根据风机输出功率逐级增大电缆截面。

风机m10 m9 m8 m7 m6 m5 m4 m3 m2 m1

35 kV光电复合缆

岸上开关站

高压海缆

海上升压站

N

l

图 5-4 海上风电接入系统拓扑图

准《海上风电场接入电网技术规定》(以下简称《规定》)，对海上风电场无功容量确定、无功补偿装置配置以及电压控制等做出了相应规定。为便于实现电压控制和调度管理，海上风电场的并网点应设在陆上开关站出线侧。海缆产生的充电功率应通过装设并联电抗器基本予以补偿。《规定》同时要求，海上风电场要充分利用风电机组的无功容量及其调节能力；当风电机组的无功容量不能满足系统电压调节需要时，应在风电场集中加装适当容量的无功补偿装置，必要时加装动态无功补偿装置。

三、海上风电集电与变电设计技术

海上风电场集电与变电系统是海上风电场电气系统的重要组成部分，其电气设备繁多、连接方式各异，存在很大的优化空间。海上风电场集电与变电系统的设计主要包含以下两个方面。

1. 海上风电集电系统设计技术

海上风电场集电系统任务是将各风电机组输出的电能通过中压海底电缆汇集到海上变电站的汇流母线。由于海上风电场运行条件十分恶劣，集电系统一旦发生故障，其维护、检修工作难度更大，耗时更长。因此，海上风电场集电系统的优化设计关系着整个海上风电场的安全与经济运行，是工程技术人员关注的焦点之一。集电系统的优化设计主要包括集电系统的拓扑优化、设备选型等方面，目前相关研究成果较多，但还需结合工程实际来检验和改进。海上交流风电场常用的集电系统拓扑结构有如下几种：放射形结构、星形结构、单边环形、双边环形及复合环形。

2. 海上风电变电系统设计技术

自2000年发展海上风电以来，国外陆续有二十余座海上升压站(换流站)投入运行，已建成的海上升压平台主要集中在丹麦、英国、德国等欧洲地区。我国首座 220 kV 海上升压站于 2015 年 5 月在青岛开工建设，10 月 16 日在江苏响水海上风电场完成海上吊装，如图 5-5 所示。

图 5 - 5　江苏响水海上风电场升压站

　　在实际工程中,设计人员一般会根据风电场位置、装机规模、离岸距离、接入系统方案、海洋环境、地形地质条件、海底管线(缆线)、场内外交通情况,综合考虑设计、施工、运维、投资、建设用海等因素对海上升压变电站选址进行优化。对于只有一个海上升压站的风电场来说,升压站的位置通常倾向于位于风电场中心或者风电场靠近并网点侧的某个位置。在海上升压站内部建设过程中,合理的电气主接线方案和设备选型对提升变电站的可靠性、减少施工运维工作量及降低工程总造价具有重要作用,二者也是海上变电站优化设计的主要内容。其中,电气主接线的设计应综合考虑风电场总体规模、线路变压器连接元件总数、接入系统要求、设备特点等因素,并同时满足供电可靠、运行灵活、操作检修方便、投资节约和便于扩建等要求。

　　在我国,海上升压站高压侧电压等级一般采用 220 kV,电气接线方案推荐采用扩大单元接线方案或单母线接线方案;低压侧电压等级为 35 kV,可采用双绕组变压器接线或双分裂变压器接线。同时,在低压侧应采用小电阻接地方式,防止故障引发大面积脱网。此外,海上升压站内电气设备的选择与布置对升压站的安全稳定运行也十分重要。

　　电气设备主要包括:主变压器、无功补偿装置、高压侧和低压侧配电装置设备和二次系统设备等。海上升压站布置的典型设计是三层钢结构建筑,电缆层兼辅助设备安装场地放置在底层甲板;一层放置主变、高低压配电装置及无功补偿装置等;二层设计为二次设备室、交流配电室、无功补偿装置室及蓄电池室等;顶层根据实际需求,有选择地布置直升机平台。其典型设计方案如图 5 - 6 所示。

　　海上风电场集变电系统作为海上风电场电气系统的重要组成部分,其优化设计关系着整个海上风电场的安全与经济运行,需要重点研究安全可靠、经济合理的海上风电场集电系统拓扑结构优化设计技术和适用于大型海上风电场的海上变电站主要设备选型和电气系统主接线方案集成设计技术。

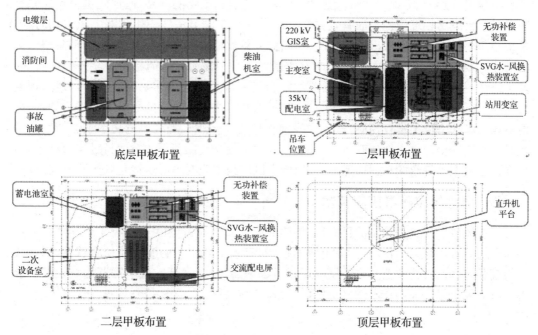

图 5－6　海上升压站典型设计

四、海上风电风功率预测技术

相关研究显示,海上不受地形和植被、建筑物等地貌特征的影响,风湍流强度较小,风电机组尾流影响距离长、范围广;同时海上存在台风、海浪、盐雾、浮冰等机组运行的不利因素。这些特点使得海上风电功率预测适用的数值天气预报模式也不同于陆上。海上环境十分复杂,海洋和大气之间会相互影响,它们的相互作用是通过海-气界面的热力过程和动力过程等物理过程来实现的。基于海洋-海浪-大气模式耦合的区域数值模式,不但可以改善低层风场以及水汽输送的模拟能力,而且可以通过海-气界面的热力和动力等物理过程来实现台风天气的预报。海上风电功率预测的研究相较于陆上风电起步较晚,预报和预测结果精度较低,还不能满足实际工程的需要。中国电力科学研究院依托国家863计划课题针对海上风电预测技术开展了研究,建立了区域海气耦合模式:大气分量选择新一代中尺度大气模式 WRF,海浪模式为 WAVEWATCH－Ⅲ第三代海浪模式,海洋分量是普林斯顿大学开发的 POM 模式。耦合模式交换的信息主要包括大气模式地面层、海洋模式表层和海浪的有关物理参量,这些参量包括 WRF 每个积分时步计算的海面风应力、感热通量、潜热通量、净长波辐射通量和净短波辐射通量以及降水率和蒸发率;POM 每时步计算的海温插值到海表后而形成的海表气温 SST;WW3 计算的海面粗糙度等,最终得到考虑了海气相互作用的气象要素预报,支撑海上风电功率预测。

基于海气耦合模式,结合卫星资料同化和快速循环更新技术,针对2014年17号台风北冕的过境路径,课题组设计了一组模式试验,包括控制试验、单次同化及循化同化试验。预报试验结果表明,控制试验48 h 预报路径偏差为121 km,单次同化及循环同化48 h 路径预报偏差分别为 97 和 85 km。受海上常规观测资料不足的限制,循环同化卫星遥感资料是实现台风路径准确预报的有效方法。风电功率预测方法在应用到海上风电场时,需要结合海上风电的特点做出相应的改进,以提高预测结果的准确度。其中,物理模型预测法的建立及改进需要设计人员对选址海域风速分布和该海域风能特点有充分的了解,而基于统计观点的外推模型法、组合预测法以及概率性预测法不需要为了设计合适的预测算法而对海上的状况有准确的了解。事实上,这些方法可用给定的气象条件进行训练,以便对风电场功率输出进行预测,避免中间的物理建模步骤。提高风电功率预测精度是增强风电并网安全与稳定性最有效的手段之一,除了提高气象预报的精度与时空分辨率外,提高预测模型及参数的自适应能力,采用概率区间技术应对不确定性是可能的突破口。

五、海上风电集群控制技术

海上风电远程集群控制的目的,是将地理上毗邻、特性上相关且拥有 1 个共同接入点的风电场集群进行一体化整合、集中协调控制,有效平抑出力的波动性和间歇性,以形成在规模和外部调控特性上都与常规电厂相近的电源,具备灵活响应电网调度与控制的能力。海上风电集群控制技术按照功能可分为有功控制技术、无功控制技术。

第二节　风电机组/风电场功率调节

一、风电场有功功率控制系统

在电力系统中,有功功率控制系统又称自动发电控制系统(简称 AGC 系统),是指发电机组在规定的出力调整范围内,跟踪电力调度机构下发的负荷指令,按照一定调节速率实时调整发电出力,以满足电力系统频率和联络线功率控制的要求,它是保障电力系统安全经济运行的重要措施。一般情况下,风机有功功率控制(AGC)系统管理控制对象是风机能量管理平台。

规范要求:风电场应配置有功功率控制系统,具备有功功率连续平滑调节的能力,并能够参与系统有功功率控制。

二、AGC 系统工作原理及系统组成

1. AGC 系统工作原理

AGC 系统实时采集风机的总有功功率,然后将当前总有功功率与调度下发电的有功目标值进行比较,如果电站所发当前有功功率和有功目标值的差距不在规定范围内,AGC 系统将自动调节风机能量管理平台的有功功率限值,实时将风机当前发出的有功功率值调整到目标值附近,以满足调度机构规定的精度要求。

2. 系统组成

风电场内的风机、通信光缆、能量管理平台、AGC 服务器、AGC 工作站、远动通信管理装

置、路由器等设备组成了一个具有 AGC 管理功能的子系统,这个子系统相对调度机构的 AGC 管理主站来说,称之为风机 AGC 子站。风机 AGC 子站应与调度主站实现闭环运行。

三、AGC 系统的主要功能及运行工作

AGC 服务器是整个有功控制系统的核心,主要功能有:一是自动向调度主站上送风机 AGC 子站状态(功能投入、运行状态、超出调节能力)等信息,同时接收调度主站的有功控制和调节指令,按照设定的逻辑策略对风机能量管理平台进行负荷分配,实现有功功率的可监测、可控制,达到控制精度要求;二是实时采集各风机和风电场总有功功率信息,并对采集的数据进行有效性和正确性检查。

远动装置是 AGC 服务器和调度主站通信的中转站,负责接收调度主站的有功功率指令,然后转发给 AGC 服务器去执行;同时也将风电场 AGC 子站状态(功能投入、运行状态、超出调节能力、执行结果)等信息传送到调度主站。

风机有功功率控制系统的运行监控说明以南瑞继保的 PCS-9700 型风机 AGC 子站进行说明。

1. AGC 运行主画面功能

AGC 总复归压板的主要功能是当 AGC 系统控制能量管理平台不成功时,将能量管理平台闭锁,不再对能量管理平台进行遥控。

投入 AGC 总功能压板的主要功能是将 AGC 子站投入运行,使其通过能量管理平台调节控制风机有功功率输出。

监视画面主要是进入到功率曲线比较图。

状态监测主要是对实时功率、调度有功指令等数据的实时显示。

2. AGC 运行分图画面功能

AGC 系统投入闭环运行后,AGC 服务器将会自动记录调度下发的目标值和风机实发总功率,无须人为干预。通过查看调度主站下发的功率指令曲线和风机实发总功率的实时曲线,通过分析可得知风电场的运行状态、AGC 子站的控制精度、最大限电电力和最大出力等运行数据。AGC 系统正常运行时,调度主站下发的功率指令曲线在风机实发总功率的上方,表示全场有功功率值小于调度给定的有功功率指令值,反之,表示全场有功功率值大于调度给定的有功功率指令值。

3. 风机 AGC 子站投运实施流程

(1) AGC 子站设备安装

风电场 AGC 子站应同主体工程同时设计,同时完成设备安装,并且确保设备运行正常。

(2) 站内调试

风电场在并网后应尽快进入站内 AGC 子站的功能测试环节,该环节由发电单位组织实施,由有资质的第三方测试机构配合完成。风电场在进行测试前,应按要求申请日前计划检修票,经审批后,在批准时间内向调度机构申请测试许可开工。现场功能测试内容及技术要求应满足电网相关条款要求。风电场技术人员应对测试过程中的各项结果做好记录,现场功能测试通过后应出具现场功能测试的正式报告,满足要求的正式报告是进入与

调度 AGC 主站联调环节的必备条件。

（3）与调度 AGC 主站联调

站内调试成功并出具报告后，发电单位按要求同时申请日前计划检修票和调度自动化检修票，票中均应附上现场功能测试正式报告的扫描件，两类检修票均经审批后进行调试。联调工作在调度自动化主站配合下进行，在调度主站与风电场的互动性能测试完成，且满足相关技术指标后自动进行系统闭环试运行，闭环试运行持续 96 h 以上，以验证控制效果。

（4）投入闭环

风电场与调度主站联调完成后，应通过日前计划检修票提交风电场正式进入有功控制闭环运行的申请，经审批后正式投入运行，完成调度权的移交（风电场扩建或改建后，若装机容量或控制设备有变，应重新进行上述调试工作）。

4. 风机 AGC 子站运行方式

在风电场存在分期建设的情况时，因建设条件不同，AGC 子站控制风机能量管理平台的运行方式也有所不同。

当风电场只存在一期项目的情况下，每条集电线路设置一台风机作为样板机，不限制输出功率，在能量管理平台设置样板机不受控制，其余风机均受控制，风机 AGC 子系统直接控制风机能量管理平台，风机能量管理平台实时调节风机有功功率输出。

当风电场存在分期建设的情况下，若两期风资源存在差异或项目电价不同，在限电情况下，将导致风场的实际效益不同，则应及时调整风机能量管理平台参数：一是保证电价高的项目全功率运行，电价低的项目根据电网给定功率，自动调整功率运行；二是调整因风资源差异造成的一部分风机限电运行，另外一部分风机发电不满的状况，提高风资源高的部分风机的功率限值。

四、AGC 系统常见故障排查及处理

风电场的 AGC 子站投入闭环运行后，按调度机构下发的功率曲线执行，无须人为干预。AGC 系统运行正常与否直接决定了场站的发电量，所以要特别做好日常的监视检查工作。本节介绍风电 AGC 系统常见故障及其处理方法。

1. 功率目标值指令保持不变

AGC 系统正常运行时，自动接收调度下发的功率目标值指令，并按目标指令执行，该指令一般来说是动态变化的，且定时刷新，可以通过及时查看功率曲线变化情况来判断功率目标值变化情况。

当发现调度指令不变时，手动设置 AGC 调度指令，如手动设置值刷新正常则可以说明 AGC 子站工作正常，如不刷新应及时检查远动装置、AGC 服务器或传输线路是否通信正常。

2. 无法接收到调度指令

风电 AGC 系统接收不到新的调度指令时，系统会一直执行其最后一次收到的指令，调度指令不刷新。

发现调度指令中断后，应及时联系其他接入同一断面的场站，询问其 AGC 运行情况，如判断出是调度主站异常，则立即汇报调度，根据调度命令进行相应操作，但如果判断主站运

行正常,则应及时检查远动装置、AGC 服务器或传输线路是否通信正常,并采取相应处理措施。一般来说,AGC 服务器或远动装置异常死机导致指令中断的可能性较大,通过重启装置即可恢复正常。特殊情况下,需联系厂家协助处理。

3. AGC 服务器与能量管理平台的通信中断

当 AGC 服务器下发的有功功率控制值与能量管理平台接收到的有功功率控制值不一致时,可以判断为 AGC 服务器与能量管理平台的通信中断,应及时检查风机能量管理平台运行状态及传输链路,根据故障进行相应的处理。

风电场运行维护人员应充分认识到 AGC 系统的重要性,并给予重视,最好在设备厂商对 AGC 系统进行调试的时候,能全程跟踪参与,以便全面细致地了解 AGC 系统性能及可能会出现的问题。另外,运行维护人员应加强对风机 AGC 系统的日常检查和维护保养,加强设备管理,特别是加强网络安全防护,防止 AGC 服务器遭受网络病毒攻击,造成控制系统瘫痪。

五、风电场自动电压无功控制系统

在电力系统中,自动电压无功控制系统(Automatic Voltage Control,简称 AVC 系统),是指通过调度自动化系统采集各节点遥测、遥信等实时数据进行在线分析和计算,以各节点电压合格、关口功率因数为约束条件,进行在线电压无功优化控制,实现主变分接开关调节次数最少、电容器投切最合理、发电机无功出力最优、电压合格率最高和输电网损率最小的综合优化目标,最终形成控制指令,通过调度自动化系统自动执行,实现了电压无功优化自动闭环控制。

相关文件要求,风电场应配置无功电压控制系统,具备无功功率调节及电压控制能力。根据电力系统调度机构指令,风电场自动调节其发出(或吸收)的无功功率,实现对风电场并网点电压的控制,其调节速度和控制精度应能满足电力系统电压调节的要求。

1. AVC 系统概述

由于风力发电厂安装地点都离负荷中心较远,一般都是通过 220 kV 或 500 kV 超高压线路与系统相连,加之风力发电的输出功率的随机性较强,因此其公共连接点的无功、电压和网损的控制就显得比较困难。目前风力发电厂为控制高压母线电压在一定波动范围内并对风场所消耗的无功进行补偿,现装有的补偿设备种类有:纯电容补偿、SVC(大部分为 MCR)和少量的 SVG。

目前各省网公司正在实施所辖电网内风电场的 AVC 控制,为达到较好的控制效果,减少电压波动提高电压合格率,为电网提供必要无功支撑和降低网损的要求,希望对装机容量占全网发电容量比重越来越大的风力发电场进行无功和电压控制,即在系统需要的时候既可发出无功,又可以吸收网上过剩的无功功率,以达到减少电压波动,控制电压和降低网损的目的。相关文件要求,无功电压控制应首先应充分利用风机机组的无功容量和调节能力,不能满足系统电压要求,通过加装无功补偿装置实现对系统无功和电压的调节。这样调节范围更宽,调节手段更灵活,更加容易满足系统对电压和无功的控制,有载主变分头作为第三步的调节手段。目前风电场运行的发电机无功控制策略一般是保持机组运行的各种工况下功率因数为1左右运行(即基本上不吸收和发出无功),还没有根据指令实时调节的突破。

2. AVC 系统工作原理及系统组成

风电场 AVC 系统采用上、下位机结构,主机(上位机)实现系统的核心功能是根据调度下发的电压指令,考虑风电场内各机组和母线的实时数据,结合各种约束条件,分析计算合理分配风电场内各类无功电源的无功出力和主变分接头位置,并根据计算将结果下发至测控终端(下位机),由测控终端输出各类控制信号进行调节,实现调度主站和风电场子站间的自动闭环控制,满足调度端高压母线电压要求。其他应包括数据存储、数据管理和浏览,以及 WEB 发布等功能。

测控终端可实现数据采集(电气参数、机组状态等)、各类控制信号输出包括无功指令信号、有功指令信号(该功能暂时保留),报警输出和闭锁等功能。

上、下位机通信采用现场 485 总线方式,抗干扰能力强,传输距离远。系统组成如图 5-7 所示。

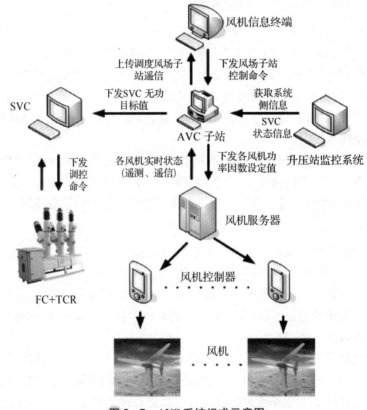

图 5-7 AVC 系统组成示意图

3. AVC 系统主要功能

上位机软件设计应充分考虑到风电场运行管理的要求,应当具备以下功能。

(1)采集功能,实时采集场内各类模拟量(电压、电流、有功、无功、谐波等)和风机机组运行(如开机、停车、调向、手/自动控制以及大/小发电机工作)以及其他设备开关状态量,通过各风电机组的状态了解整个风电场的运行情况。

（2）通信功能,能够升压站监控系统、风机服务器、无功补偿装置、信息终端和中调AVC主站系统通信,支持多种通讯方式,包括专线通信方式和网络通信方式,支持MODBUS(TCP/IP、RTU)、CDT、DL/T634.5.101—2002、DL/T634.5.104—2002等常用标准规约。

（3）输出功能,能够输出模拟量信号(4～20 mA)和开关量信号(无源节点),作为遥调和遥控。

（4）分析计算功能,根据调度指令和风电场内的无功电源配置,采用成熟的基本算法(包括等功率因数、等无功、相似调整裕度等)对目标值进行计算分析,并考虑各类约束条件,按照先后顺序和分配策略给出各风机和无功补偿装置的无功出力目标指令,以及主变分接头调节提示。

（5）运行监视功能,能方便地监视 AVC 子站系统的运行工况,母线电压、风机有功功率/无功功率、开关状态、设备运行状态、与其他设备的通信状态,能对一些关键数据用曲线或图表的形式直观地显示。

（6）数据存储功能,可存储数据并形成历史数据库,用于绘制趋势曲线和形成报表,历史数据可存储一年。

（7）参数配置功能,能提供界面支持风场运行人员输入各类运行约束的限制参数配置,变高侧母线(或节点)电压目标值,变高侧母线(或节点)电压计划曲线。

（8）安全约束和记录功能,系统根据配置的各种运行约束条件参数运行,对异常和故障报警并停止调节,并形成事件记录,故障消失后自动恢复。

六、上海电气机组功率控制系统

1. 高性能风场功率控制系统（HPPP 系统）

国家电投滨海北 H1 和 H2 风场选用的风机机型为上海电气 SWT-4.0-130,上海电气为 H1 和 H2 风场配备了一套 HPPP(高性能风场功率控制)系统。该 HPPP(高性能风场功率控制系统)系统可将风力发电机的电压设定值提高到 0.92 p.u.至 1.08 p.u.,风场的设计应能在稳态运行时使风力发电机的电压设定值保持在 0.95 p.u.至 1.05 p.u.之间。

风电场的电压控制/无功控制由两个控制回路管理,内环回路控制 690 V 系统,由风机控制器实现;外环回路控制高压系统,通过 HPPP 系统实现。HPPP 系统接收风电场连接点上的电压等级或无功功率反馈信息,与风电场控制器的目标电压等级进行比较,电压/无功功率参考数值会发送至各个风机的控制器内,这意味着风机控制器对 HPPP 系统的最新数据响应,并在 690 V 系统维持。

2. HPPP 系统有功功率控制

HPPP 能量管理平台确保按照电网要求控制全场有功功率。当风电场有功功率在总额定出力的 20% 以上时,所有运行风电机组能够实现有功功率的连续平滑调节,并能够参与系统有功功率控制。风电场能够接收并自动执行电力系统调度机构按照规范要求下达的有功功率及有功功率变化控制指令,风电场有功功率及有功功率变化与电力系统调度机构下达的给定值一致。在电力系统事故或紧急情况下，根据电力系统调度机构指令快速控制其输出的有功功率，必要时可通过安全自动装置快速自动降低风电场有功功率或切除风电场。同时风电场有功功率变化率最大值应满足下表要求。

表5-1　风电场有功功率变化率最大值(MW)

风电场装机容量	10 min 最大有功功率变化限值	1 min 最大有功功率变化限值
<30	10	3
30~150	装机容量/3	装机容量/10
>150	50	15

3. HPPP 系统无功功率控制

HPPP 能量管理平台确保按照电网要求控制风电场无功功率，使风电机组功率因数能在 -0.95~+0.95 的范围内在线动态连续可调，风电机组具有恒功率因数运行模式；风电机组无功功率控制系统能与风电场集中无功补偿装置协调运行。

第三节　海上风电机组涉网设备及其保护系统

一、35 kV 环网柜在风电场的应用

随着我国风力发电装机规模的扩大，风机单机容量逐步向大型化、大功率发展，2 MW 及以上机组将逐步成为主流机型。2 MW 及以上机组升压变压器大多布置在风机塔筒内，变压器高压侧出口电压为 35 kV。按照变压器容量保护配置要求，在风机塔筒内需要设置开关设备，即 35 kV 环网柜。在本节中将简要介绍 35 kV 环网柜的设计配置要求，元件的选择配合，变压器保护等应注意的问题，以及 35 kV 环网柜在风电场的应用情况。

1. 环网柜配置方案

风机塔筒内安装的 35 kV 环网柜，可有以下几种选择方案。按照柜内绝缘介质可分为空气绝缘环网柜和 SF$_6$ 气体绝缘环网柜。按照柜内元件配置可分为断路器柜、负荷开关+熔断器柜、负荷开关柜和电缆柜。

通常作为变压器保护的有负荷开关+熔断器柜和断路器柜两种设备。

（1）负荷开关+熔断器柜作为变压器保护

负荷开关+熔断器柜可以开断至 31.5 kA 的短路电流，其基本特征是依赖熔断器熔断触发撞针动作于负荷开关，熔断器是分相熔断，其熔断是因短路电流。电力系统短路有单相、二相和三相短路，且以单相、二相短路居多，故熔断器也以熔断一相、二相居多，但任一相熔断后，撞针触发负荷开关的脱扣器，都引起负荷开关三相联动，其顺序总是先熔断熔丝，后断负荷开关。单相或二相熔断时，在开关未断开前，未熔断相还有电流，负荷开关

此时不仅是切断负载电流,还要切断未熔相的电流,这个电流称作转移电流,其值是个变量,但大于负荷开关的额定电流,转移电流的大小取决于变压器容量和短路状态。采用负荷开关+熔断器组合电器作为变压器保护,设计人员一般不再进行具体的设计以及对短路电流和继电保护的整定计算,直接选用设备厂提供的成套设备即可。但这种方式也有其自身应用的局限性,现分述如下。

短路故障电流的开断均会损坏熔断器,且动作电流、时间无法人为确定,开关设备选择性很差。例如当要求 6 倍额定电流时 0.5 s 动作、10 倍额定电流时 0 s 动作,则负荷开关组合电器是无法满足用户要求的。负荷开关开断转移电流的能力取决于负荷开关的开断速度,若开断时间短,则开断电流大。根据西安高压研究所对不同容量 10 kV 配电变压器的转移电流的试验数据,1 250 kV·A 的变压器转移电流最大为 1 440 A,1 600 kV·A 变压器的转移电流最大为 1 800 A。由此可推算,35 kV 1 250 kV·A 变压器的转移电流约420 A,1 600 kV·A 变压器的转移电流约 520 A。目前市场上 35 kV 负荷开关定型产品较少,最大额定电流 200 A。由于负荷开关的开断能力有限(通常负荷开关只能断开额定电流,不能断开短路电流),可见负荷开关不能安全断开大于 1 250 kV·A 变压器的转移电流,因此当用户选择大于 1 250 kV·A 容量的变压器时,则应该选择断路器作为变压器保护。当选用负荷开关+熔断器组合电器作为变压器保护时,如变电所的用电设备较多,采用负荷开关作为进线开关,则无法作为母线短路保护和出线柜(负荷开关+熔断器)的后备保护。一旦出现母线短路或者熔断器保护不动作时,将会导致上级变电所中的出线开关动作,影响供电可靠性。因此,进线柜不宜选用负荷开关+熔断器保护形式。

(2) 用断路器柜作为变压器保护

真空断路器具备完备保护功能与操作功能,因其开断容量大、分断次数多,被广泛地应用于电力系统变压器、电动机等设备保护。断路器在电力系统中主要用来分断正常负荷电流和故障时的短路电流,为了实现自动分断故障时短路电流的功能,必须配备相应的微机保护装置。当被保护的回路发生故障时,由微机保护装置迅速准确地给断路器发出跳闸命令,使故障回路及时从系统中断开,减少对设备的损坏,降低故障设备对系统的影响,保证系统其他设备继续运行。随着真空断路器的日臻成熟,选择真空断路器作为变压器的保护已成为设计者的首选。真空断路器按绝缘分类有空气绝缘和复合绝缘;按总体结构分类有一体式和分体式;按操动机构分类有电磁机构和弹簧机构。目前,真空断路器的设计、制造领域里形成以西门子为代表的空气绝缘和以 ABB 公司为代表复合绝缘产品的两大类别。西门子公司的产品有 3AF、3AG 及 3AH 等系列产品,其操动机构为弹簧储能式。ABB 公司的代表产品有 VD4,它采用复合绝缘,产品结构紧凑,其操动机构为独特的盘式弹簧操作机构。近年来,微机保护已成为主流,常设有电流速断保护、过电流保护及气体保护等。

国家电投滨海北 H1 和 H2 风场上海电气 SWT-4.0-130 机组选用的 ABB 公司的断路器柜作为变压器保护,环网柜也选用的 ABB 公司生产的断路器柜、负荷开关柜和电缆柜组合而成。

2. 环网柜技术参数

(1) 风机塔筒对环网柜的要求

由于 35 kV 环网柜要安装在塔筒里,所以要求 35 kV 环网柜的外形尺寸必须满足塔筒门的尺寸限制,塔筒门的开孔尺寸为 1 900 mm(高)×600 mm(宽)。即环网柜必须能从塔筒门整体进出,故要求环网柜的宽度尺寸要比塔筒门宽度尺寸小 100 mm,以方便环网柜窄面推进至塔筒内部。又因为塔筒底部内部空间限制,塔筒底部半径为 2.4～2.5 m(面积约为 18 m²)。

(2)环网柜的技术参数

表 5 - 2　环网柜技术参数

系统标称电压/kV		35
设备最高电压/kV		40.5
雷电冲击耐受/kV	对地、相间	185
电压(峰值)/kV	隔离断口	215
1 min 工频/kV	对地、相间	95
耐受电压/kV	隔离断口	118
额定电流/A		630
额定开断、关合能力	额定热稳定电流(2 s)/kA	20～25
	额定动稳定电流(峰值)/kA	50
	额定短路关合电流(峰值)/kA	50
	开断短路电流次数/次	≥25
机械寿命/次		≥5 000
操作机构型式		弹簧储能
防护等级	气室防护等级	IP67
	整柜防护等级	IP42
SF₆ 气体额定压力(20℃表压)/MPa		0.04
SF₆ 气体最低使用压力(20℃表压)/MPa		0.02
SF₆ 气体年漏气率(%)		≤1
SF₆ 气体水分含量(V/V)		≤400×10⁻⁶
充气间隔/年		≥10
大修期/年		20

3. 环网柜关键元件的技术规范

(1)真空断路器

额定电压 40.5 kV,额定电流 630 A,额定频率 50 Hz,额定开断电流 20 kA(有效值),额定短时耐受电流 20 kA/2 s,额定冲击耐受电流 50 kA(峰值),额定关合电流 50 kA(峰值),额定操作循环:分—0.3 s—合分—180 s—合分,开断时间不大于 80 ms,机械寿命不小于 10 000 次,开断额定短路电流不小于 30 次,操作机构形式为弹簧操作机构(电动),绝缘水平为工频耐受电压 95 kV/1 min、雷电冲击耐受电压(全波)185 kV。

（2）负荷开关

额定电压 40.5 kV,额定电流 630 A,额定频率 50 Hz,额定短时耐受电流 20 kA/2 s,额定冲击耐受电流 50 kA(峰值),三相间分闸同期差不大于 5 ms,三相间合闸同期差不小于 5 ms,机械寿命不小于 2 000 次,操作机构形式为电动或手动,绝缘水平为工频耐受电压 95 kV/1 min,雷电冲击耐受电压(全波)185 kV。

（3）隔离开关及接地开关

额定电压 40.5 kV,额定电流 630 A,额定频率 50 Hz,额定短时耐受电流 20 kA/2 s,额定冲击耐受电流 50 kA(峰值)。

（4）避雷器

系统最高电压 40.5 kV,额定电压 51 kV,持续运行电压 40.8 kV,直流 1 mA 电压不小于 76 kV,最大操作冲击残压(峰值)不大于 114 kV(0.5 kA),最大雷电波冲击残压(峰值)不大于 134 kV(5 kA),2 ms 方波冲击电流不小于 400 A,大电流冲击耐受试验(4/10 μs 峰值)不小于 65 kA。

（5）保护单元

采用微机型保护监控装置,并装设在开关柜上便于观察的位置。装置由南瑞继保柜中 UPS 提供交流 220 V 电源。保护配置有电流速断保护、过电流保护、接地保护、温度保护、过负荷、零序过电流保护和气体保护。若在风机塔筒内安装的干式变压器,需按照规程要求设置差动保护。

4. 集电线路接线方案

（1）集电线路的接线

海上风电采用电缆作为输电干线的集电线路,除了机组侧引下线需要电缆连接外,每台风机之间也需要作为干线的电缆组成环网,因此环网柜的进出线电缆的截面一直在变化。

海上风电采用电缆形式的集电线路,如图 5-8 所示。

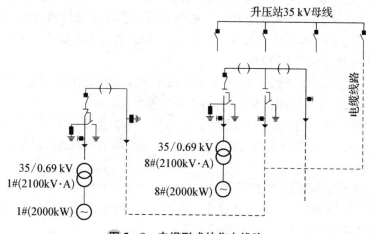

图 5-8 电缆形式的集电线路

（2）环网柜组合方案

风电场集电线路采用电缆连接时，应采用负荷开关与断路器分气箱方案，电缆建议在负荷开关侧转接。图5-9为风电场环网柜一次接线图实例。不论是采用环网柜共气箱方案，还是采用环网柜分气箱方案，环网柜的宽度尺寸均应比风机塔筒门开孔尺寸小100 mm，以保证环网柜从塔筒门方便地进出。

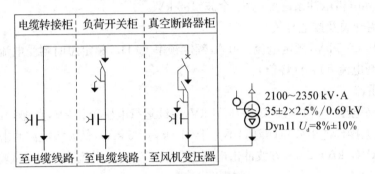

图5-9　环网柜组合方案

5. 充气环网柜应用建议

（1）35 kV 充气环网柜应满足 40.5 kV 最高运行电压的要求，并满足国标及电力行业有关 35 kV 开关设备绝缘水平的要求，环网柜制造商应提供整柜的型式试验报告。

（2）由于环网柜安装在塔筒底部，没有加热设备，当北方的风电场环境温度低于－35℃时，环网柜气箱内 SF_6 气体存在液化风险。因此，环网柜设置的压力仪表，应具有低气压闭锁功能，并可将 SF_6 气体压力信号传送至风电场集控中心。

（3）充气环网柜存在 SF_6 气体泄漏的风险。SF_6 气体是无色、无味、不燃和无毒的惰性气体，具有优良的绝缘性能，且不会老化变质。它的密度约为空气的 5 倍。在标准大气压下，－62℃时液化。绝缘强度受电极影响大，在均匀电场中为空气的 2～3 倍，在 3 个大气压下绝缘强度与变压器油相当。12 个大气压下，0℃时液化。SF_6 气体不溶于水和变压器油。高温下，它与氧气、氢气、铝及其他许多物质不发生作用。但在电弧和电晕的作用下，SF_6 气体会分解，产生低氟化合物。这些化合物会损坏绝缘材料，且这些低氟化合物是剧毒气体。SF_6 的分解反应与水分有很大关系，因此要有去潮措施。鉴于以上原因，柜内应设置气体检测仪和微水检测仪。

（4）由于充气环网柜体积很小，需要安装可触摸金属屏蔽型避雷器。该种避雷器的造价较高，需要设计单位仔细核算，是否需要安装避雷器。

（5）环网柜所保护的变压器容量大 2 000 kV·A，根据规范要求宜设置差动保护装置。对于 2 000 kV·A 及以上的变压器，需要设计单位核算电流速断保护灵敏性，以确定是否加装差动保护。

（6）如工程安排合适，环网柜宜在风机塔筒吊装前，运送至现场，并在底节塔筒安装就位，这样可节省吊装工序。如工期确实安排不开，环网柜不能及时到货，也可在塔筒吊装完成后，通过塔筒门将环网柜吊进塔筒底部。

第六章 海上风力发电机组技术介绍

第一节 海上风电机组设计要求

一、一般要求

（1）风电机组在供货时，应满足国家对风电机组并网要求的最新标准。

（2）主机供应商应根据各风电场的风资源状况、交通运输条件、吊装条件以及风机配套的轮毂高度，推荐风电场选用合理轮毂高度的机型。

（3）提供的风电机组噪音特性应符合 IEC61400-11 标准。

（4）海上风电机组环境温度一般要求：运行环境温度范围：−10℃～40℃，生存环境温度范围：−20℃～50℃。

（5）符合 IEC61400-21 的电气标准要求。

（6）机组的功率曲线必须得到有资质的权威机构或国际公认机构按 IEC61400-12（最新版）标准测定的功率曲线为依据，提供正式的功率曲线证书。风电机组单机实际运行出力不得低于当地的空气密度保证功率曲线的 95%。

（7）风电机组有功功率控制应满足如下要求。

风电机组应具有有功功率控制能力，接收并自动执行风电场发送的有功功率控制信号，有功功率控制范围可以在 20%～100%（对应风况的最大输出功率）的范围内平稳调节；风电机组应具有本地和远程有功功率控制的能力。

（8）风电机组无功功率控制应满足如下要求。

风电机组应具有本地和远程无功功率控制的能力；当风电场并网点的电压偏差在 −10%～+10% 之间时，风电机组应可以正常运行。

（9）频率

电网频率变化在 49.5 Hz～50.2 Hz 范围内时，风电机组应具有连续运行的能力；电网频率低于 48 Hz 时，风电机组的持续运行能力根据风电机组允许运行的最低频率而定；电网频率变化在 48 Hz～49.5 Hz 范围内时，每次频率低于 49.5 Hz 时风电机组应具有至少运行 30 分钟的能力；电网频率高于 50.2 Hz 时，每次频率高于 50.2 Hz 时，要求风电机组应具有至少运行 5 分钟的能力。

海上风电风机技术

（10）低电压穿越/高电压穿越能力要求

图 6-1 为对风电场的低电压穿越要求。风电场并网点电压在图中电压轮廓线以上，风电机组应具有不间断并网运行的能力；并网点电压在图中电压轮廓线以下时，风电场内风电机组允许从电网切出。具体要求如下。

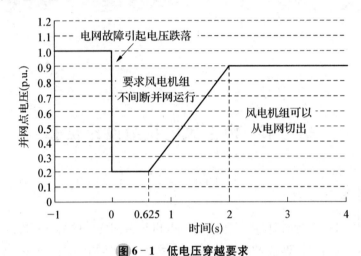

图 6-1　低电压穿越要求

① 风电机组应具有在并网点电压跌至 20% 额定电压时能够维持并网运行 625 ms 的低电压穿越能力。

② 风电场并网点电压在发生跌落后 2 s 内能够恢复到额定电压的 90% 时，风电机组应具有不间断并网运行的能力。

③ 在电网故障期间没有切出的风电机组，其有功功率在故障清除后应以至少 10% 额定功率/秒的功率变化率恢复至故障前的状态。

图 6-2 为风电场的高电压穿越要求，具体说明如下。

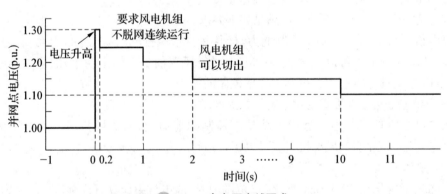

图 6-2　高电压穿越要求

① 风电机组具有在测试点电压升高至 130% 额定电压时能够保证不脱网连续运行 100 ms 的能力；

② 风电机组具有在测试点电压升高至 125% 额定电压时能够保证不脱网连续运行 1 000 ms 的能力；

③ 风电机组具有在测试点电压升高至 120% 额定电压时能够保证不脱网连续运行 2 000 ms 的能力；

④ 风电机组具有在测试点电压升高至 115% 额定电压时能够保证不脱网连续运行 10 s 的能力；

⑤ 风电机组具有在测试点电压升高至 110% 额定电压时能够保证不脱网连续运行的能力；

（11）海上风电机组应通过权威机构的设计认证。

（12）针对同一机型,风电机组的所有部件均应满足现场条件下运行,并可以互换,互换后不影响风电机组的正常运行。

（13）海上风电机组安全等级必须满足各风电场当地的极端气候条件。

（14）风电机组设计寿命至少是 25 年(不含建设期)。

（15）防腐蚀要求如下。

① 针对海上风电机组运行环境和特定风电场海域及环境,应当进行防腐保护,以满足 ISO12944-2(2017 版)要求,风电机组运行的类似标准。

② 对不直接暴露在太阳辐射、雨水和灰尘中的材料、部件和设备应加以保护。

③ 所有的电气设备(包括它们的外壳)必须得到防护,以免受气候影响。

④ 确定漆和涂料的要求,对其材料进行核对、批准,并按工艺要求施工。

⑤ 对表面直接或非直接暴露在大气中的分层结构加以确定,并制定必要的防护措施。

二、机械、空气动力和液压部件

（1）机舱

机舱应具有可靠的防雨雪、防寒、防腐蚀措施及具有温度调控系统,应当可以安全出入,为功能性试验、维护和维修提供足够的空间和照明。机舱内应当配有一个起吊装置,至少能满足工具、备件、材料的基础吊运功能。轮毂、叶片应有明确的起吊点,确保在轮毂与叶片吊装时有合适的倾角便于与机舱的连接。机舱的上方应装有导航灯。必须有安全的工作区域,以保证接近转动部件的维护人员的安全。应当设有工作人员安全绳索的系着点,包括进入机舱顶部的安全绳索的系着点。叶片与轮毂的结合部位应保持足够的密封性,以防止雨水、沙尘等进入传动部件。

（2）风轮和叶片

轮毂的材料、尺寸和涂料的质量应当满足设计规范。叶片应当漆有国际通用的航空标志。

叶片应配置在线监测系统,对叶片的运行状态、振动、叶片损伤、雷击情况进行监测(可选用)。选用三叶片、叶片可互换、合适的避雷设施,并与机舱保护系统的连接。使用复合材料制造的叶片应有充分的涂层,需要涂凝胶漆保护层或聚氨酯涂层,叶片的前缘须防腐蚀处理,叶片设计应尽量避免污垢和灰尘滞留在叶片上,叶片的迎风缘应作防腐蚀处理。风机底座、发电机座、主轴、主轴承、轮毂内部及齿轮箱箱体需按照 ISO12944-2(1998)规定的 C4 等级进行防腐蚀设计。叶片翼型及结构形式设计要满足行业及国家权威机构论证,叶片应当是可以互换的。叶片安装前,须对叶片引下线做贯通性、可靠性两项检查。

① 贯通性要求:测量叶片接闪器到叶片根部法兰之间的直流电阻,直流电阻值要小于 50 mΩ;

② 可靠性要求:检查引下线是否全程可靠地固定在叶片内,保证起吊前没有悬空、松动的现象;

风机应针对海上环境设计,提交包括但不限于针对温度、湿度、盐度所做的特殊防腐处理方案和措施,说明所选用设备的防腐等级。所有由碳钢制作的且暴露在大气中的部件,均应采取防腐措施,机舱、塔筒外部直接接触海洋大气的,按腐蚀等级 C5 - M 进行涂层配置;机舱、塔筒内部按腐蚀等级 C4 进行涂层配置。如机舱和塔筒内部空间和外部环境有空气交换,需对通风采取防潮、防盐雾措施,同时保证机舱及塔筒内电气与机械部件的散热需要,确保升压变、开关柜、变频器及各控制设备的安全正常运行。

表 6 - 1　设计防腐等级

部位(设备)(包括但不限于)	设计防腐等级
机舱壳体	CX
机舱内部	C4
叶片	CX
塔筒外壁	CX
塔筒内壁	C4

(3) 传动—齿轮箱(如果有)

传动—齿轮箱应当采用得到实践证明的、运行良好的标准部件,以保证风电机组运行的高可靠性。所有的齿轮、轴承和主轴的尺寸应当充分考虑在各种条件下通过齿轮箱作机械负荷转移的安全系数。为了最大程度上降低齿轮箱的振动转移到机舱的主机架,应当采取相关措施。齿轮箱需进行加速寿命测试(至损坏)及低温测试。所有的齿轮、轴承和主轴的尺寸应当充分考虑在各种条件下通过齿轮箱作机械负荷转移的安全系数。传动部分应具有互换性、通用性和可靠性。主轴、偏航和变桨都有中央润滑系统。齿轮箱备有油箱粗过滤器和精滤器,精滤器的能力≤10 μm。机组应具备齿轮箱油样金属磨损颗粒在线监测系统,用以动态实时监测齿轮箱内部金属部件磨损情况,及时发现齿轮箱内部零部件故障隐患,起到应有的故障跟踪、预警作用。该系统应能 100% 全流量监测齿轮箱润滑油液,含铁磁及非铁磁金属颗粒监测,并对其累计计数;该系统应具备 GL 等权威机构认证并提供认证证书。

监测仪应安装在齿轮箱润滑油管路上,100% 全流量检测齿轮箱润滑油液中的金属磨损颗粒,包括铁磁(Fe)及非铁磁(NFe)金属颗粒,并对其计数。监测仪厂家应根据齿轮箱及风机的参数提供磨损颗粒累计值的预警及报警值的设定。要求传感器承受最大 20 bar 油压力,在 −40℃～85℃ 的油温范围内正常工作。要求传感器有全功能不间断自检功能(BIT),以保证传感器可靠、正常工作。要求传感器输出信号为电压信号,可方便接入到风机控制器或风场 SCADA 系统。

齿轮箱应当配有高效油过滤器和油冷却器,并为现场的工作条件留有充分的空间余地。齿轮箱油的更换间隔应当由制造厂家根据各种类型的油作明确规定。

关于材料、尺寸和表面抛光符合设计规范的证明文件应当适用每个主轴。标准部件应当是可靠的。

知名主轴品牌有:SKF、FAG、IMO、罗特艾德。

知名齿轮箱品牌有:布罗维尼、罗尔西、威能极。

知名齿轮箱轴承有:SKF、FAG、罗特艾德、NSK。

(4)偏航系统

此系统必须配有自动控制系统,以避免由于缠绕而对电缆造成损害。人工偏航调整必须能在机舱里和就地控制盘上操作。

三、安全系统

为了保证运行人员及设备的安全和风电场持续无故障运行,避免机组机械和电气设备的损坏,应当提供一套完整的联锁和安全装置。在启动和关闭风电场运行和设备的所有部件时,保证其处于完善的状态,同时包括在启动和关闭之后的完善顺序控制。

所有的联锁和安全装置应当是有设防的运行,不应当干扰运行中的正确回路。风电机组必须有防止振动、过速、电气过负荷、超风速切出、温度异常的安全系统。

(1)制动系统

风电机组必须至少配有两套独立的制动系统,由此保证风电机组能在任何条件(包括电网故障的甩负荷)和风轮转速达到最大转速条件下停机。至少有一套制动设备应当以空气动力原理运作、直接作用于风轮。如果情况不同于上述,应当通过一个机械制动系统制动高/低速主轴。为了方便维护工作,制动系统应有锁定装置。

制动系统采用知名品牌有:布班察、STROMAG、安泰克、世万宝、特瑞博。

(2)变桨系统

采用电动或液压变桨驱动系统,变桨范围至少从 0 到 90°。变桨系统必须配有三个独立变桨驱动。有后备电源(或动力),在突然断电后能保证变桨系统处于安全位置。

知名变桨系统轴承品牌有:SKF、FAG、罗特艾德。

四、风电机组(WEC)监控系统

WEC 控制系统与发电系统必须充分保护风电机组的机械和电气装置,以防发生故障或崩溃,同时在特定风力条件下保证整体的最大发电量。WEC 控制系统必须满足自动的、无人值班的运行模式。每个 WEC 控制系统必须有自己独立的主控制盘,它安装在 WEC 的基座上,配有一个可以与中央监控系统(RCMS)兼容的标准接口。人工或自动干预不应当是控制系统的保护性功能。控制系统的设置应给予保护,以免受到未被授权的干扰。控制系统中的传感或起动部件中的任何单一故障不应当影响 WEC 系统的安全关闭。控制器应设计成能满足恶劣环境条件下运行的要求,包括温度、湿度或沙尘暴气候等当地的突然变化。中央监控系统应具有数据存储功能。风机停机后,应能在监控系统中持续显示该风机的状态信息,并保证通讯正常。

(1) WEC上的控制系统应当有就地控制功能,例如:① 终止自动运行和阻止远程控制系统的越权操作;② 就地手动启动;③ 就地手动偏航;④ 制动器就地手动激活(制动)和释放;⑤ 就地手动停机。

控制系统至少应能在下列条件下关闭、显示和发出警报,并显示具体的故障点:① 起动紧急停机;② 变桨系统故障;③ 电网故障,例如频率故障、电压故障、相序故障;④ 过电流;⑤ 风轮过速;⑥ 发电机过速;⑦ 过负荷;⑧ 超风速;⑨ 温度超标(例如发电机、齿轮箱油、轴承、控制盘、液压油、周围环境);⑩ 制动系统故障;⑪ 机舱的振动;⑫ 电缆缠绕过度;⑬ 风速计和风向标故障;⑭ 控制系统故障;⑮ 发电系统故障;⑯ 液压系统故障;⑰ 润滑系统故障。

因电网发生故障情况下造成停机之后,控制系统应能自动重新启动WEC,包括自动解缆、高风速切出自动复位、环境温度超限自动复位。在其他原因造成停机的情况下,故障排除后,应能手动重新启动WEC系统。

机舱里应有至少一个控制面板,它必须设计成能在运行、维护和检修期间进行基本操作。机舱里至少应有一个紧急停机按钮,以用于手动操作,其装置应布置在WEC系统基座上的主配电盘上或控制盘上。

风电机组控制器应当能防止程序故障。在发生这种情况时,操作人员应能重新安装程序。风电机组控制器应当能显示正在发送/收取来自RCMS系统的数据,目的是为了及时发现数据中可能发生的错误。

(2) 作为WEC控制系统一部分的监测系统至少应显示下列内容:① WEC的状态;② WEC的月、年和累计的、以小时为单位的运行时间值;③ 电网正常运行的小时数;④ 风电机组正常运行的小时数;⑤ 发电小时数;⑥ 服务小时数;⑦ 故障小时数。

要求对所有监测数据存储成一定格式的文件,以便于直接调用及保存,且应当具备一个可用的调用接口。

五、风电机组状态及振动在线监测系统

风电机组状态及振动在线监测的项目范围包括但不限于以下项目。

(1) 能够连续监测风电机组运行过程中的温度、振动、转速等参数,并自动存储;

(2) 在线监测风电机组运行时主传动链(主轴、齿轮箱、发电机)上各轴承、齿轮的运行状态,发现轴承、齿轮箱故障的早期征兆,精确定位故障部件、故障类型以及严重程度,并通过故障诊断专家系统软件自动报警或提示;

(3) 在线监测风电机组运行时主轴、齿轮箱、发电机等部件垂直与水平方向的振动,以及齿轮箱输出轴与发电机输入轴的动态不对中状态,实时监测振动的时域、频域数据;

(4) 为实现基于条件的振动数据采集,风电机组状态及振动在线监测应引入风电机组风速、风向、转速和功率信号;

(5) 具备冲击、振动原始和趋势数据分析功能;

(6) 具备报警结果与统计分析、报表输出功能;

(7) 具备轴承、齿轮参数配置查询功能;

（8）具备系统的自检功能。自检内容主要包括系统的存储空间信息、网络通信状态、串口通信状态、传感网络状态及内部硬件信息。若自检存在异常，则给出提示；

（9）机载系统应具备掉电后自恢复功能，并能提供在线检测系统掉电报警；

（10）具备远程监测、数据分析等功能。

风机在线振动监测系统知名品牌包括：范泰克斯、武汉嘉和、法国 ACOEM 等。

测点布置应满足且不限于表 6 - 2 的内容。

表 6 - 2 双馈型风力发电机组测点及传感器要求

序号	测点位置	传感器类型	传感器工作范围	安装方式
1	主轴前轴承	加速度	0.1 Hz…≥10 kHz	粘贴或螺纹
2	主轴后轴承（若为双轴承）	加速度	0.1 Hz…≥10 kHz	粘贴或螺纹
3	齿轮箱输入端轴承	加速度	0.1 Hz…≥10 kHz	粘贴或螺纹
4	齿轮箱行星级	加速度	0.5 Hz…≥10 kHz	粘贴或螺纹
5	齿轮箱低速轴轴承	加速度	0.5 Hz…≥10 kHz	粘贴或螺纹
6	齿轮箱中间轴轴承	加速度	0.5 Hz…≥10 kHz	粘贴或螺纹
7	齿轮箱高速轴轴承径向及轴向	加速度	0.5 Hz…≥10 kHz	粘贴或螺纹
8	发电机驱动端轴承	加速度	0.5 Hz…≥10 kHz	粘贴或螺纹
9	发电机自由端轴承	加速度	0.5 Hz…≥10 kHz	粘贴或螺纹
10	塔顶水平纵向及横向	加速度	0.1 Hz…≥10 kHz	粘贴或螺纹

六、能量管理系统

能量管理系统能够自动接收由电网调度或者风电场管理者发出的调度指令，并按照系统事先制定的控制策略自动控制风电场每台风机的发电量，从而达到控制风电场整体出力自动调节的目的。

能量管理系统能够实现与风电场 SCADA 系统、风电场变电站、电网三个系统之间的网络互联，进而实现与这三个系统之间的数据交互和解析，以及调度指令的执行，从而实现风电场有功、无功等自动控制功能。

七、国家电投集团运营监管平台接入

国家电投集团运营监管平台对风机厂家技术要求如下。

风机 SCADA 系统需开放外送数据接口，一般要求规约为 OPC，各风机厂家需确保外送接口稳定可靠。风电场 SCADA 监控系统必须提供中文版本，且数据符合使用要求。应配备外部监控移动 APP 系统，对机组可以进行实时监控。每台风机的外送数据中应包含运行状态测点、故障状态测点、故障或者报警信号测点以及其他的模拟量测点。主机供应商需提供外送测点清单，包含中文描述、单位、上限值。其中运行状态测点、故障状态测点、故障或者报警信号应提供测点说明，例如当出现某个故障或者报警信号时，风机状态才可确定为停机。主机监控系统应满足国家电网、南方电网、国家电力投资集团监管、运营的要求。

八、中央监控系统和远程监视系统（RCMS）

风机主机厂家需提供2套中央监控系统和2套远程监测系统,中央监控系统分别布置在海上升压站和陆上集控中心。中央监控系统和远程监测系统分别用于运行的集中控制和监视,集中采集各 WEC 机组的运行数据。

完整的 RCMS 应当有防过电压、雷电和静电放电的功能。风电机组或风电场故障不应当影响 RCMS 的运行。RCMS 出现故障情况下,各个风电机组的运行不应当受到干扰。应当提供一个后备电源系统（UPS,不间断电源）,保证系统掉电后可至少正常运行120分钟以上,以避免数据丢失。

风电场的计算机监控系统分为就地控制和集中（远程）控制。就地控制单元设在各台风力发电机组的就地控制屏上,对每台风力发电机组设备进行就地监控。就地控制屏应设置在塔筒底部,应设有人机交互界面,具备操作与监控功能,供运行人员使用。集中控制单元设在风电场中控室的控制台上,通过风机监控主机实现对风电场风电机组的集中监控,并通过通信接口和协议与相应升压站监控系统连接,可实现升压站监控系统对风电机组的集中监控,两套系统既可相对独立工作,又可互相联系;风电场的风机中央监控系统应具备与升压站的监控系统通信端口并提供通信协议。

九、保护

（1）防止触电

风电机组的电气系统应当布置成便于运行、试验、检查、维护和修理人员进出。电气系统的设计应当保证人员的安全,及防止其他动物可能由于直接或间接接触系统的带电部件所带来的危险,所有带电部件应当有绝缘材料遮蔽,或用合适的屏蔽方式隔离。为了保护风电机组,应在电网和风电机组的电气系统之间安装断路器。它应能同时切断所有电源回路,位置的选定应方便于操作人员和维修人员的进出,带电部位应采取安全封闭措施。

（2）设备的防护

防止受气候影响的电气设备外壳应同时能防尘、防水、防阳光照射。门和盖板应配有专用的锁具,以保证在关闭位置上能安全地闭合。应当满足 NEMA12 或 IEC 同类标准最低规定的要求。所有外壳应当得到合理的防护,布置的位置尽可能减少其暴露在雨水中的可能。在外壳的门为进出或维护而开启时,要注意防止雨水的溅入。

（3）电气布线

风电机组电气系统部件间的布线特性须符合 IEC227、245、287 或相当标准,具体位置和导线需考虑在安装和运行期间承受的应力。动力电缆和监控电（光）缆应分别敷设,如果敷设在同一电缆槽中应加装屏蔽层。导线布置应避免在不同额定电压情况下因导线间的接触产生的电磁干扰及过电压。不同耐热等级导线不得在同一导线管内运行,除非每根导线的电流密度不大于允许的最低耐热等级。导线的路线和固定要防止因风电机组偏航、设备振动或感应振动引起绝缘的摩擦或磨损。所有的电缆终端都应配备专业的端头或安装到接线板。电缆端均须有识别标签或彩码,风电机组的彩码对所有风电机组必须统一。所有的电气连接均要符合 IEC 标准。

（4）电流互感器

通过数据采集系统完成的功率测定和电气保护,应当校准所用的电流互感器。互感器应当满足 IEC 标准对于计量应用的规范或同类规范的要求。

（5）风电机组的控制和保护要求

当外部电网系统如电压、频率和电网失电等不允许风电机组连续安全运行时,应配备安全停机自动装置。当外部电气系统环境恢复稳定时应能自动重新启动风电机组。保护装置应按照与电路、电网以及危险可能性特性有关的电流、电压和时间值进行整定。风电机组保护及电网的保护装置应匹配,并确保故障能及时、顺利消除。保护和控制系统应具有适当等级的抗电磁干扰能力。所有保护和控制系统的元件,均需合理选择和布置,以避免元件遭受来自电气系统内的破坏性或损坏性的电磁效应。应至少在塔筒下部和机舱内各配置一个紧急停机按钮,紧急停机按钮的优先级要高于自动控制系统,并且能够控制机组停机。

十、发电机

发电机应当是全封闭型的,至少达到 F 级绝缘。发电机应能在电网下述条件下运行:额定频率 50 Hz,运行频率的允许偏差为 ±0.5 Hz;额定电压 0.69 kV,三相不平衡度 ≤5%,电压调节能力为 ±10%;防护等级:IP54;颤动等级:N;发电机的电气和机械部件应能承受启动中的冲击;发电机应具备低电压穿越及高电压穿越功能。发电机作空载电动机运行时按《轴中心高为 56 mm 及以上电机的机械振动 振动的测量、评定及限值》(GB/T 10068—2020)测定的振动速度有效值应不超过 2.8 mm/s。当并网三相电压平衡时,发电机空载三相电流中任何一相与三相平均值的偏差应不大于三相平均值的10%。风电机组应能连续变速运行,发电机组应有可靠的冷却方式。如果采用空冷方式,应保证引入的空气不得对发电机造成危害;如果采用水冷方式,应无渗水和漏水问题。

每台发电机须经检验合格后才能出厂,并应附有产品检验合格证,基本检验项目包括:机械检查、定子绕组对机壳及绕组相互间绝缘电阻测定、定子绕组在实际冷状态下直流电阻的测定、耐电压试验、短时升高电压试验、空载电流和损耗的测定、超速试验、振动的测定。

发电机铭牌标明的基本项目包括:制造厂名、发电机名称、发电机型号、外壳防护等级、额定功率、额定频率、额定转速、额定电压、额定功率因数、效率、绝缘等级、接线方法、制造厂出品年月和编号、质量。

十一、接地、屏蔽接地

每台风电机组都应当按风电机组制造厂家推荐的和 IEC 标准提供接地布置。所有电器框架都要有效地接地,连接接地电极的接地回路和最终的导线应当是铜质的,支线回路需配有保护型导线。每台风电机组必须配有接地电极系统,接地系统的接地电阻不大于 4 Ω。

接地电极应设计成满足最大可能短路电流。所有金属部件应当准确地接入用户接地终端。

风电机组、叶片和相关设备应当加以保护,安装有足够裕度的防雷保护,从而有效避免雷击造成的损害,以防遭到雷击和由雷电引起的过电压破坏。风电机组设备(包括 RCMS)必须防止有害的电压瞬态,应当采用过电压保护设施。保护装置应保证风电机组能够承受雷击,保障风电机组在运行期间处于安全状态。风电机组的避雷针和配电盘等相关设备与接地网可靠连接。避雷器要符合或超过 IEC 标准的要求。如果受现场条件限制,必须采取高于可用标准的措施并应同时考虑当前的技术水平。因过电压往往产生于外部电网或就地设备,风力发电机和控制系统的雷击和电气故障保护应在风电机组和控制系统的互相连接处设置冲击电容器和避雷器。风场监测用的通信线路和控制保护系统以及远方监控系统亦要配置避雷和缓冲装置。

十二、塔筒

采用钢质圆筒式常温型塔筒(塔筒)。每个塔筒内应有配有电梯、防跌落装置、安全爬梯、一定数量的中间平台和 LED 冷光灯(灯具外壳应使用阻燃材料),应保证在风电机组停机或与电网断开时也有照明。LED 灯具根据塔筒内部结构配置,正常照明时,其照度应保证设备操作面不小于 500 Lx,设备舱室地面不小于 200 Lx,主要爬梯和通道不小于 30 Lx;应急照明时,应保证设备操作面不小于 75 Lx,设备舱室地面不小于 30 Lx,主要爬梯和通道不小于 5 Lx。LED 灯具采用漫射型宽配光灯具,灯具功率、光通量、光源规格应符合《LED 室内照明应用技术要求》(GB/T 31831—2015)的规定。塔筒内应有供35 kV海缆盘绕和走线的支架和桥架,光缆及其他二次电缆走线的桥架。塔筒门要求防水设计,塔筒通风口设置防虫网;塔筒内各平台出入口盖板设置缓冲装置,方便人员上下;塔筒内平台的海缆吊架开孔采用 U 型孔,便于海缆现场固定,同时考虑三进线海缆的固定。

塔筒内设施包括下列组件。

(1) 用于将偏航轴承连接到塔筒顶部法兰上的紧固件及连接件;

(2) 用于塔筒之间连接的螺栓、垫圈以及螺母;

(3) 用于塔筒与基础连接的螺栓、垫圈以及螺母;

(4) 用于机舱与塔筒连接的螺栓、垫圈以及螺母;

(5) 塔筒内动力电缆、控制电缆及通信光电缆/桥架;

(8) 扭缆限位开关;

(9) 机舱和塔筒内消防设施;

(10) 塔筒内部照明系统电缆和灯具(LED);

(11) 塔筒门外平台、爬梯等附属件;

(12) 海上风电机组应在每塔筒连接处设立塔筒内平台,用于人员休整和塔筒维护。

十三、风电机组永久设计标志

风电机组应有永久性标志,标出下述内容:型号、发电机型式、功率因数和额定功率、额定频率、相数、输出电压、额定运行转速、最大额定出力、额定功率时发电机的效率、制造厂、制造日期。

第二节　SWT – 4.0 – 130 型机组主要技术性能

一、SWT – 4.0 – 130 设计气候条件

设计气候条件即风力发电机应用的边界条件,气候条件不超出边界条件的无须补充设计审核。风力发电机也能在更恶劣的条件下使用,但要视情况而定,需要针对项目现场进行校核。

表 6 – 3　SWT – 4.0 – 130 设计气候条件

主题	编号	项目	单位	数值
1. 风（运行条件）		风的定义		IEC61400 – 1Ed3
		IEC 等级		1B
		空气密度,ρ	kg/m³	1.225
		平均风速,$\bar{V}$	m/s	10
		威布尔尺度参数,A	m/s	11.28
		威布尔形状参数,k		2
		风切变指数,α		0.2
		15 m/s 时的平均湍流强度,I_{ref}		0.14
		风向标准偏差		7.5
		最大气流倾角		8
		每排内风力发电机的最小间距	D	3
		每排之间风力发电机的最小间距	D	5
2. 风（极限条件）		风的定义		IEC61400 – 1Ed3
		空气密度,ρ	kg/m³	1.225
		最大轮毂高度处 10 分钟内的风速,V_{ref}	m/s	50
		轮毂高度内 3 s 的最大风速,V_{e50}	m/s	70
		最大轮毂高度处的幂律指数,α		0.2

主题	编号	项目	单位	数值
3. 温度		温度的定义		IEC61400－1Ed3
		2 m 位置的最低温度(静止时)，$T_{\min,s}$	℃	－20
		2 m 位置的最低温度(运行时)$T_{\min,o}$	℃	－10
		2 m 位置的最高温度(运行时,启用高温穿越功能)，$T_{\max,o}$	℃	40
		2 m 位置的最高温度(静止时)，$T_{\max,s}$	℃	50
4. 防腐		防腐的定义		ISO12944
		外部防腐等级		C5－M
		内部防腐等级		C3(轮毂除外，为 C4)
		内部气候控制		是
5. 防雷		防雷的定义		IEC62305－1
		防雷等级(LPL)依据 IEC62305		LPL1
6. 灰尘		灰尘的定义		
		地面灰尘条件		低
		轮毂高度灰尘条件		中
7. 冰雹		冰雹最大直径	mm	20
		冰雹最大下降速度	m/s	20
8. 冰		冰的定义		IEC61400－1Ed3
		结冰情况	天/年	4～7
9. 树木		若在风力发电机位置500 m 范围内树高超过 H－D/2 的1/3，其中 H 指轮毂高度，D 指风轮直径，则限制条件适用。有关现场的最大允许树高和风力发电机类型，请联系上海电气风电。		

二、SWT－4.0－130 技术规格

表6－4　SWT－4.0－130 技术规格

序号	项目	单位	技术规格
1	风轮		
	类型		三叶片水平轴
	位置		上风向
	直径	m	130
	扫风面积	m²	13 300

续 表

序号	项目	单位	技术规格
	速度范围	r/min	5~14
	功率调节		变速变桨距调节
	风轮仰角	°	6
2	叶片		
	类型		B63
	叶片长度	m	63.45
	叶根弦长	m	4.2
	气动外形		西门子专利翼型,DU97-W-300
	材质		GRE
	表面光泽		半光面,<30/ISO2813
	表面颜色		浅灰色,RAL7035
3	空气动力制动装置		
	类型		满桨距型
	制动方式		液压制动
4	承重部件		
	轮毂		球墨铸铁
	主轴承		球面滚子轴承
	主轴		合金钢
	机舱底架		铸铁
5	传动系统		
	轮毂主轴连接		法兰
	主轴齿轮箱连接		收缩盘
	齿轮箱类型		3级行星齿轮/斜齿轮
	齿轮箱传动比		1∶119
	齿轮箱润滑		强制润滑
	油量	L	约750
	齿轮箱冷却		分体式油冷器
	齿轮箱名称		PZAB3546(威能极)
	齿轮箱发电机连接		双挠性联轴器
6	机械制动装置		
	类型		液压盘式制动

序号	项目	单位	技术规格
	位置		高速轴
	刹车数量		2
7	机舱罩		
	类型		全封闭式
	材质		钢/铝
	表面光泽		半光面,24—45,ISO2813
	颜色		浅灰色,RAL7035
8	发电机		
	类型		异步发电机
	额定功率	kW	4 000
	防护等级		IP54
	冷却方式		一体式换热器
	绝缘方式		F
9	偏航系统		
	类型		主动偏航
	偏航轴承		内齿式球轴承
	偏航伺服电机		六台带齿轮变速电机
	偏航制动装置		主动摩擦偏航
10	控制器		
	类型		微处理器型
	SCADA 系统		采用调制解调器的 WPS
	控制器名称		WTC3.0
11	运行数据		
	切入风速	m/s	3
	额定功率时风速	m/s	11~12
	切出风速	m/s	25
	最大 3 s 阵风	m/s	70
12	近似质量		
	风轮	kg	101 000
	机舱	kg	142 000

三、SWT‑4.0‑130型机组主要系统介绍

3.1　冷却通风系统

变压器位于塔筒底部,装有外部油冷却器。油冷却器装在塔筒内部,外部空气通过通风管内对冷却器进行冷却,通风管内的冷却空气与通风管外部隔离,不会与塔筒内部的空气混合,通风管采用了防腐保护,可抵御海上环境空气中的盐分腐蚀,该设计确保了塔筒内始终处于干净、干燥的环境内,并保证变压器的充分冷却。

机舱液压系统内的液压油通过位于齿轮箱油冷却器下方的油/空气冷却器进行冷却,齿轮箱油冷却通风设备提供冷却空气,当液压箱内的油温超过系统温度设定值,风机控制系统会开启液压站的阀门,将油引至冷却器。

发电机装有空对空热交换器,内部空气从发电器绕组循环至热交换器,发电机转子扮演了离心式通风机角色,发电机转子通过转子端的两个孔洞水平吸入空气。在转子中央,空气流入转子键槽后从定子键槽流出。空气向下行通过铝管四周的热交换器中央,然后到达热交换器末端,空气再次被吸入发电机转子端。热交换器的冷却空气通过外部电机驱动的通风管提供,周围空气通过机舱底部的孔洞吸入热交换器,空气经过防盐水腐蚀铝管进入热交换器之后,进入外部通风管然后通过消音器排出风机。塔筒底部的反应器通过反应器顶部的通风设备冷却,反应器周围由金属片制成的围栏引导线圈周围的空气通过通风设备排出。

空气向上进入塔筒,热量穿过塔筒壁至外部,空气冷却后自然沉降至反应器底部,再次引至反应器中的围栏周围,塔筒底部的变流器通过水进行冷却。水冷系统是一个全封闭的加压系统,由一个可在任何温度下提供恒温水的蓄能器组成。为了避免变流器温度过低,或出现可能的结冰冷凝问题,变流器柜内部的水歧管内安装有电热元件。

发电机和齿轮箱通过主动冷却系统进行冷却,为确保风机在合适的温度下运行,冷却系统通过风机控制系统在对功率和温度连续不间断测量的基础上进行调节。为了确保发电机在任何情况下都保持干燥状态,绕组上安装有防潮加热器,加热器在发电机不发电时启动运行,为了确保风机是全封闭系统,外部空气无法进入风机(防腐),通过热交换器对发电机、变压器等部件进行冷却。

由于SWT‑4.0‑130型风机主要应用于海上,因此塔筒和机舱采取全封闭设计避免含盐分的空气进入风机从而确保内部的低盐度和低湿度,塔筒内和加舱内封别装有干燥器,并且在干燥器的入口处装有除盐过滤装置,干燥器可以调节塔筒和机舱内的湿度。干燥器为吸附型干燥器,在低温和高温环境下皆可运作,每个干燥器由一个空气进口和两个空气出口组成,干燥器的空气进口除装有一个特殊盐分过滤器可降低机舱和塔筒空气中的含盐量,同时阻止干燥器内盐分的形成,确保干燥器效率。干燥器由独立湿度调节器控制,可以进行起停操作,用来维持所要求的湿度。风机装有一个湿度调节器与风机控制系统相连,如果风机内的湿度因干燥器故障而上升过高,则该湿度调节器会发出警报。

2. 发电系统

开关装置、驱动装置、发电机、控制单元和设备等电器部件应根据风机认证的规范和规定设计。用在电气系统内的电器设备中的每个部分都应符合 IEC 或同等标准。电器的每个部件无论是安装还是使用中都具有足够等级的保护，以适应现场的环境条件、可能出现的稳定和瞬时电压和电流情况及来自外部的各种影响的单独作用和相互联动作用。

电器元件具有抗干扰性，及对其他电器元件不产生有害的影响，按照 CISPR（国际无线电干扰特别委员会）标准执行。

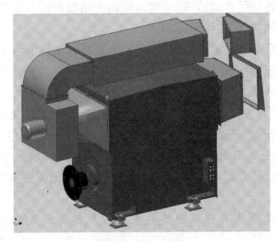

图 6-3　发电机

发电机定子绕组直接与 NetConverter 变流器连接。四象限变流器的设计使得发电机线路中无须集电环连接，使得发电机结构简单、维护方便且故障率低，从而提高可靠性。

发电机采用鼠笼式转子、全封闭的异步发电机。发电机转子构造和定子绕组经特殊设计，可在部分负荷状态下实现高效率。发电机有热控开关和模拟温度传感器保护。

发电机安装有一个单独的恒温控制通风装置。发电机装有空对空热交换器。发电机转子作为离心式通风机，使来自发电机绕组的内部空气流通至热交换器。发电机转子通过转子两端的小孔水平吸入空气。在转子中间，空气被从转子内的槽排出，然后再流经钉子内的槽。空气被引入热交换器的中部，围绕铝管，继续流至热交换器的各端，然后被再次吸进发电机转子端。热交换器的冷却空气由外部通风机提供。周围空气通过机舱底部的孔被吸进热交换器。空气通过耐海水铝管进入热交换器，随后空气进入内部通风机，并在经过消音器后被排出发电机。

发电机通过电机铁芯冲片的槽型以及绕组的绕法的改进来满足整个风力机组的载荷需求，并能保证重量维持在可接受范围内。

发电机外壳在设计时进行了特殊热处理，消除了内应力，使整个发电机的振动达到振动指标处于最优范围内。

3. 变流器

机组变流器为全功率变流器,用于将风机发电机产生的变化频率转换为恒定电网频率。变流器是采用脉宽调制(PWM)技术的四象限变流器。图 6-4 为 PWM 变流器的电气原理简图。

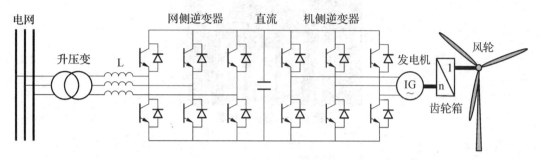

图 6-4　变流器电气连接简图

发电机侧变流器对感应发电机内产生的变化频率功率进行控制,将其传输到直流链路中。发电机侧变流器通过对发电机的转速控制,从而能够根据风速跟踪最佳功率曲线,获得最佳风能性能。电网侧变流器连接直流电路,将其转换为与电网相同频率的交流电,从而能让满足要求的交流电以低谐波失真的方式输送至电网,无功功率也能同时通过电网侧变流器进行控制。

如图 6-5,变流器的设计基于并联的 IGBT 模块,如部分损坏可以降功率运行,电网和发电机逆变器都由模块并联在一起,这些模块用冷却液进行冷却,每个模块单独连接到歧管,且歧管与水循环泵相连。

图 6-5　IGBT 模块

如图 6-6,为改善电能质量,在低压断路器和电网逆变器之间安装滤波电抗系统,该滤波器的设计取决于允许的兼容性级别、短路级别等。滤波电抗器用作与电网逆变器内模块的共用电抗器,共用的目的是为了保证每个模块都能提供相等的电流。

图6-6 滤波电抗器

4. 电缆

动力电缆应符合相应的 IEC 或 DIN-VDE 标准或其他同等标准规定的要求。

终端位置的风机的主要控制器位于塔筒底部。从箱变至风机的电网连接位置位于主要控制器面板的中心,控制器面板动力电缆终端的剖面图见图6-7,塔筒内动力电缆采用分段布置方式放置。

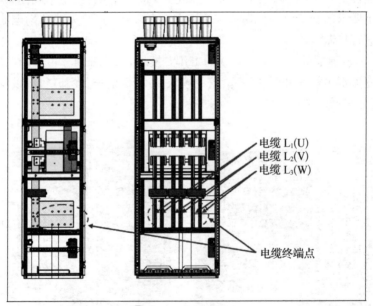

电缆 $L_1(U)$
电缆 $L_2(V)$
电缆 $L_3(W)$

电缆终端点

图6-7 电缆终端点

5. 主控系统

风机的主控系统负责风机的运行和监控、掌控全部的安全功能,并通过光纤网络与远程监控系统进行通信。

(1) 控制器

控制器是基于微处理器的一种分布式工业控制器,通过风机不同位置所安装的传感器所提供的信息,控制器收集到相关状态信息,然后根据这些信息控制风机的运行。

控制器为分布式结构:通用输入/输出模块分布于轮毂、机舱和塔筒底部,专用于电网测量的模块位于塔筒底部,叶片控制及监控模块则置于轮毂内。通过通信总线来控制所有模块的主计算机则位于机舱内部。在主面板上安装手提终端并带有显示器和键盘,用于控制参数的读数和输入。手提终端主要用于维护之用。

(2)发电机的运行

在较低和中等风速时,风机根据指定的功率与速度关系曲线输出功率,控制机组实现最优和平滑的功率输出。功率输出受到功率控制器和变频器的控制,而变桨被控制到某个优化值(接近 $0°$)。

当风速到达额定值时,由功率控制器和变频器将功率输出限制到额定功率水平。平均空气动力学功率输入则是由速度控制器和变桨系统来限制。通过调节变桨,控制平均速度来跟随速度参考值,而风速快速波动则转换为速度变量。这样确保对传动系、叶片和电网的冲击降至最低。

如果风速下降,平均功率输出达到零或者发电机达到切出速度(通常为 600 r/min),则发电机和变频器切出。速度控制器将变桨保持在最佳位置,风机准备好在风速增加后再次切入。

(3)停止风机

风机的停机方式可通过控制器发来的自动停机信号、手动激活控制器上的停机按钮或者从远程监控系统上发出停机信号。

控制器通过各种停机步骤来进行区分。大多数可能的风机故障类型都会起动正常的停机序列。在正常停机序列中,叶片在收到停机信号后开始变桨到停机位置,当功率输出达到零时发电机切出。叶轮因空气动力制动而减慢速度,并保持在低速空转状态。如果使用停机按钮来激活停机,则随后通过激活机械制动来完全停止转动。

如果控制器记录到严重的风机故障,或者手动急停按钮被激活,则起动紧急停机序列。在这种情况下,将立即激活紧急叶片变桨并施加机械制动。发电机将仍然用于吸收叶轮中的能量,直到输出达到零为止。风机会在数秒内停止。

(4)液压

主用和备用风机安全系统都以液压方式操作,相互独立,都受到风机控制器的控制和监视。液压变桨系统通过油压、油温、油位和三个叶片的实际位置来控制。液压机械制动系统通过对油压、油温、油位和摩擦片磨损的监控来控制。

(5)偏航

偏航系统如图 6-8 所示。偏航轴承为一个带液压盘式制动的内齿滚珠轴承,由 6 个带有行星齿轮箱的电机进行偏航驱动。控制系统管理风机偏航系统,即对塔筒上的机舱进行调节使风机对准风向。偏航控制是以相对于机舱的风向进行连续测量为基础。风向传感器安装于机舱顶后端的气象仪器上,风机装有偏航方向传感器,位于偏航环处。根据偏航传感器的反馈信息,控制系统对机舱偏航的旋转次数进行监控。如果机舱在任一方向偏航旋转超过 1 圈,则电缆可能会出现扭曲缠绕,风机在停止运行后进行自动的解缆操作。

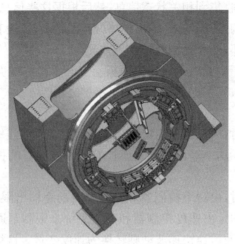

图 6 - 8　偏航系统

（6）冷却

发电机和齿轮箱通过主动式冷却系统进行冷却。为保证风机始终在正确的温度下工作,这些冷却系统由风机控制器根据对功率和温度的连续测量来进行调节。为使发电机在任何条件下保持干燥,绕组上安装了防潮加热器。这些加热器在发电机不产生功率时被激活。

（7）功率因数校正

功率因数控制、无功功率控制或电压控制是由变频器来实现的。当设置了指定的控制模式以后,变频器将控制有关的控制变量尽快地接近指定的参考值。

（8）安全系统

控制器实现多种安全功能,保护风机和电网不会发生过载。平均风速超过 25 m/s 或者阵风风速超过设定的更高限值,则风机将停机。齿轮箱和发电机通过监控温度和功率输出来进行保护。叶轮转速和振动水平通过一系列的传感器来进行控制。电网条件通过对电压、功率、电流平衡和频率的测量来进行监控。如果出现超过风机运行指标范围的情况,风机会停机。

SWT - 4.0 - 130 风力发电机组的安全系统通过安全链实现,安全链包含一套完整的连锁和安全装置,它独立于控制器的硬件保护措施,总是优先于控制系统,即使控制系统发生异常,也不会影响安全链的正常工作。

安全链系统包括以下几个部分:① 转速保护系统、② 急停按钮系统、③ 塔筒振动保护系统、④ 偏航扭缆急停系统。

1）转速保护系统

SWT - 4.0 - 130 机组的转速保护系统包括软件过速保护,SRSG 过速保护和 HCU 过速保护。

① 软件过速保护

风机装有低速转速测量元件和发电机转速测量元件发电机过速。发电机转速在 220 ms 内大于 1 850 r/min,风轮转速在 330 ms 内大于 15.6 r/min 时,机组叶片以 6°/s 的速度快速回桨,刹车启动,功率在 0.6 s 内降为 0 kW,叶片角度在 40 s 内回到 60°,最后叶片快速回桨,刹车抱闸。

② SRSG 转速保护

如图 6-9,西门子转子转速保护系统(SRSG)是一个安装在轮毂内的安全装置。转子速度保护装置使用陀螺仪测量旋转转速。在启动时,SRSG 在成功执行自我测试后关闭安全回路,如果检测到超速,安全回路则会打开。SRSG 包含 2 段速度保护,达到过速条件后,触发安全回桨。

当 30 s 平均转速超过限制值 15.4 r/min,机组叶片以 6°/s 的速度快速回桨,刹车启动,功率在 0.6 s 内降为 0 kW。叶片角度在 40 s 内回到 60°,最后叶片快速回桨,刹车抱闸。

当 300 ms 短时转速超过限制值 16.7 r/min,机组在停机模式下,叶片安全回桨,同时刹车立即制动,机组在 0.6 s 内功率降为 0 kW。刹车抱闸。

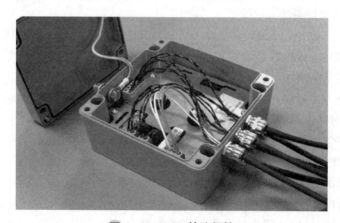

图 6-9 SRSG 转速保护

③ HCU 保护

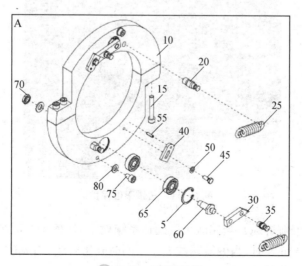

图 6-10 HCU 保护

HCU高速控制单元是利用离心力测量过速的机械装置,安装在齿轮箱高速轴靠近高速刹车位置,内部结构如图6-10所示。当发电机转速超过2 000 r/min,离心力会使弹簧拉长,摆锤打掉保险,使回路从常闭变成常开,触发安全回桨。机组的停机方式:该停机模式下,安全回桨,同时刹车立即制动,机组在0.6 s内功率降为0 kW。刹车抱闸。

2) 急停系统

SWT-4.0-130机型的急停系统包括拉线急停和按钮急停。

① 拉线急停安装在机舱内壁,靠近控制柜侧有一根,发电机和齿轮箱侧各有一根。按钮急停分别安装在塔底控制柜、偏航平台、主轴承上方、发电机外壳、机舱散热系统位置。

② 各急停信号串接接入安全继电器来实现安全保护功能。安全链采用反逻辑设计,将可能对工作人员造成机械电气伤害的重要机构部件的控制端串联成一个回路。当手动触发回路中任意急停,安全链都会断开。

3) 塔筒振动保护系统

SWT-4.0-130使用SSD(安全冲击传感器)作为塔筒振动安全保护。

SSD振动和冲击传感器是风力发电机组安全系统的一部分。用于检测风机X和Y方向的振动和临界振动水平。

SSD单元分为2种保护模式,① 振动水平监测模式,监测塔筒振动30 s平均超过1.6 m/s^2;② 瞬时冲击模式,监测塔筒振动5 ms平均超过5 m/s^2。

两种模式都会导致SSD安全回路断开,从而触发安全链动作。

4) 偏航扭缆急停保护

偏航扭缆保护分为硬件和软件两部分。

① 硬件保护(扭缆急停):偏航扭缆急停系统使用拉线急停开关作为限位保护。当主电缆扭动达到3圈时,钢丝绳会拉动急停开关触发安全链动作,如图6-11所示。

图6-11 扭缆限位保护

② 软件保护(偏航解缆):当偏航角度到达系统设定时,依据当时环境因素,机组将停机解缆。当风速≤5 m/s时,当偏航圈数大于一圈时开始解缆;当风速>5 m/s时,当偏航圈数大于两圈时开始解缆。

5）飓风模式

飓风模式是一种停机模式，激活后机组会直接进入飓风模式停机。飓风模式的启动方式（只能手动启动）：通过手柄修改 TDI 值激活或者关闭。在控制手柄 10 菜单进行激活或关闭，设置方法如下：

设置 RemHuStp.value＝2，飓风停机激活；

设置 RemHuStp.value＝1，飓风停机复位清除；

当进组进入飓风模式状态下时，三个叶片均处于顺桨停机的位置，偏航处于自动对风的状态，主刹车处于打开状态，机组处于自由空转的状态，机组的过速保护系统处于正常工作状态。机组处于该状态下时不影响机组的可利用率。

而机组处于普通停机模式状态时，三个叶片均处于顺桨停机的位置，偏航处于自动对风的状态，主刹车处于打开状态，机组处于自由空转的状态。机组处于该状态下时会影响机组的可利用率。

机组在运行在限定风速以上时会切出，而飓风模式作为一种主动保护方式，可以使机组在遭遇极端风况前提前停机，自动偏航。

6. 液压系统

风机的一级和二级安全系统通过独立系统进行液压操作，并由风机控制系统进行控制和监测。液压变桨通过油压、油温、油位和三叶片的实际位置进行控制。液压机械制动系统通过监测油压、油温、油位和制动块磨损程度进行控制。

整个液压系统所有需要维护的部件都位于机舱内部，方便维护。接头与软管都严格按照西门子规范并经过全面的测试，确保不漏油。

7. 润滑系统

机组配备如下自动润滑系统：主轴轴承自动润滑系统、变桨轴承自动润滑系统、偏航轴承自动润滑系统、偏航齿轮自动润滑系统、发电机自动润滑系统。

自动润滑系统减少轴承内圈摩擦力，防止颗粒污染，并使机组系统运行更平稳。

润滑系统的要求很高，它必须持续地分配最优数量的润滑剂。中央润滑系统不断地可靠引导润滑剂（即使数量非常少）机组部件的摩擦点，保证机组部件长时间的平稳运行。

风电机组的主轴承寿命主要取决于受力和所需润滑脂能否正常提供。中央润滑系统保证了主轴承所需的油脂能够连续供给，即使在风机运行过程中。

8. 驱动链

（1）风轮

SWT－4.0－130 风轮为三叶悬臂式结构，安装在塔的迎风方向。其功率输出通过调节桨距进行控制。风轮速度可变，其设计可使空气动力效率最大化。

（2）叶片

B63 叶片采用西门子专有的 IntegalBlade® 工艺，由玻璃纤维增强的环氧树脂制造而成。该工艺中，叶片为整体铸件，避免胶结点出现薄弱部位，使叶片有更高的强度和韧性。对叶片的改进，不仅提高了发电量，也控制了疲劳载荷。平脊翼型打开了叶片后缘。

分离点移向叶片后缘使升力增加,提高了空气动力效率。

叶片安装在变桨距轴承上,并能顺桨80°,以便停机。各叶片有其独立的变桨距机构,能使叶片在任何运行条件下顺桨。叶片桨距布置可使整个运行范围的功率输出最优化,且叶片在静止时顺桨以使风力荷载最小。

(3)风轮轮毂

风轮轮毂采用球墨铸铁铸造,并通过法兰与主轴相连接。在结构内侧维护叶根和变桨距轴承时,轮毂大小足够为两个维修技术员提供舒适的工作空间。

(4)主轴和轴承

主轴采用合金钢锻造,为中空结构,以便向叶片变桨距系统传输动力和信号。主轴由自动对正的双列球面滚柱轴承支撑,而轴承冷缩安装在主轴上,如图6-12所示。

图6-12 SWT-4.0-130 主轴和主轴承

(5)齿轮箱

图6-13为齿轮箱。齿轮箱相对容易出现故障的部件是高速级和中间级部件。为了提高齿轮箱的可维护性,SWT-4.0齿轮箱为模块化设计,高速级和中间级设计相互独立,通过螺栓进行连接,可在机舱中进行更换。内部轴承也可以通过机舱内吊车进行更换。

齿轮箱为定制的三级斜齿-行星齿设计,前两个高扭矩级为斜齿-行星齿设计。高速级为正常斜齿级,且布有偏心装置,以便将功率和控制信号传送到变桨调节系统。齿轮箱为轴安装,主轴扭矩通过收缩盘传递到齿轮箱。齿轮箱和机舱之间由橡胶衬套弹性支撑连接。

齿轮箱安装有润滑油调节系统,所有的轴承通过在线滤油器直接润滑,配备离线滤油器进行清洁。

齿轮箱安装有传感器监控内部温度、油压和振动水平。

齿轮箱试运行半年后进行一次油样检测,此后每年检测一次,如果出现异常情况,整改后3~6个月再追踪检测一次,并将油样送至独立机构进行分析,以验证油品是否符合要求。

图 6-13　齿轮箱

（6）联轴器

在风力发电机组中,常采用刚性联轴器、弹性联轴器(或万向联轴器)两种方式。风力发电机组中低速轴端(主轴与齿轴箱低速轴联接处)通常选用刚性联轴器,一般多选用胀套式联轴器、柱销式联轴器等。在高速轴端(发电机与齿轮箱高速轴联接处)选用弹性联轴器(或万向联轴器),一般选用轮胎联轴器或十字节联轴器。

① 刚性胀套式联轴器

刚性胀套式联轴器是一种新型传动联接方式,如图 6-14 所示。20 世纪 80 年代工业先进国家如德国、日本、美国等在重型载荷下的机械联接已广泛采用了该新技术。它与一般过盈联接、无键联接相比,胀套式联轴器具有许多独特的优点。

制造和安装简单,安装胀套的轴和孔的加工不像过盈配合那样要求高精度的制造公差。安装胀套也无须加热、冷却或加压设备,只需将螺栓按规定的扭矩拧紧即可。并且调整方便,可以将轮毂很方便地调整到轴上所需位置。

有良好的互换性,且拆卸方便。因为胀套能把较大配合间隙的轮毂联接起来。拆卸时将螺栓拧松,即可使被联结件容易地拆开。

胀套式联轴器可以承受重负载,胀套结构可做成多种式样,多个胀套还可串联使用。

胀套的使用寿命长,强度高,因为它是靠摩擦传动,被联接件没有键槽削弱,也没有相对运动,工作中不会磨损。胀套在胀紧后,接触面紧密贴合不易锈蚀。

胀套在超载时,可以保护设备不受损坏。

图 6-14　刚性胀套式联轴器

② 弹性联轴器

风力发电机组对弹性联轴器有以下基本要求。

强度高,承载能力大。由于风力发电机组的传动轴系有可能发生瞬时尖峰载荷,故要求联轴器的瞬时最大转矩能够满足长期转矩的三倍以上。

弹性高,阻尼大,具有足够的减振能力,能把冲击和振动产生的振幅降低到允许的范围内。

具有足够的补偿性,满足工作时两轴发生位移的需要。

工作可靠性能稳定,对具有橡胶弹性元件的联轴器,还应具有耐热性、不易老化等特性。

图6-15 弹性联轴器

③ 轮胎联轴器

在国产WD24-200kW及WD26-250kW风力发电机组的高速轴端采用了轮胎联轴器。

如图6-16所示为轮胎式联轴器的一种结构,外形呈轮胎状的橡胶元件2与金属板硫化黏结在一起,装配时用螺栓直接与两半联轴器1、2联接。

采用压板、螺栓固定联结时,橡胶元件与压板接触压紧部分的厚度应稍大一些,以补偿压紧时压缩变形,同时应保持有较大的过渡圆角半径,以提高疲劳强度。

橡胶元件的材料有两种,即橡胶和橡胶织物复合材料,前一种材料的弹性高,补偿性能和缓冲减振效果好,后一种材料的承载能力大,当联轴器的外径大于300mm时,一般采用橡胶织物复合材料。

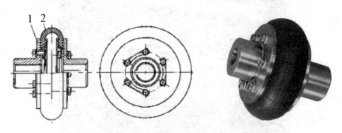

图6-16 轮胎联轴器构图

轮胎式联轴器的特点是具有很高的柔度,阻尼大,补偿两轴相对位移量大,而且结构简单,装配容易。相对扭转角 $j = 6°\sim30°$。

轮胎式联轴器的缺点是随扭转角增加,在两轴上会产生相当大的附加轴向力。同时在高速下运转时,由于外径扩大也会引起轴向收缩而产生较大的轴向拉力。为了消除或降低这种附加轴向力对轴承寿命的影响,安装时宜保持有一定量的轴向预压缩变形量。

9. 塔筒

SWT-4.0-130 风机安装在一个锥管形的钢制塔筒上。塔筒内装有平台和内部照明设备,照明设备带应急照明功能,同时塔筒配置爬梯、电梯等。

四、风力发电机组防雷保护

整体设计依据参考标准《风力发电机系统—第 24 部分:防雷装置》(IEC 61400—24:2010)和建筑技术标准《防雷等级 1 级》(IEC 62305—1—4ED1.0:2006)。

(1)叶片

叶片由专用保护系统保护,每只叶片配备两组防雷接闪器,每组 4 个,共 8 个。接闪器位于叶片长度方向的 50%、68%、89%、100%处,接闪器在叶片表面向两侧稍轻微凸出,位于叶片内部的弹性集成金属导线提供从接闪器到轮毂的传导路径。

(2)轮毂

轮毂铸件作为与主轴的天然连接导体使用,轮毂内部的电气和液压设备完全由轮毂自带的法拉第笼提供保护。

主轴和轴承来自叶片的雷电电流通过中继系统放电以保护轴承,每个中继器均能承受 1 级雷击(相当于 200 kA10/350 μs 的电流),且至少由一个并联系统提供后备支持。

(3)机舱

机舱盖被加工成法拉第笼,可为内部组件提供较高级别的保护。机舱结构具备良好的自然接地性能,机舱向外凸出的所有组件均受到保护,避免雷电的直接冲击和电磁干扰,在机舱过渡必要处设置了电涌放电器。

(4)机舱内部设备

机舱内部设备通过自然接地点和金属导线接地。

(5)偏航

中继系统提供从塔筒到机舱的接地连接。

(6)塔筒

塔筒充当天然接地件,提供从机舱到地面的传导。风力发电机接地系统应连接风电场整体接地系统,单台风力发电机最大接地电阻为 10 Ω。

(7)接地系统需求

塔筒作为风机的主连接和接地导体系统依据《自然接地体》(IEC 62305—3)和《雷电防护 第 3 部分:建筑物的物理损坏和生命危险》(GB/T 21714.3—2015),通过塔筒底法兰金属面完好对接基础金属面实现接地传导,并在底段塔筒与基础之间设有 3 组冗余接地线缆,机组底段塔筒与接地线相连的 3 个接地螺柱,分布如图 6-17 所示。

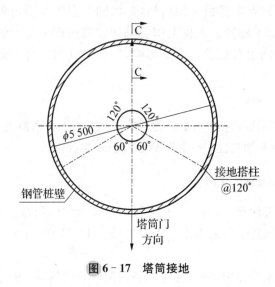

图 6-17 塔筒接地

五、SWT-4.0-130 防腐

(1) 塔筒机舱罩和轮毂外部结构面的防护

腐蚀类别:C5-M 高(目前现有行业采用 CX 标准)。

油漆做法:共 4 层,其中热喷涂锌漆作为底漆,2 层双组分厚浆型环氧漆和一层聚氨酯为面漆,总厚度至少 350NDFT(μm)。

(2) 塔筒和机舱罩内部结构面防护

腐蚀类别:C3 高。

C3 腐蚀类别的内部防护可通过使用紧密的防风雨气候屏实现。塔筒和机舱罩内部防护还采用了抽湿机和局部制冷及制热系统。除湿机在塔筒和机舱罩内部持续运行,确保内部环境空气相对湿度低于 60%。如果风力发电机长时间停机,除了遵照服务手册采取相关预防性措施外,还请参考其他关于环境控制的文件。

在风机吊装完成后,风机内部的机械及电气安装需要保证风机内照明、除湿机工作等直至电网送电,保证机组内部安装顺利进行及保护风机内部免受潮湿环境腐蚀。

为防止风机因断电导致机组内部除湿机无法工作而导致风机内部受到腐蚀,卖方已在其风机内部所有元件做了孔口最小化设计以保证在一定时间内的抗腐蚀能力。但是以上自维护时间只能维持 15 天,若超过 15 天,机组内部会遭到较为严重的腐蚀。

油漆做法:共 2 层,其中包括富锌环氧底漆和厚浆型环氧漆。总厚度至少 200NDFT(μm)。

塔筒内部防腐蚀等级:C4。

(3) 轮毂内部结构面防护

腐蚀类别:C4 高。

油漆做法:共 3 层,其中热喷涂锌漆作为底漆,一层双组分厚浆型环氧漆和一层聚氨酯面漆。总厚度至少 260NDFT(μm)。

（4）塔筒、机舱罩和轮毂组件防护

通常根据组件所处位置并按照上述两种腐蚀类别进行防护。

铝质、镀锌和不锈钢组件无须附加防护涂层。

（5）颜色（色调）和光泽

① 外部色调：RAL7035（浅灰色）

② 内部色调：RAL7035（浅灰色）

③ 光泽：涂有面漆产品的外部油漆涂层在 60°时的光泽度大约为 25～45 GU（根据 ISO2813-1994）。

（6）参考标准

① 表面处理：ISO12944-1、2、3、4、5、6、7、8。

② 油漆质量：ISO12944-6，ISO20340。

③ 预处理方法：ISO8504-1、2、3，DS/EN1090-2。

④ 预处理控制：ISO8501-1、2，ISO8502-1、2、3、4，ISO8503-1，ISO8503-2、3、4。

⑤ 金属喷涂：ISO2063，ISO14713。

⑥ 油漆控制：ISO2609、ISO2808、ISO4624、ISO12944-6 和 ISO20340。

⑦ 表面控制：ISO4628-1、2、3、4、5、6。

⑧ 光泽：ISO2813。

六、TCM 监控系统

SWT4.0-130 机组在机舱内装有加速度传感器，对齿轮箱、发电机以及主轴轴承进行精确的振动测量，通过比较测量振动数据与参照数据，展现设备实时状况数据。TCM 系统用来不间断地向控制中心报告振动反应趋势，促进服务设计的进行或在振动方式发生很大变化时自动停运风力发电机。

TCM 传感器监测位置详见图 6-18。

图 6-18　TCM 系统监控位置示意

表 6-4　传感器型号

位置	方向	传感器类型	监测频率
前部主轴承	机舱轴向	ICP(1 轴向)	0.3 Hz～10 kHz
后部主轴承	机舱轴向	ICP(1 轴向)	0.3 Hz～10 kHz
齿轮箱行星架	轴承圈径向	ICP(1 轴向)	0.3 Hz～10 kHz
齿轮箱高速级前部(靠近主轴承端)	高速轴径向	ICP(1 轴向)	0.3 Hz～10 kHz
齿轮箱高速级尾部(靠近发电机端)	高速轴径向	ICP(1 轴向)	0.3 Hz～10 kHz
齿轮箱低速段	机舱轴向	ICP(1 轴向)	0.3 Hz～10 kHz
发电机输入端	机舱轴向	ICP(1 轴向)	0.3 Hz～10 kHz
发电机输入出端	机舱轴向	ICP(1 轴向)	0.3 Hz～10 kHz
机舱架	X/Y 向	SVM(2 轴向)	0～1 kHz

第一阶段在每个风力发电机组中实施分散监控分析。分析研究用于在报警值超过时触发停机操作。

第二阶段实施集中监控分析研究,包括自动趋势监控,快速分析和数据审查。

TCM 系统用来连续不断的监控振动,然后比较测量的振动指示值与基准振动指示值。如果参考振动级超过定义的极限值,表明存在已损坏的组件。监测系统用于表示振动反应发生改变,因此可以帮助监控中心迅速做出反应。

TCM 系统可以自动生成报警信号信息,包括时间、报警类型以及振动指示器的趋势特性。

七、SWT-4.0-130 机组基本保护定值

表 6-5　SWT-4.0-130 机组基本保护定值

序号	代码	英译	汉译	温度值	单位
1	1101	UP01101：Max ambient temperature	环境温度最大值	40	℃
2	1102	UP01102：Min ambient temperature	环境温度最小值	−20	℃
3	2102	UP02102：Max temp., generator winding	发电机绕组温度最大值	155	℃
4	2103	UP02103：Max gen. bearing temp.（NDE）	发电机轴承温度最大值(非驱动端)	100	℃
5	2104	UP02104：Max gen. bearing temp.（DE）	发电机轴承温度最大值(驱动端)	100	℃
6	2117	UP02117：Max gen. bearing temp.（BALL）	发电机轴承温度最大值(滚珠)	100	℃
7	64011	UP64011：Min. temp., main bearing lub.	轮毂内温度最大值	50	℃

续　表

序号	代码	英译	汉译	温度值	单位
8	4100	UP04100：Min temp. of gearoil	齿轮油温度最小值	0	℃
9	4101	UP04101：Max temp. of gearoil	齿轮油温度最大值	65	℃
10	4102	UP04102：Max temp.，HS-GEN gear bearing	高速轴-发电机侧齿轮箱轴承温度最大值	80	℃
11	4103	UP04103：Max temp.，HS-ROTOR gear bearing	高速轴-低速轴侧齿轮箱轴承温度最大值	80	℃
12	4104	UP04104：Max temp IMS-GEN gearbearing	中间轴-发电机侧齿轮箱轴承温度最大值	80	℃
13	4105	UP04105：Max temp IMS-ROTOR gearbearing	中间轴-低速轴侧齿轮箱轴承温度最大值	80	℃
14	7100	UP07100：Min hydraulic oil temp	液压油温度最小值	−10	℃
15	7101	UP07101：Max hydraulic oil temp	液压油温度最大值	70	℃
16	7106	UP07106：Max yaw hydraulic oil temp.	偏航液压油温度最大值	70	℃
17	9100	UP09100：Max brake temperature（GEAR）	刹车温度最大值（齿轮箱侧）	100	℃
18	9101	UP09101：Max brake temperature（GEN）	刹车温度最大值（发电机侧）	100	℃
19	9311	UP09311：Max brake hydraulic oil temp.	刹车液压油温度最大值	70	℃
20	12206	UP12206：Transfor. oil tempera. warning	变压器油温度报警值	95	℃
21	12207	UP12207：Transfor. oil temperatur error	变压器油温度故障值	100	℃
22	13302	UP13302：Warning temp. conv. cooling w.	变流器冷却水报警温度	55,0	℃
23	13303	UP13303：Max temp. conv. cooling water	变流器冷却水温度最大值	60	℃
24	13767	UP13767：Conv cool tow. Min water temp.	塔筒变流器冷却水温最小值	5	℃
25	63100	UP63100：Max temp. in A1	A1 柜温度最大值	55	℃
26	63101	UP63101：Max temp. in A2	A2 柜温度最大值	55	℃
27	63103	UP63103：Max temperature in A3（left）	A3 左柜温度最大值	55	℃
28	63104	UP63104：Max temperature in A3（right）	A3 右柜温度最大值	55	℃
29	63127	UP63127：Max temp. in A1 right part	A1 柜右部温度最大值	55	℃
30	63131	UP63131：Max temperature in A18	A18 柜温度最大值	60	℃

续　表

序号	代码	英译	汉译	温度值	单位
31	63134	UP63134：Max temperature in A21	A21 柜温度最大值	55	℃
32	63135	UP63135：Max converter breaker temp.	变流器断路器温度最大值	80	℃
33	63138	UP63138：Max temperature in Fan Conv.	风扇变频器柜温度最大值	55	℃
34	64020	UP64020：Max main bearing temperature	主轴承温度最大值	75	℃
35	7200	UP07200：Hub hydraulicpump oper. press.	主液压泵运行压力	245	bar
36	7201	UP07201：Hub hyd. pump oper.press. hyst.	主液压泵运行滞变	15	bar
37	9309	UP09309：Min. brake acc. Pressure	主液压站压力最小值	55	bar
38	9300	UP09300：Brake circuit pres. reference	刹车回路压力参考值	65	bar
39	9305	UP09305：Minimum brake pressure	刹车压力最小值	50	bar
40	4108	UP04108：Min. gear oil pressure	齿轮油压力最小值	0.8	bar
41	4109	UP04109：Max gear oil pressure	齿轮油压力最大值	8	bar
42	7211	UP07211：Yaw hyd. pump oper. press.	偏航液压泵运行压力	180	bar
43	7212	UP07212：Yaw hyd.pump oper.press. hyst.	偏航液压泵运行压力滞变	5	bar
44	10110	UP10110：Yaw brake low pressure	偏航刹车压力低值	20	bar
45	10111	UP10111：Yaw brake high pressure	偏航刹车压力高值	180	bar
46	13106	UP13106：Warn. invert. coolant pressure	变流器冷却液压力报警	3	bar
47	13132	UP13132：Min. inverter coolant pressure	变流器冷却液最小压力	−0.3	bar
48	8006	UP08006：WL6, max wind for operation	超风速自动停机	25	m/s
49	8008	UP08008：WL8, max wind/operation（30 s）	超风速自动停机	28	m/s
50	8009	UP08009：WL9, max wind/operation（1 s）	超风速自动停机	32	m/s
51	6104	UP06104：Max generator speed	发电机最大转速	1 850	r/min
52	6106	UP06106：Max rotor speed	轮毂最大转速	15.6	r/min

第三节 SWT - 4.0 - 130 型机组主要部件

一、位置布置图

1. 机舱与轮毂布置

如图 6 - 19,机舱与轮毂布置如图 6 - 19 所示。

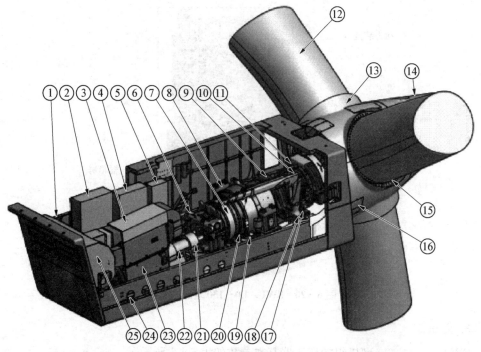

1 机舱盖	14 整流罩
2 发电机换流器	15 叶片轴承
3 发电机冷却系统	16 轮毂箱
4 控制面板	17 偏航齿轮
5 偏航变频器	18 偏航轴承
6 滤油器	19 机架
7 齿轮箱	20 维修起重机
8 齿轮支架	21 制动器
9 后主轴承座	22 联轴器

10 主轴	23 发电机
11 前主轴承座	24 发电机平台
12 叶片	25 冷却装置
13 轮毂	

图 6 - 19　SWT - 4.0 - 130 机舱与轮毂

2. 塔底布置

塔底布置如图 6 - 20 所示。

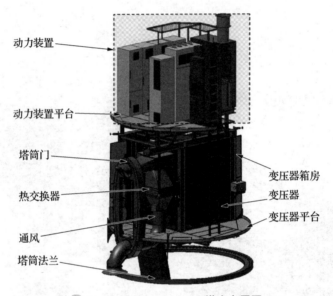

动力装置
动力装置平台
塔筒门
热交换器
通风
塔筒法兰
变压器箱房
变压器
变压器平台

图 6 - 20　SWT - 4.0 - 130 塔底布置图

3. 变压器

SWT - 4.0 - 130 型机组的变压器基本参数如表 6 - 6 所示。

表 6 - 6　变压器基本参数

基本参数			
项目	要求	单位	备注
额定容量	4 500	kVA	KFAF
功率因素	超前 0.9～滞后 0.9	p.u	满发情况
电网连接	1. 不接地；2. 直接接地；3. 小电阻接地		变压器有能力适应不同电网的接地方式

续 表

基本参数				
电网	变压器能够在以下条件的电网中运行:GB/T 12325—2008 GB/T 12326—2008 GB/T 14549—1993 GB/T 15543—2008 GB/T 15945—2008			
高压侧	$U_m=40.5$	$U_n=35$	kV	GB/T 156—2017,4.3
低压侧	690±10%		V	
高压侧分接	2×±2.5		%	
频率	50		Hz	±3%
联结组别	Dyn 11			
阻抗	7		%	
空载损耗	3.65		kW	
负载损耗120℃	46.5		kW	690 V,4 500 kA,120℃ 允许偏差 7.8%
低压侧绝缘等级	5		kV	额定电压下,允许偏差 6%
高压侧绝缘等级	AC85kV,LI200kV			额定电压下,允许偏差 4%
绕组平均温升	最高 55		℃	
液体平均温升	最高 95		℃	
液面温升	最高 105		℃	
寿命	>25		年	

二、40.5 kV 开关柜

40.5 kV 开关柜 SafePlus40.5 是一个体型小巧的金属密封的开关设备系统,用于 40.5 kV 的配电系统。该开关设备由于可扩展性,能实现全模块化和半模块化的组合方式而具有独特的灵活性。

SafePlus40.5 的不锈钢气室内部充满了 SF$_6$ 气体,将所有带电部件与开关完全密封,与外界隔绝;这种全密封系统使内部开关和所有带电部分不受外部环境变化的影响,确保了可靠性高、人员安全以及实际上的免维护。

SafePlus 可配备一套连接母线的扩展套管(左/右),以实现扩展或全模块化;外部母线组件须在现场安装在开关设备上。

对于变压器保护,SafePlus40.5 提供了两种方式:负荷开关-熔断器组合电器和配合保护继电器的真空断路器单元。(如图 6-21)

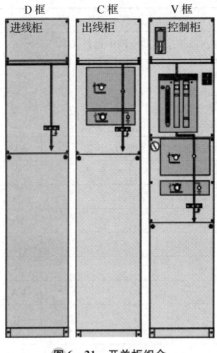

图 6-21 开关柜组合

（1）基本参数如表 6-7 所示。

表 6-7 开关柜基础参数

型号	SafePlus
额定电压	40.5 kV
工作电压（运行电压）	35 kV
额定电流	630 A
短时耐受电流	20 kA,3 s
开断电流（开断能力）	20 kA,3 s
绝缘等级	1. 1 min 工频耐；2. 对地、相间 95 kV；3. 断口间 110 kV
雷电冲击电压峰值	1. 对地、相间 185 kV；2. 断口间 215 kV
高深	2 180×1 070 mm
重量	450 kg

SF$_6$ 绝缘中压柜采用 ABB 产品，保护装置配置电流速断、过电流等保护，并可引入远方监控分闸信号、远方监控合闸等信号，以上信号均引至开关柜二次端子排，以便接入监控系统；中压柜与变压器高压侧间的导体连接应全密闭或绝缘。

（2）避雷器

避雷器安装于开关柜机侧,要求如下。

① 额定电压:51 kV

② 持续运行电压:40.8 kV

③ 标称放电电流:5 kA

④ 陡波冲击残压($1/3 \mu S$,5 kA):≤154 kV(peak)

⑤ 雷电冲击残压($8/20 \mu S$,5 kA):≤134 kV(peak)

⑥ 操作冲击残压($30/60 \mu S$,100 A):≤114 kV(peak)

⑦ 直流参考电压(1 mA):≥73 kV

第七章　海上风电场施工

第一节　海上风电机组基础结构施工

如图7-1,海上风电机组基础结构施工主要包含以下工序。

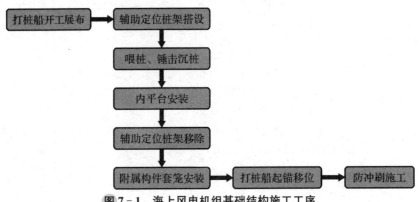

图7-1　海上风电机组基础结构施工工序

一、海上风电专用船抛锚就位

海上风电专用船在风电场区域范围内采用自航模式,通过专用船上设置的GPS打桩定位系统实时坐标显示器引导指挥,利用自带的大抓力锚,由抛锚艇辅助抛锚定位,通过绞锚移船精确定位打桩位置,如图7-2。

图7-2　打桩定位

二、搭设固定平台

如图 7-3,为了充分保证结构钢桩的施工精度,须搭建海上固定定位导向平台,以保证结构钢桩施工不受不良海况的影响,为结构桩沉桩提供可靠平面定位和竖直导向,以确保沉桩质量。

图 7-3 定位导向平台

三、桩基吊装

根据吊装船性能,多采用双吊机抬吊的方式实现结构桩的起吊翻转与竖立。钢管桩上吊耳配无极环钢丝绳,两侧吊耳以双绳圈套入连接,绳圈上端挂钩于吊装船,如图 7-4。

图 7-4 桩基吊装

桩下端由全回转吊机承担,钢丝绳上端以"琵琶头"挂进吊钩,下端通过卸扣与钢管桩下吊耳连接。通过吊机(船)的配合操作实现钢管桩翻转竖立,使钢管桩垂直地起吊于吊装船的吊钩上。

1. 桩基垂直度调整

采用液压锤高精度双轴倾角传感器进行自动、实时、可视化测量,同时采用2台经纬仪(全站仪)呈90°角进行钢管桩垂直度的辅助观测,确保传感器所测数据的准确性。误差不得超过3‰。

如图7-5,调整垂直度时,按照先上后下的顺序进行,即先操作上抱箍千斤顶使钢管桩竖直,橡胶滚轮与桩壁顶紧;后操作下抱箍千斤顶至橡胶滚轮与桩壁稍接触即可。

图7-5 桩基桩垂直度调整

以具体项目为例,滨海北H1项目25根单桩垂直度最大偏差2.9‰,平均垂直度偏差1.88‰;滨海北H2项目100根单桩垂直度最大偏差2.55‰,平均垂直度偏差0.88‰;大丰H3平均垂直度0.87‰。

2. 沉桩

如图7-6,单桩基础多采用液压锤进行沉桩,沉桩全过程锤击数据的输入安排专人旁站复核,确保操作无误。液压锤垂直度测量系统进行高精度、全自动、实时、可视化测量,如出现偏差及时通知抱桩系统操作人员对钢管桩垂直度进行纠偏,直到垂直度满足要求。开始沉桩前三锤必须实施单击,每击一锤后即停锤。观察检查贯入度、桩垂直度变化、桩身与导向轮的接触情况,抱桩器的变位情况等等,确定无误后再持续沉桩。

图7-6 液压锤沉桩

打桩、沉桩施工应注意以下事项。

① 打桩船抛锚、定位应满足沉桩施工作业时稳定的要求。

② 沉桩船吊桩时,应精心设计吊点、吊具、起吊方式,按实际要求布置。

③ 沉桩作业开始前,应对单管桩进行严格调平,桩顶端面水平度应控制在设计规定范围内。

④ 下桩过程中,应保持桩身竖直;锤击沉桩作业前,应对钢管桩进行调平作业,并在沉桩过程中严格控制沉桩质量,桩顶平整度应符合设计要求。

⑤ 锤击沉桩时,桩锤、替打、送桩和桩身宜保持在同一轴线上,替打应保持平整,避免偏心锤击。

⑥ 沉桩过程应连续。在砂土中沉桩时,应防止发生管涌。当沉桩遇贯入度反常、桩身突然下降或倾斜等异常情况时,应立即停止锤击,及时查明原因,采取有效措施。

⑦ 水上沉桩需接桩时,应控制下节桩顶标高,使接桩不受潮水影响,应避免使下节桩桩端置于软土层上;当下节桩入土较浅时,应采取措施防止倾倒;接桩时,上节和下节桩应保持在同一轴线上,接头应拼接牢固,经检查符合要求后,方可继续沉桩。

⑧ 锤击沉桩,应考虑锤击振动和挤土等对基床土体或邻近相关设施的影响,采用合适的施工方法和程序,并适当控制打桩速率;沉桩过程中应对邻近设施的位移和沉降等进行观察。及时记录,如有异常变化,应停止沉桩并采取措施。

⑨ 锤击沉桩控制应根据地质情况、设计承载力、锤型、桩型和桩长综合考虑。设计桩端土层为一般黏性土时,应以标高控制;设计桩端土层为砾石、密实砂土或风化岩时,应以贯入度控制;设计桩端土层为硬塑状的黏性土或粉细砂时,应以标高控制为主,当桩端达不到设计标高时应用贯入度作为校核。

⑩ 当采用选定的桩锤锤击沉桩较为困难时,可根据现场实际情况,研究采用钻孔排土沉桩、水冲锤击沉桩或换用较大的桩锤等方式进行沉桩作业,避免损坏桩和桩锤。

⑪ 沉桩过程应有详细的沉桩施工记录,施工结束后存入风力发电机组基础施工档案;在已沉放桩区两端应设置警示标志,不得在已沉放的桩上系缆。

四、桩基附属构件安装

1. 内平台安装

如图 7-7,为了安放电气控制柜同时保证单桩基础与塔筒隔离,打桩完成后在桩顶以下指定位置处安装内平台。使用吊机将内平台吊至桩基础内,根据主机厂商技术要求,旋转至指定方向进行安装,安装完成后用密封胶将内平台和单桩基础之间的缝隙密封。

所有钢管桩沉桩完成后,对基础顶法兰与桩体焊接环形焊缝区域进行 100%UT 无损检验,验收等级应为 I 级。

图 7 - 7　内平台安装

2. 集成式附属构件安装

集成式附属构件集成了靠船设施、作业外平台、防腐蚀牺牲阳极块等多项功能。如图 7 - 8,吊机将集成式附属构件吊至桩基础顶部,缓慢放钩防止发生摩擦或磕碰等,避免造成附属构件桩基保护层的损伤,同时通过缆风绳旋转集成式附属构件的方向,使其安装方向与桩基础方向一致。滨海北 H2 项目、大丰 H3 项目采用上下双层共八个燕尾槽固定结构形式,避免海上焊接作业,同时此结构方式较为牢靠。

在安装集成式附属构件前,将牺牲阳极安装到附件上,每根桩共 18 块牺牲阳极,共重 4 392 kg,由潜水员定位至桩面筋板并水下焊接固定,保证阳极块与桩体稳定电链接,以达到防止桩体腐蚀的作用。

图 7 - 8　集成式附属构件安装

第二节　海上风电场海缆施工

海上风电场海缆施工采用的主要工序如图7-9。

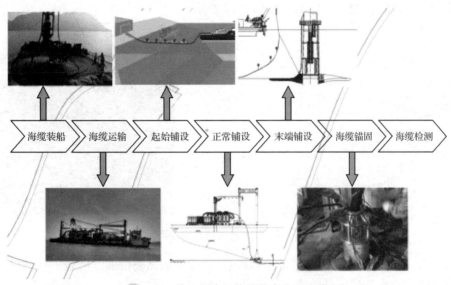

图7-9　海上风电场海缆施工主要工序

机位间通常采用35 kV装缆船,使用固定缆盘和退扭架的方式在装船过程中海缆容易产生内部扭力。在更长更重的220 kV主海缆装船过程中,为减少装船过程中海缆应力,可以通过旋转式托盘释放盘旋的海缆,以最自然的方式释放电缆,从而消除海缆的内部扭力。缆盘的动力系统,不论是油压控制,还是电动马达,均需要能够做到无级变速随时调整旋转速度,因为在角速度恒定的情况下,电缆盘内外圈的线速度是不同的,其速度变化呈波状起伏,因此旋转式电缆盘首先要做到的就是能够以恒定线速度进行旋转,同时还要协调布缆机的布缆速度、施工船锚泊系统的牵引速度等。

图7-10　35 kV海缆装船图

图7-11　220 kV海缆装船图

海上升压站至陆上控制中心的 220 kV 送出海缆,采用装载量 3 000 t 以上的转盘敷设,以保证敷设过程中海缆得到有效的保护。滨海北 H2 主海缆送出距离 24.3 km,海缆直径 246 mm,单根海缆重量 2 624 t。大丰 H3 主缆 52.5 km,单根重量 5 670 t。

220 kV 电缆穿堤管线施工中电缆穿堤保护管铺设采用定向钻孔法穿堤施工,即利用水平定向钻按设计要求进行导向孔施工,导向孔完成后,导向孔进行扩孔,并将预埋管线,沿着扩大的导向孔回拖到导向孔中,并提前预留好牵拉钢丝绳,完成管线穿越工作,在穿管作业完成后进行锚固基础施工,如图 7-12 所示。

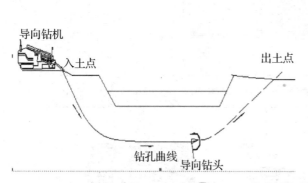

图 7-12　海缆定向钻穿堤

220 kV 送出海缆登陆段施工是重点难点,一般采取高潮位助浮措施+卷扬机牵引穿堤坝+水陆挖机埋缆的组合措施。堤后海缆直埋施工,施工船在始端登陆侧滩涂处就位,海缆敷埋施工船选择在高潮位时进入始端就位区,在拖轮及锚艇辅助下抛设"八"字定位锚锚泊,收绞定位锚缆,使船舶尽量向岸边靠近,减小海缆登陆长度。

图 7-13　海缆敷埋施工

在 220 kV 电缆登陆施工完成后,在靠近登陆海堤的端部 2 km 范围内,沿敷设完成路径边侧设置明显指示牌,警示标牌设施每 0.5 km 设置一个。在完成施工后对电缆登陆路由上按照相关规定制作警示标志,并按要求安装。

220 kV海缆牵引至海上升压站平台,220 kV海缆敷设完成后在陆上集控中心进行耐压等各类试验。

图7-14 海上升压站进线电缆头制作

海底电缆登陆平台后剥除外层钢丝铠装,将铠装末端弯曲后固定在升压站电缆舱室外侧的锚固装置上,海底电缆穿越升压站后进入电缆舱室内侧,缆芯沿着梯架进入开关柜内,光纤引入接线柜。锚固装置固定后喷涂防腐油漆保护。

图7-15 进舱连接试验

35 kV海缆铺设,铺设时利用门吊下放埋设犁,下放时通过埋设犁上声呐监控设备监控埋设犁着泥面情况,同时启动埋设犁水泵,调整水泵输出功率,使电缆沟在风机基础外边缘半径50 m范围内,电缆沟深达到2.5 m以上;埋设犁调整完毕,利用牵引机及退扭轮和锚泊系统配合,开始电缆铺埋施工。在出50 m范围后通过调整水泵输出功率及可变副犁体使正常铺设路段达到2 m以上。

敷设海缆时,专用敷缆船利用动力定位系统精确定位在海上的位置、调整和纠偏,可极大提高敷设的海缆路由精度以及敷缆船在复杂海况下的施工能力。

图 7－16　海缆埋设犁

图 7－17　布缆机(张紧器)海缆施工

海缆施工过程中,使用电缆保护装置,对海缆进行保护,减少施工过程中的海缆损伤。

图 7－18　海缆保护

图 7–19 穿孔式弯曲限制器

　　向海底敷埋海缆作业时,将海缆放入埋设机腹部后,将埋设机吊入水中,搁置在海床面上。然后,启动其自带的高压水泵及埋深监测系统,开始敷埋作业。埋设机随船的拖动而水平移动,喷出的高压水流冲击海底淤泥,二者的联合作用形成初步的断面,同时敷设海缆,随着周围的淤泥坍塌,将海缆埋入海床中。

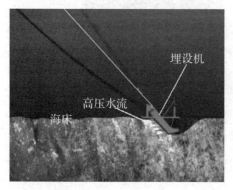
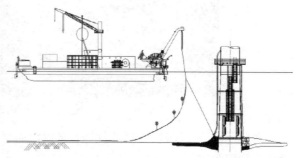

图 7–20 海底高压射水埋设犁海缆水下施工

　　海底电缆经电缆保护管(J 型管)引上至升压站甲板层,J 型管底部喇叭口设海缆弯曲限制器,J 型管顶部设置海缆锚固装置,且对管口进行阻水堵塞措施。滨海北 H2、大丰 H3 项目采用水下开孔穿入桩体内部引到上部塔筒的方式,较常规的 J 形管海缆穿入方式,避免了海缆暴露大气中阳光暴晒,增强了保护作用,增加海缆寿命,减少了钢结构制造费用,并更适用于深水区海缆接入风电机组基础结构。

　　海底电缆引入桩基内平台贯穿孔处设置电缆保护管,且对管口实施阻水堵塞措施。

　　海底电缆引入桩基内平台等构筑物,在筒壁贯穿孔处对开孔进行封堵,封堵材料采用 Roxtec 封堵模块或同等规格产品,该处封堵材料由塔筒厂家提供,海缆施工单位负责施工。

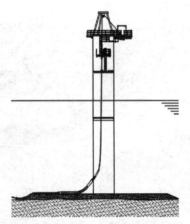

图 7 – 21　桩身开孔式海缆上引方式

　　海底电缆引入环网柜时,在环网柜底部对开孔进行封堵,封堵材料采用 Roxtec 封堵模块或同等规格产品,该处封堵材料海缆施工单位提供并负责施工;海缆进入桩基内,接入环网柜前,要按设计要求进行海缆锚固。

图 7 – 22　海缆锚固

　　海底电缆引入风机塔筒环网柜前,考虑后期更换电缆终端,在桩基内平台盘绕一定长度作为预留备用。

第三节　海上风电机组安装

　　海上风电机组安装施工现采用的主要工序如图 7 - 23 所示。

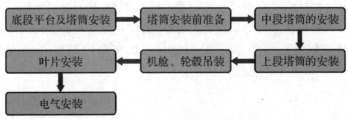

图 7 - 23　海上风电机组安装施工主要工序

一、底段平台及塔筒安装

为缩短施工时间和降低风险，在岸上完成底段塔筒 TU、PU 预组装，可有效降低海上安装工作量，提高海上作业效率。

图 7 - 24　底段平台及塔筒安装

二、塔筒安装前准备

塔筒吊装之前，根据风机厂家提供的作业手册检查塔筒内电缆铺设、电气设备安装是否已全部完成，施工人员与业主、监理人员对单桩法兰进行复测，检验合格后签字确认。

图 7 - 25　塔筒安装前准备

检查基础顶部法兰上表面，清理塔筒下段下法兰端面及基础顶部法兰上表面，满足安装要求，在法兰上表面涂密封胶，塔筒与基础之间采用螺栓连接，安装前按照装配规范要求注入润滑油或润滑脂，润滑所有螺栓的螺纹。

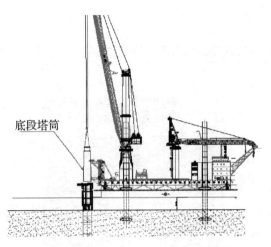

图 7-26　底段塔筒吊装

塔筒吊装至单桩基础正上方时,暂停吊装,施工人员通过栈桥到单桩基础上进行观察、插入螺栓、解扣工作;通过两船尾卷扬机调整,下段塔筒入口门按标记方位对正后,下放塔筒进行螺栓安装及力矩紧固。

三、中段、上段塔筒的安装

中段与上段塔筒为卧式运输,通过主吊和辅吊将塔筒翻身,立式放置到甲板上,进行安装吊装。塔筒吊装之前,根据风机厂家提供的作业手册检查塔筒内电缆铺设、电气设备安装是否已全部完成,施工人员与业主、监理人员对单桩法兰进行复测,检验合格后签字确认。

检查方法同上一节的塔筒检查方法。

图 7-27　中段塔筒翻身

中段塔筒吊装至底段塔筒正上方时,暂停吊装,施工人员通过栈桥到单桩基础上进行观察、插入螺栓、解扣工作;通过两船尾卷扬机调整,中段塔筒按标记方位对正后,下放塔筒进行螺栓安装及力矩紧固。上段塔筒的安装方法与中段塔筒类似。

图 7-28　上段塔筒翻身

四、机舱、轮毂吊装

1. 机舱、轮毂组合件预组装

机舱、轮毂通常进行陆地分体运输,机舱、轮毂及其附件运输至指定组装场地,进行陆地码头组装,或根据主机厂商的要求在工厂组装完成后,由船舶运输到机位。

在组装场地组装机舱、轮毂工作前,首先需要将工装卸下,再进行组装。

图 7-29　机舱、轮毂运输组装

吊装前准备工作主要包括将机舱和轮毂上的盖板卸下,轮毂内连接固定支架暂时卸下,轮毂支座螺栓拆除,机舱、轮毂连接螺栓橡胶垫拆除及二硫化钼涂抹、机舱内油管拆除等工作。

图 7-30　拆除轮毂支座

　　拆除轮毂支座时，必须保证垂直拆除，防止吊装时伤害轮毂外围结构。轮毂挂钩完成后，在拆除支座螺栓前，先利用吊机将轮毂吊起，观察支座各边与地面距离是否相等。

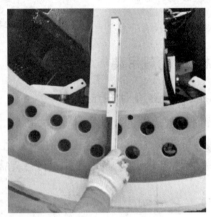

图 7-31　调整轮毂角度

　　轮毂支座拆除后，将轮毂旋转至适当位置后，利用液压站调整轮毂角度至 6°左右（上海电气机舱法兰面上倾 6°）。

图 7-32　机舱轮毂的对接

对接完成后利用电动扳手进行初紧,完成后进行摘钩工作,然后利用液压扳手完成两遍力矩施打,完成机舱轮毂对接工作。

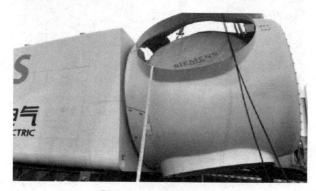

图 7-33　机舱轮毂对接

　　完成整体安装后,进行相关附件吊装和机舱上部风速风向仪支架、风速风向仪等安装工作。

图 7-34　附件安装工作

2. 机舱吊装

　　机舱吊装首先从机舱罩部取下保护盖,起吊横梁吊链从吊孔中穿过,在机舱上固定长度至少为 150 m 的两根牵引绳作为导向和稳定措施;清除法兰对接面所有污物以及防锈剂,清洗偏航轴承接触面和上部塔筒法兰接触面,检查偏航轴承螺纹孔,确保螺纹能顺利拧入螺栓;对机舱安装螺栓螺纹施加润滑剂。配扣、海绵解除前由风电厂家技术人员对施工人员进行技术交底;机舱、轮毂配扣、海绵解除在风电厂家技术人员指导监督下进行;将甲板到机舱的所有电源电缆和其他设备全部断开,并把在机舱内的所有部件进行紧固;

　　在风绳绞盘和风绳限位间系上风绳,并将吊环放到 T 型支架上;在机舱距塔筒法兰约 20 cm 内,点动下钩,塔筒内施工人员进行辅助安装,直到法兰的其余孔与顶法兰的孔对准。

图7-35　机舱轮毂吊装

3. 机舱和顶部法兰的螺栓连接

施工人员观察机舱偏航调整情况,在螺栓孔基本都对齐时,安装所有螺栓(垫片的倒角必须面向螺栓头和螺母),同时根据主机厂商要求进行力矩预紧,最后进行紧固工作。

图7-36　机舱和顶法兰的螺栓连接

五、叶片安装

1. 叶片吊装

叶片吊装前,施工人员拆除固定叶片工装,对螺栓涂抹二硫化钼,清除法兰对接面所有污物以及防锈剂,清洗接触面和法兰接触面,检查偏航轴承螺纹孔,确保螺纹能顺利拧入螺栓。风机厂家、监理、叶片厂家、业主单位对叶片进行检测,检测完成后利用专业吊具吊起叶片并目测检查起吊装置,同时保证叶片处于平衡状态。

图 7‑37　单叶片吊装

用液压风轮盘车齿轮装置将轮毂转动到进入轮毂的位置,使用转向盘车马达,转动风轮直至高速轴锁能被锁定,操作液压站上的维修服务手柄,使刹车至服务状态位置。

图 7‑38　高速轴锁锁定

2. 叶片安装

通过吊机旋转起吊将叶片吊装到正确的安装位置,安装叶片前叶片轴承必须位于 0°位置,变桨角设置在 12 点位置;轮毂内的技术人员通过无线电指挥吊车和叶片起吊装置的操作者将叶片插入到叶片轴承,引导过程中轮毂内操作人员通过控制器对叶片进行变桨,配合叶片安装。

图 7‑39　叶片安装

通过比对标记记号缓慢将叶片引导至叶片轴承上,叶片引导过程中任何人都不得将身体伸出导流罩。

图 7-40　叶片安装

用套筒扳手拧紧叶片螺栓(使用专用螺母),紧固全部螺栓。连接叶片过程中,吊车吊钩下降直至它负载质量比叶片起吊装置质量至少轻 100 kg,但负载质量不能比起吊装置质量轻 1 000 kg。顺时针或逆时针旋转风轮,并锁定轮毂,使叶片到下一个位置,用 1 000 N·m套筒扳手再次拧紧所有的双头螺栓,通过变桨使所有双头螺栓都被拧紧。吊装工装拆除前,紧固所有螺栓力矩。

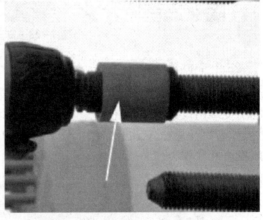

图 7-41　叶片螺栓紧固

拆除叶片吊装设备时,未得到来自吊车、轮毂和机舱批准前,不得松开起吊装置上的绑带。此时,起吊装置可以脱离叶片,准备好之后进行剩下两片叶片的吊装。剩余叶片依照第一个叶片方式依次安装。

图 7-42 叶片吊装

3. 叶片安装注意事项

(1) 叶片安装后叶片/叶片轴承连接的螺栓必须立即拉伸预紧到额定值;

(2) 安装雷电防护时,锁定手动变桨锁和关闭双联阀后,技术人员爬入叶片,松开避雷导体的螺栓、垫圈和螺母,取下 ESD 电缆,再从叶片根内的下导向销的 T-螺母上去除电缆,固定雷电防护,全部完成后检查安装是否正确,确认无误后人员离开叶片;

(3) 安装好三个叶片后,拆卸风轮盘车齿轮装置,人员离开轮毂前,确保安装的叶片变桨到停机位置,并检查所有三个变桨爪全部与楔块咬合,三个双联阀都关闭;

(4) 人员撤离时清理机舱轮毂内工具及垃圾,保证机舱轮毂内无杂物。

六、电气安装

电气安装严格执行供货商要求,并接受厂家技术人员的现场监督、指导。电气安装主要包括发电机电缆、供电电缆、小信号电缆、接地电缆等。

1. 电气安装前准备

在电气安装操作时,技术人员在部件或系统上开始任何工作前,必须保证上级开关已断开;在确认上级开关已断开后,使用经校验合格的测量工具。同时必须按照风机厂家电气安装工艺进行安装。

2. 发电机电缆安装

(1) 偏航连接处安装,根据电气安装工艺要求,进行电缆排线,并按照要求截取电缆,保证留有足够的余量进行对接。

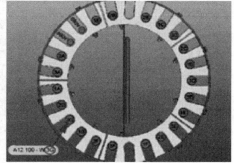

图 7-43 电缆排线

（2）偏航电缆安装

根据电气安装工艺要求，进行电缆排线，加装电缆盘，并按照要求截取电缆，保证留有足够的余量进行对接。

图 7-44 电缆盘

（3）塔筒连接

将电缆按 7 组进行排布，分为 3 段。电缆间的接头必须在不同位置，在 3 段之间进行绝缘处理。如图 7-45，位置 1 的电缆必须相互隔离并且有相同的间隔。位置 2 和位置 3 的电缆类似。

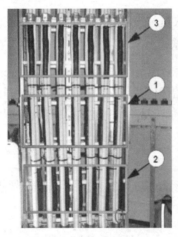
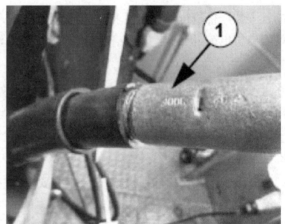

图 7-45 电缆接头排布

（4）变频器电缆安装

断开上级电源，并进行验电。顶部电缆入口处安装热缩管，每根电缆都要小心地穿过相应的热缩管，根据安装工艺进行电缆截取，并进行接头制作，同时接头制作完成后，进行电缆绝缘测试，合格后进行安装。

图 7 - 46   安装热缩管

（5）控制电缆安装

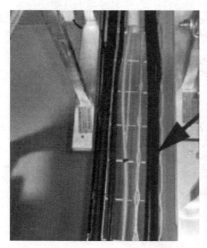

图 7 - 47   控制电缆安装

确保在信号电缆进行布线前偏航扭缆保护中的电缆的组装已经完成。引导光缆的上部进入偏航部分的接线柜，将光缆连接到接线柜。在塔顶部分展开电缆束；将信号电缆引导到偏航部分的接线柜。调整电缆长度并且把电缆绑在扭缆保护顶部支架上，将信号电缆用扎带同其他电缆绑扎在扭缆保护的中心位置，并将信号电缆安装在电缆槽上并使用扎带绑扎，引导信号电缆接入控制柜。

（6）安装接地电缆

① 机舱-偏航电缆固定环

在电缆固定环部分的顶部支架上安装两根接地电缆，将接地电缆置于 690 V 电缆之上并用扎带固定好；将接地电缆与 690 V 电缆用扎带扎在一起并置于电缆固定环的最上面；将接地电缆和 690 V 电缆一起穿进电缆网套并穿进电缆固定环；将接地电缆分别置于电缆马鞍架的两边并用扎带固定好；然后将接地电缆接到马鞍架上的接地螺栓上。

② 塔底-动力/转换单元

将三根接地电缆从动力/转换单元的支架连接到塔筒壁上。

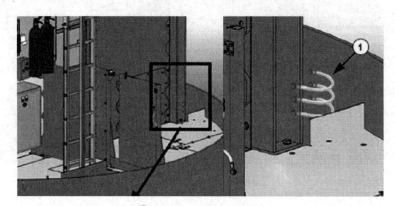

图 7-48　接地电缆连接

　　电气安装严格执行风机厂商要求,并接受厂家技术人员的现场监督、指导。完成机组配套升压设备与各类电缆及其余零散设备的安装、调试、试验,启动试运行、质量检查和验收等全部工作。按照风机厂家相关技术文件的要求,完成电气设备的试验与检验工作,并配合调试。

第八章 海上风力发电机组的运行与维护

第一节 SWT－4.0－130型机组的调试

一、调试

根据SWT－40－130安装规定,机组在现场安装完毕后有以下基本调试步骤。

1. 风机箱变瓦斯排气

用13的套筒安装在棘轮扳手上,卸下TU侧面的防爆板,正对防爆板的箱变上有蓝色排气管道,用活动扳手拆下盖子,注意不要把螺栓等小件掉入,将气筒连接蓝色排气口,打开箱变的银白色阀门,拧开瓦斯接线盒盖子。检查接线,用扳手打开箱变后面中间的小油阀,慢慢拧开左侧小阀,注意不要让弹簧把阀帽弹飞,拆除白色堵头。利用气筒打气,直到中间的小阀出油为止。箱变档位调至5档。检验动力电缆力矩为120 N·m。然后按照原来的步骤复位。注意,蓝色排气管道的盖子不要复位。再把相变油位、油温、油压、油箱温度接线盒打开检查里面接线。

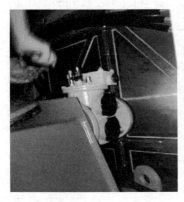

图8－1 瓦斯排气

(2) A21控制柜校线和高压开关柜校线,其接线表如表8－1。

表 8 - 1　接线表

设备	端子号	上端(左端或内端)缆芯线标/线色	电缆线标	下端(左端/外端)连接位置	上端(右端/内端)连接位置	备注
塔筒除湿机	809 - X20:1	1	809 - W20	803 - M1:1	809 - X20:1	1. 风机未通电期间,风机塔筒及机舱除湿通过塔外小风力发电机供电:除湿机电缆 809 - W20 不接到 809 - X20 上,而与塔外小风机逆变器上来的电缆短接后,再用一根短接线接到 809 - X11 上(左蓝右红)。调试发电机送电前,必须关闭小风机逆变器,拔除三角插头(用绝缘胶带缠绕好),拆除 809 - X11 上的蓝红两根线(分别用绝缘胶带缠绕好),防止触电。调试结束关闭调试发电机后,恢复上述三处,直到风机送电前按照左侧表格接线。2. 801 - K2D16X46 的 24 V、S 端(外部停止)要短接。
塔筒除湿机	809 - X20:2	2	809 - W20	803 - M1:3	809 - F20:2	
塔筒除湿机	809 - X20:3	PE	809 - W20	803 - M1:PE		
插座电源	809 - X11:1	1	809 - W11	AB16 - X1:N	809 - F11:4	
插座电源	809 - X11:2	2	809 - W11	AB16 - X2:1	809 - F11:2	
插座电源	809 - X11:3	PE	809 - W11	AB16 - X3:PE		
塔筒照明	809 - X13:1	1	809 - W13	AB15 - X1:N	809 - F12:4	
塔筒照明	809 - X13:2	2	809 - W13	AB15 - X2:1	809 - F13:2	
塔筒照明	809 - X13:3	3	809 - W13	AB15 - X3:2	809 - K3:3	
塔筒照明	809 - X13:4	4	809 - W13	AB15 - X4:3	809 - K3:A1	
安全链信号	808 - X8:1	1	808 - W8	X5:1	808 - S1:12	
安全链信号	808 - X8:2	2	808 - W8	X5:2	808 - S1:22	
安全链信号	808 - X9:1	1	808 - W9	X6:1	808 - S1:11	
安全链信号	808 - X9:2	2	808 - W9	X6:2	808 - S1:21	
UPS 输入	809 - X102:1	91(黑)	809 - W102	809 - G11	1(棕)	
UPS 输入	809 - X102:2	432(白)	809 - W102	809 - G12	2(蓝)(白)	
UPS 输入	809 - X102:PE		809 - W102	809 - G13	Y/G	
UPS 输出(到 809 - S3,主控电源)	809 - X101:1	496(红)	809 - W101	809 - S3T1	1(棕)	接反会导致 N6(机舱和塔底)有 230 V,而 1L6 没电。
UPS 输出(到 809 - S3,主控电源)	809 - X101:2	495(白)	809 - W101	809 - S3T2	2(蓝)	
UPS 输出(到 809 - S3,主控电源)	809 - X101:PE		809 - W101		Y/G	

续 表

设备	端子号	上端(左端或内端)缆芯线标/线色	电缆线标	下端(左端/外端)连接位置	上端(右端/内端)连接位置	备注
变压器油泵电源	804 - X1:1	棕	A21.804 - W1	油泵接线盒 1	344,804 - F12T1	变压器油泵电源 690VAC
	804 - X1:2	黑		油泵接线盒 2	345,804 - F14T2	
	804 - X1:3	灰		油泵接线盒 3	346,804 - F16T3	
	PE	Y/G		油泵接线盒 PE	Y/G	
A3 柜 690 V 供电	809 - X3.1:1	1	809 - W3.1	A202 - X1:1	809 - Q12T1	A202 中的端子排 X1&X2&X3
	809 - X3.1:2	2		A202 - X1:2	809 - Q14T2	
	809 - X3.1:3	3		A202 - X1:3	809 - Q16T3	
	809 - X3.1:PE	PE		A202 - X1:PE	PE	
A18 柜 690 V 供电	809 - X3.2:1	1	809 - W3.2	A202 - X2:1	809 - Q12T1	
	809 - X3.2:2	2		A202 - X2:2	809 - Q14T2	
	809 - X3.2:3	3		A202 - X2:3	809 - Q16T3	
	809 - X3.2:PE	PE		A202 - X2:PE	PE	
机舱 230V 供电	809 - X24:1	1	809 - W24	A202 - X3:1	N4	A202 中的端子排 X1&X2&X3
	809 - X24:2	2		A202 - X3:2	467,809 - F202	
	809 - X24:3	3		A202 - X3:3	N4	
	809 - X24:4	4		A202 - X3:4	2L4	
	809 - X24:5	5		A202 - X3:5	5L4	
	809 - X24:6	6		A202 - X3:6	N6	
	809 - X24:7	7		A202 - X3:7	2L6 及 809 - S2L1	
	809 - X24:8	8		A202 - X3:8	3L6	
	809 - X24:9	9		A202 - X3:9	4L6	
	809 - X24:10	10		A202 - X3:10	5L6	
	809 - X24:11	11		A202 - X3:11	483,809 - S1T1	
	809 - X24:12	12		A202 - X3:12	484,809 - T31	
	809 - X24:13	13		A202 - X3:13	6L6	
	809 - X24:14	14		A202 - X3:14	PE	
	809 - X24:PE	Y/G		A202 - X3:PE	PE	
变流器跳闸	301 - X2:1	1	303 - W2	A202 - X4:1	A21.301 - K2:1	
	301 - X2:2	2		A202 - X4:2	A21.301 - K1:4	

设备	端子号	上端(左端或内端)缆芯线标/线色	电缆线标	下端(左端/外端)连接位置	上端(右端/内端)连接位置	备注
烟雾报警	808 - X4:1	1	808 - W4	808 - B4:L1IN	808 - K2:2	PU 平台,靠爬梯侧
	808 - X4:2	2		808 - B4:L2	808 - X7:1	
	808 - X4:3	3		808 - B4:NC	801 - K3X19D	
蜂鸣报警器	808 - X5:1	1	808 - W5	808 - B5:1	808 - K1:1	A21 柜
	808 - X5:2	2		808 - B5:3	808 - K1:8	
变流器水温	303 - X1:1	1		X1:1	801 - K2X1A	
	303 - X1:2	2		X1:2	801 - K2X1B1	
	303 - X1:3	3		X1:3	801 - K2X1B2	
冷却水压力	303 - X1:4	4		X1:4	801 - K2X1324 V	
	303 - X1:5	5		X1:5	801 - K2X13S	
变流器出口温度	303 - X1:6	6		X1:6	801 - K2X10 A	
	303 - X1:7	7		X1:7	801 - K2X10B1	
	303 - X1:8	8		X1:8	801 - K2X10B2	
冷却器出口温度	303 - X1:9	9	303 - W1	X1:9	801 - K2X11A	A2102 中的端子排 X1
	303 - X1:10	10		X1:10	801 - K2X11B1	
	303 - X1:11	11		X1:11	801 - K2X11B2	
冷却三通阀执行机构	303 - X1:12	12		X1:12	308 - K3:3	
	303 - X1:13	13		X1:13	308 - F1:2T1	
	303 - X1:14	14		X1:14	308 - K2:3	
	303 - X1:15	15		X1:15	308 - K1:3	
冷却水加热过载反馈	303 - X1:16	16		X1:16	801 - K2X1B15	
	303 - X1:17	17		X1:17	801 - K2X1B16	
	303 - X1:PE	PE		PE	801 - K2X1B17	
光纤盒接线	910 - X1:21	21/1	A21.810 - W1	A202 - X8:1,A3.610 - X1:1,A3.601 - K1 上的 601 - T1RX	光纤 810 - W103:1,IO3 板 A21.801 - K2.T1:TX	
	910 - X1:22	22/2		A202 - X8:2,A3.610 - X1:2,A3.601 - K1 上的 601 - T1TX	光纤 810 - W103:2,IO3 板 A21.801 - K2.T1:RX	

续 表

设备	端子号	上端(左端或内端)缆芯线标/线色	电缆线标	下端(左端/外端)连接位置	上端(右端/内端)连接位置	备注
	910 - X1:23	23/3		A202 - X8:3,A3.610 - X1:3,机舱 Cisco610 - T1FE1/1	青色光纤,810 - W113:1,塔底PU CiscoA21.810 - T1:FE3/1	
	910 - X1:24	24/4		A202 - X8:4,A3.610 - X1:4,机舱 Cisco610 - T1FE1/2	青色光纤 810 - W113:2,塔底PUciscoA21.810 - T1:FE3/1	
	910 - X1:25	备用/5		A202 - X8:5,A3.610 - X1:5		
	910 - X1:26	备用/6		A202 - X8:6,A3.610 - X1:6		
	910 - X1:27	27/7		A202 - X8:7,A3.610 - X1:7,A3.601 - K1 上的 601 - T2RX	跳线 910 - W102:1,到910 - X1:37	
	910 - X1:28	28/8		A202 - X8:8,A3.610 - X1:8,A3.601 - K1 上的 601 - T2RX	跳线 910 - W102:2,到910 - X1:38	
	910 - X1:29	备用/9		A202 - X8:9,A3.610 - X1:9		
	910 - X1:30	备用/10		A202 - X8:10,A3.610 - X1:10		
	910 - X1:31	备用/11		A202 - X8:11,A3.610 - X1:11		
	910 - X1:32	备用/12		A202 - X8:12,A3.610 - X1:12		
	910 - X1:37	37/1	A21.810 - W2	A12 柜 A100TX	跳线 910 - W102:1,到910 - X1:27	
	910 - X1:38	38/2		A12 柜 A100RX	跳线 910 - W102:2,到910 - X1:28	

海上风电风机技术

续　表

设备	端子号	上端(左端或内端)缆芯线标/线色	电缆线标	下端(左端/外端)连接位置	上端(右端/内端)连接位置	备注
开关柜D单元220VAC电操电源外部接入	801-X13:1	1	A21.801-W13	开关柜 X3:1	801-X13-1	风机主控柜220VACUPS(无须接线)
	801-X13:2	2		开光柜 X3:11	801-X13-2	
开关柜D单元220VAC加热器电源外部接入	801-X13:3	3		开关柜 X3:45	801-X13-3	风机主控柜220VAC
	801-X13:4	4		开关柜 X3:41	801-X13-4	
	PE	Y/G				PE
开关柜D单元主控跳闸接入点	801-X12:5	蓝	A21.801-W12	开关柜 X8:1	801-K25:4	24VDC+
	801-X12:7	棕		开关柜 X8:2	801-K25:3	24VDC-
	801-X12:PE					PE
变压器油位	801-X4:1	白	A21.801-W4	油位传感器1端	801-K22:3	变压器油位异常风机主控柜输出24VDC,经过变压器无源节点,流回控制柜自身信号输入点
	801-X4:2	棕		油位传感器2端	801-R1:1	
	801-X4:3	绿		油位传感器3端		
变压器油压	801-X5:1	白	A21.801-W5	油压传感器11端	801-R1:2	变压器压力异常风机主控柜输出24VDC,经过变压器无源节点,流回控制柜自身信号输入点
	801-X5:2	棕		油压传感器12端	801-K22:3	
	801-X5:3	绿		油压传感器14端		
变压器瓦斯	801-X6:1	白	A21.801-W6	瓦斯接线盒C1	801-K3X35S	变压器重瓦斯。风机主控柜输出24VDC,经过变压器无源节点,流回控制柜自身信号输入点正常状态:C1、1常闭,C1、2常开。故障状态:C1、2断开,C1、2闭合。如果高电平,则变压器重瓦斯,风机停机。
	801-X6:2	绿		瓦斯接线盒1	801-K15:5	
	801-X6:3	棕		瓦斯接线盒2		

设备	端子号	上端(左端或内端)缆芯线标/线色	电缆线标	下端(左端/外端)连接位置	上端(右端/内端)连接位置	备注
变压器油温	801－X7:1	绿	A21.801－W7	油温传感器3端	A21.801－K3X1A	变压器油温(遥测)PT100传感器。如果油温≥90℃，风机主控柜发出报警信号；如果油温≥95℃，风机停机。
	801－X7:2	棕		油温传感器2端	A21.801－K3X1B1	
	801－X7:3	白		油温传感器1端	A21.801－K3X1B2	

（3）变流器冷却风扇接线形式改成三角形接线

图8-2 变流器冷却风扇接线

（4）齿轮箱调整及发电机对中

具体步骤见《DFC－ZSM1038081－4.0－130维护手册》。

（5）齿轮箱高低速测试

具体步骤见《DFC－ZSM1038081－4.0－130维护手册》。

（6）发电机风扇高低速测试IO1

具体步骤见《DFC－ZSM1038081－4.0－130维护手册》。

（7）各润滑系统的润滑流量测试

具体步骤见《DFC－ZSM1038081－4.0－130维护手册》。

（8）SSD(塔筒震动报警)测试

具体步骤见《DFC－ZSM1038081－4.0－130维护手册》。

（9）SRSG(变桨过速报警)测试

具体步骤见《DFC－ZSM1038081－4.0－130维护手册》。

（10）HCU(主轴飞车报警)测试

具体步骤见《DFC－ZSM1038081－4.0－130维护手册》。

(11) 偏航校零

偏航校零:将 A21 黑色旋钮开关扳转至 local 位置,按下手柄数字 3 选择继续,然后按下数字 1 选择本地维护工作。进入 12 菜单按下回车键输入密码"14789"取得 3 级操作权限后推出 12 号菜单。进入 24 菜单的 5 号子菜单按下手柄上<或>按钮驱动机舱顺时针或逆时针偏转,当偏航扭缆呈现完全放松状态时再次按下<或>按钮停止偏航。按下按钮 E 输入偏航圈数 0 按下<EXP>按钮输入角度 0。使用指北针或其他指北设备找出正北位置,通过按下<或>按钮调整机舱角度,使得轮毂正对正北位置(且此时手柄上显示的偏转角度必须小于 180°)。按下按钮 E 输入偏航圈数 0 按下 EXP 按钮输入角度 0。

自动偏航:自动偏航是风机通过风传感器检测风速和风向,并将检测到的信号送到微处理器,微处理器计算出风向与机舱的夹角,从而确定是否需要调整机舱方向以及朝哪个方向调整能尽快对准准风向,当需要调整方向时,微处理器发出一定的信号给偏航驱动机构,来调整机舱的方向达到对准风向的目的。

(12) 桨叶校零

在校零之前需将 IO4 板上的 X52 的接在常闭上的线接到常开上。对桨叶校零之前需先对阀校零,确认大阀在 SERVICE 位置,在手柄的 24 菜单的 11 子菜单进行阀的校零,按 E 开始,在出现 completed 电磁阀都动作正常时表示阀的校零完成,按左右切换叶片。桨叶校零前先将大阀打到 OPERATION 位置,启动液压站,变桨锁收回,在 24 菜单 9 子菜单进行叶片的校零,按 E 开始,叶片会回到零位,左右调整叶片的位置,直至零位爪子对准零位凹槽,按 E 结束手动校零,再按下 E 开始自动校零阶段,叶片会先转到 -5°左右然后回桨,最终角度应在 88.5°~89°,88.9°为最佳,角度偏差太大就继续进行校零,按左右调整叶片继续进行另外两个叶片的校零。

(13) 除湿机参数设置

接通除湿器电源,打开除湿器开关,通过调整湿度感应开关测试除湿器功能是否正常。测试完成后需将湿度感应开关的设定值调整为 40%。

(14) 三通阀开关测试。

三通阀测试 24 M>27 子菜单中,mode 中 auto 改成 manual。手柄左右方向键进行切换,当 O 显示为"1"表示三通阀打开,或者 P/O/C 都显示为"0"三通阀表示也是打开状态。C 显示为"1"的时候表示三通阀关闭。P:显示"1"的时候表示三通阀得电。

(15) 安装偏航扭缆限位操作流程

首先要保持风机电缆是在顺缆的状态下然后把钢丝绳在电缆上顺时针绕 3 圈的钢丝长度,然后在向限位开关的位置平行拉过去,并且要保持有压线的余量(大约 5 mm)然后把多余的钢丝绳子剪断。顺时针绕 3 圈向限位开平行拉过去大约 5 mm 余量。将钢丝绳的一端压上铁环。把钢丝绳的另一端穿过限位开关拉环然后把它压在和限位开关平行的电缆上面。用 17 mm 的开口扳手松开固定限位螺栓后把限位开关转到与压钢丝绳电缆对正,然后将螺栓紧固。

(16) 安装尾纤

将尾纤取出,去除保护套管等杂物,一头接在 A21 柜的左上柜的光纤盒子上,按照顺序将光纤接好,另一头从 A21 柜的下部走线,顺着线槽到塔基底部的光纤熔接盒,按照光纤熔接盒上标注的顺序将光纤接好,走线要美观,整洁,用扎带扎紧在线槽内。光纤接好后记录下CISCO上的MAC地址,配置完成后查看风机是否上线,如未上线,请依据光纤拓扑图调整连接顺序,同时将所有STIC的IP获取方式改为自动获取。

第二节 海上风电场运行维护概述

一、海上风电运维概述

海上风电运维是指海上风电的集中监控、风电场群的运行管理、风场设备的状态监控和故障诊断及维护、设备检修、备品配件供应、运维技术及安全培训、专业运维装备租赁及技术服务等工作,主要包括海上升压站、海缆、风电机组、基础等设备的日常维护及检修,配备专用机具装备及运维船、直升机等交通工具。

海上风电运维按区划分为以下几类。

(1)风电机组整机维护

风电机组整机维护包括故障缺陷处理、定期维护、定期巡检、年度定检工作、软硬件技术改造、机组监控、重要设备的定期检查、后台数据分析、大部件检修等工作。

(2)桩基及海缆维护

桩基及海缆维护主要包括桩基倾斜、振动、沉降等数据的监测与分析、桩基防腐监测与解决方案、桩基海底冲刷监测与解决方案、桩基配套保护设备的维护、航标设施维护、海缆保护、海缆冲刷监测及修复。

(3)风场海域管理

风场海域管理包括风场内航道往来船舶监视、海上风电场浮标管理、海上气象管理、渔船监测、海上环保管理等。

(4)海上及陆上升压站维护

海上及陆上升压站维护包括一次设备、二次设备的运行管理及维护、送出线路维护、调度指令的执行、其他配套设备的维护。

二、海上风电维护作业类型

海上风电维护作业主要包括预防性维护、定检维护、故障检修。

(1)预防性维护

将设备部件状态的监控和运行控制相结合,根据海上状况进行预防性维护,尽可能减少停机时间,提高风机的可利用率。

(2)定检维护

定检维护(简称"定检")指按照风电机组的技术要求,根据运行时间对风电机组进行定期的检测、维护、保养等。一般按运行时间制定定检计划,如季度、半年度、年度及季节性或气候性特殊检修维护等,定检工作内容相对比较固定,一般都有比较标准的规范和要求。

（3）故障检修

根据作业工时及备件尺寸重量等因素，一般将故障类型分为 A、B、C、D 等类型，A 类故障指无须更换备件的故障，耗时较短；B 类故障指需要更换小型备件或耗材的故障；C 类故障指主要部件的修理，耗时较长；D 类故障指主要部件的更换，耗时最长，如齿轮箱、叶片、发电机、轴承等部件的更换属于此类。

三、海上风机维护主要项目

风电机组维护主要项目包括：电气一次设备及其配套控制保护设备、传动链、偏航系统、液压制动系统、散热及集中润滑系统、机架、起重机、机舱、导流罩、叶片、变桨系统、控制柜、传感器、防雷系统、塔筒、桩基等部件的日常维护及定检维护。

（1）传动链需要维护的内容有：主轴、发电机、齿轮箱、联轴器等。

（2）偏航系统需要维护的内容有：偏航变频器、偏航电机、偏航轴承、偏航制动器、偏航传感器、润滑管路以及防腐检查。

（3）液压制动系统需要维护的内容有：油质检测及换油、油过滤器的更换、空气过滤器更换、螺栓力矩和连接件检查。

（4）叶片需要维护的内容有：腐蚀情况、接闪器、叶片表面裂缝及连接螺栓等检查。

（5）变桨系统需要维护的内容有：液压变桨管路、液压变桨油缸、蓄能器、变桨液压站、变桨轴承、润滑系统维护、轮毂的防腐情况检查等。

（6）控制柜需要维护的内容有：各类控制模块、主电源开关、接线端子、电缆、热保护开关及接触器、机舱柜风扇、通信电缆、机舱柜百叶窗滤棉等检查。

（7）电气一次设备及其配套控制保护设备需要维护内容有：环网柜、升压变、继保柜等。

（8）塔筒需要维护的内容有：电缆、电梯、视频监控、网络通信、IP 电话、UPS、消防设备等设备检查，螺栓力矩总体检查；塔架门框、自动关闭舱门、自动关闭闸门检查；电梯及吊梁检查；焊缝、油漆及裂缝检查；安全装置、消防设施、照明设施检查；塔架垂直度检测，腐蚀情况检查，电缆、紧固件、防雷系统和通风系统检查。

（9）桩基需要维护的内容有：靠船和防撞设施、牺牲阳极、弯曲限制器、电缆保护管检查；冲刷情况、腐蚀情况、海生物生长情况等检查，机组振动倾斜监测设备检查等。

四、海上升压站及海缆维护的主要项目

海上升压站需要维护的设备主要有：一次设备、二次设备、直流及 UPS 系统的维护。

（1）一次设备需要维护的内容有：主变压器、有载调压开关、GIS 设备维护（包括高压断路器、三工位隔离开关、电压互感器与电流互感器、避雷器等）、35 kV 开关柜、35 kV 主母线、35 kV 电压互感器与电流互感器、35 kV 过电压及接地系统、35 kV 电力电缆、场用电系统维护。

（2）二次设备需要维护的内容有：继电保护及自动装置、升压站与风机计算机监控系统维护、暖通设备、火灾报警及消防控制设备、视频监控设备、照明。

（3）直流及 UPS 系统的维护内容有：充电机、直流母线、UPS 系统的维护。

（4）海上升压站构筑物需要维护的内容有：钢结构及基础变形检查、节点焊缝检查、防腐情况检查、附属钢结构设施维修（栏杆、楼梯、吊机和直升机甲板设施等）和沉降观测等，消防系统检查，逃救生系统和助航标志检查。

（5）海缆需要维护的内容有：海缆埋设状态，海缆路由检查，海缆进线终端连接接头螺栓和腐蚀情况，海缆各处是否有鼓包、破损、绝缘层裂开，海缆各处海洋生物生长情况，海缆远程监控预警，巡视海缆海域警示标志和监视系统、告警装置的运行状态、海缆故障诊断。

第三节　海上风力发电机组运行维护要求

一、海上风力发电机组设计对维护的保障

（1）海上机组在设计上应考虑维护的方便性，提高海上机组的可维护性。

（2）海上机组应设计合适的救援逃生通道，救援逃生通道示意图应张贴在海上机组显眼位置，例如塔筒门或入口正对塔筒位置张贴，并在救援逃生通道处进行对应的标记。如采用直升机救援逃生平台，可参考 CAP437 设计规范。

（3）运行维护人员应能在塔筒底部平台上对海上机组进行正常操作。

（4）应提供标识明显的就地人工操作系统，其优先级应高于自动或远程的控制系统。

（5）所有安装在海上机组支撑结构上的走道或平台都应位于飞溅区域之上。出于安全需要，应考虑海洋生物的防护措施。如现场有冰冻的风险，在覆冰条件下应限制接近爬梯和平台。

（6）运行期间，旋转叶尖与走道或平台，以及船舶桅杆之间应有必要的最小竖向净距离。

（7）登靠爬梯处应设计有防坠落装置。

（8）海上机组内所有可能被触碰的 220 V 及以上低压配电回路电源，应装设满足要求的剩余电流动作保护器。

（9）为保障人员的安全，运行部件设计应安全可靠，运动部件或带电部件应设计防护罩和提示性标识；海上机组内无防护罩的旋转部件应粘贴"禁止踩踏"标识；海上机组内易发生机械卷入、轧压、碾压、剪切等机械伤害的作业地点应设置"当心机械伤人"标识；海上机组内安全绳固定点，高空应急逃生定位点、机舱和部件起吊点应清晰标明；塔架平台、机舱的顶部和机舱的底部壳体、导流罩等作业人员工作时站立的承重台等应标明最大承受重量。

（10）在设计上应考虑使用必要的故障诊断及监测设备。

（11）塔筒内照明设施应满足现场工作需要，照明灯具选用应符合 GB 7000.1 的规定，灯具的安装应符合 GB 50016 的要求。

（12）机舱和塔筒底部平台应配置灭火器，灭火器配置应符合 GB 50140 的规定。

（13）提供能在海上机组中生存一周所需物资（食物、水、取暖物品、衣服或毛毯等）的存放地点。

（14）与航海和航空相关的障碍物照明和标识的设定，应符合国家和国际有关标准和法规。

二、海上风电场相关基本要求

（1）海上机组及其附属设备均应有设备制造厂的铭牌，应有风电场唯一的设备名称和设备编号，并标示在明显位置。风电场配置的安全设施、安全工器具和检修工器具等应检验合格且符合国家或行业标准的规定；禁止使用破损及未经检验合格的安全工器具和个人防护用品；风电场安全标志、标识应符合 GB 2894 的规定。

（2）海上机组底部应设置"未经允许，禁止入内"标示牌，基础附近应设置"请勿靠近，当心落物""雷雨天气，禁止靠近"等警示牌，塔筒爬梯旁应设置"必须系安全带""必须戴安全帽""必须穿防护鞋"指令标识，36 V 及以上带电设备应在醒目位置设置"当心触电"标识。

（3）海上机组应喷涂机位号，机位号采用反光设计，方便辨认和了解所处位置。字体大小根据塔筒直径决定，机位号颜色为警示色，喷涂位置为风电运维船舶照明灯能够投射的区域。

（4）风电运维船舶及其登靠桩需要安装橡胶减振材料，登靠直爬梯需要安装防人员坠落的安全设备，例如速差器。

（5）应有防止人体部位在底层爬梯与交通工具或风电交通船之间被挤压的防护措施。

三、运维人员要求

1. 对运行人员的要求

（1）掌握风电场数据采集与监控海洋水文信息、气象预报、通信、调度等系统的使用方法；

（2）掌握海上机组的工作原理、基本结构和运行操作；

（3）熟悉海上机组及海上应急设施的各种状态信息、故障信号和故障类型，掌握判断一般故障原因和处理方法；

（4）熟悉操作票、工作票的填写方法；

（5）能够完成风电场各项运行指标的统计、计算；

（6）熟悉所在风电企业各项规章制度，了解相关标准、规程；

（7）严格执行电网、海事部门调度指令；

（8）能够定期开展运行数据、指标分析工作。

2. 对维护人员的要求

（1）在计划时间内完成检查和维修，依照操作手册操作，严格执行安全作业要求。

（2）熟悉工作票填写和使用要求。

（3）熟练掌握生产设备的使用方法，掌握对一般故障的判断和处理方法。

（4）新聘人员应经培训考核合格后方能上岗，考核合格前不得参与工作。

（5）运维人员需分组维护海上机组时，每组至少两人，且同时在同一海上机组上作业，严禁单人作业。

四、维护检修计划和备品备件要求

（1）海上机组维护检修计划应包括日常故障维护的响应流程、处理规范、运维活动内容以及所有活动的过程、内容记录、数据记录。

（2）应列出海上机组的易损件清单，并根据备品备件的性能和消耗频次准备充分的备品备件，将其储存于适宜的地点。

五、风电运维船只的要求

（1）船舶在波浪中应具有良好的抗浪性能，在航行中具有很好的舒适性，能够低速精准地靠泊到海上机组，防止对桩基造成较大冲击，并能够与桩基持续接触，能够安全便利地将人员和设备运送到工作区域，船舶甲板区应具有存放工具、备品备件等物资的集装箱或海上机组运维专用设备的区域，并可以进行装卸；船舶还应具有供运维人员短期住宿生活的条件及夜泊功能。

（2）用于人员运输的风电运维船和风电交通船应经年检合格且持有合法有效证件，船舶配备船员符合船舶最低安全配员要求，且具有相应的资质。

（3）船舶应按法规要求进行船舶检验，现场安全负责人应定期对船舶进行检查，检查不合格的，应进行整改或更换船舶。

（4）用于人员运输的交通工具或风电交通船应根据相关国家规定配备符合要求的安全设备（如足够数量的救生衣、救生筏、灭火器等）。

（5）直接接触型风电运维船与海上机组桩基爬梯之间的水平间距应小于 $40\,cm$，且配置有防止人体部位在风电运维船与海上机组基础爬梯之间被挤压的防护措施。

（6）如采用舷板型船舶，舷梯作为风电交通船与海上机组之间通达工具，船梯应有 $1.2\,m$ 高的护栏，并符合相关国家标准。

六、海上风力发电机组运行要求

（1）海上机组塔筒应有防海水和防雨水进入的措施。

（2）海上机组在投入运行前应具备如下条件：

① 长时间断电停运和新投入的海上机组在投入运行前应检查各部件和装置（动力电源、控制电源、安全装置、控制装置、远程通信装置、高压系统等）是否处于正常状态，检查合格后才允许运行；

② 经维修的海上机组在运行前，应确认维修期间采取的各种安全防护装置均已解除；

③ 外界和内部环境条件应符合海上机组的运行条件，温度、湿度、风速应处于海上机

组设计参数范围内。

（3）若海上机组长时间处于停运状态，海上机组安装或调试完成后没有立即运行，则停机后的准备工作（本处的停机指计划停机）应包括如下内容：

① 叶片变桨角度应处于停止角度，叶轮锁松开，使叶轮处于低速自由旋转状态；

② 解除偏航锁定；

③ 确保停机状态期间变流器柜门关闭；

④ 停机超过 15 天时，应检查除湿器是否已启动，便携式发电机是否为除湿器供电。除湿器启动时应进行如下检查：上下调节测湿计时除湿器是否正常启动和停止，测湿计设置值是否满足要求；热气是否可从湿气出口排出；除湿器是否正常运行（风扇是否吹风）。

（4）停机超过 90 天时，应在每个电气柜放置干燥剂并使用塑料/胶带覆盖所有气孔和通风孔。停机期间的维护工作（每两周一次）应包括如下内容：

① 电气柜内湿度是否超过 70%，若超过，则应对除湿器进行检查；

② 检查变流器柜是否有可见的受潮或腐蚀现象；

③ 检查便携式发电机是否能够正常运行；

④ 检查所有气孔和通风孔是否仍由塑料/胶带覆盖，如果发现小孔，需修复（停机超过 90 天时）；

⑤ 检查电气柜内的除湿机是否需要更换（停机超过 90 天时）；

⑥ 每 1.5 个月检查液压系统和其他润滑系统的润滑程度；

⑦ 每 3 个月应提取液压油和齿轮油并分析其含水量；

⑧ 每 3 个月应对海上机组进行一次目视检查，检查海上机组内电气柜、齿轮箱、偏航齿圈等的腐蚀情况。

（5）重新运行海上机组前的检查工作应包括如下内容：

① 检查除湿器是否正常工作，湿度是否超过 70%；

② 启动风力发电机前需进行加注润滑油，润滑油量与停止状态期间相当，按全年润滑剂量比例计算润滑油使用量；

③ 启动发电机内的加热器并加热 24 h；

④ 电气柜应加热并通风 24 h；

⑤ 如果电抗器内受潮，则应开启风扇使电抗器通风 3 h；

⑥ 应对 UPS 电池充电至少 4 h（如果海上机组停止时间超过 90 天，则应再充电 4 h）；

⑦ 检查便携式发电机是否已断开，所有电气连接是否已恢复正常状态（停机超过 15 天时）；

⑧ 检查覆盖气孔的塑料/胶带是否已拆除（停机超过 90 天时）；

⑨ 检查所有除湿剂是否已移除（停机超过 90 天时）；

⑩ 检查绝缘是否合格（停机超过 30 天时）。

环控系统上电并正常运行 24 h。

七、海上风力发电机组维护要求

（1）运维人员出行船舶按照要求配置，使用标准风电运维船或风电交通船。

（2）海上机组需出海维护时，维护人员应根据作业内容，提前准备作业所需工器具、备件以及个人防护用品，参照天气预报，做好风险源辨识以及风险预防措施，制定维护方案。

（3）维护时，海上机组上应配置应急物资和临时生活设施，至少满足 2 人 7 天的基本生存要求，同时配备应急通信系统，保证在海上机组电源切断的情况下，48 h 内仍可对外进行联络。

（4）制造商需提供机组常见故障列表，必要时可根据故障情况在海上机组上储备常见备品备件。

（5）海上机组备件在更换使用前，应检查其性能是否良好，是否在保质期以内，禁止使用超过保质期的备件或物资。

（6）海上机组添加油品时应经滤油机注入，并与原油品型号一致，更换替代油品时应通过试验充分验证，应满足海上机组原设计技术要求和更换工艺。

（7）海上机组上应配备常用工器具，能够对日常故障进行处理，常用工器具在使用前应进行检查工具状态，工具效验标签应粘贴在工器具明显位置，并清晰可见。

（8）海上机组应配置电梯或助爬设备，维护人员使用爬梯登爬海上机组时，应穿戴好安全防护设备，并使用安全滑块或其他防坠落设备。人员攀爬时还需穿戴个人防护用品以及救生衣。

（9）更换 30 kg 以上备件时，海上机组内部需要有辅助设备，例如，小吊车、绞盘等能够起吊、搬运的设备，设备应满足起重规范要求。

（10）海上机组物资从风电运维船只搬运到海上机组时，应使用起重设备避免人员搬运，例如平台运维小吊机，吊机的载重量应达到从塔筒门进入的最重部件重量。

（11）维护出行时，人员需要配置定位通信设备，运维人员之间、运维人员和风电运维船只之间、运维人员与监控中心之间、风电运维船只和监控中心能够互相通信，并能够对运维人员和风电运维船只定位。

（12）海上机组应配备风电场区域内的天气预报系统，24 h 提供该区域内包括风速、浪高、温度、雷暴、能见度等信息的实时天气预报。

第四节 海上风电场的运行维护科学管理措施

一、海上风电场运维科学管理措施

（1）实行"集中监控、无人值班、少人值守"模式，提高生产运维效能。设立负责生产调度、风电场设备状态在线监测与分析、远控等工作的生产调度中心，集中力量保障运维工作，进一步提升运维工作的精细程度。陆上升压站采取少人值守，海上升压站采取无人值班的运行模式。以陆上升压站（中控室）为中心，设立陆上集控中心。派驻少量电气运维人员进行陆上升压站的日常巡检和记录工作并应对夜间的应急处理；其他运维人员执行白班,电气运维人员负责升压站的倒闸操作、日常维护、出海巡检、定期切换、试验等工作;风机运维人员利用窗口期出海进行消缺和巡检工作。

(2) 采用海上作业安全监管调度系统,高效调配人员船只。联合气象服务中心建立海上风电气象安全监管调度系统,调度系统实现对天气因素(风、雨、雷电、雾、海浪、冰雪)、人、船、设备等各种因素统筹协调功能,既能合理安排工作计划,又能实现全天候跟踪定位船舶、人员。通过国家气象卫星配合现场安装气象数据采集设备,加强天气预报定点收集、综合分析能力,提高天气预报的准确性。尤其是在台风过境、强降水等灾害性天气系统临近前,及时发布预警信息,提高防灾减灾能力,确保施工人员及设备安全。同时,配备人员、船舶定位装置,实现对出海作业人员位置的实时监控,实时将船只、人员在海上的位置信息通过北斗卫星系统传输到陆上集控中心,并在船只遇险和人员落水时自动发出求救信号,陆上集控指挥中心和附近的船只可以立刻接收到信息,第一时间组织救援工作,保证了出海人员、船舶的安全,极大地提高了海上风电运维的安全性。

(3) 采用"1+1"风机管理模式,科学调配班组成员。"1+1"管理模式,即风电机组采取"自主+外委"的管理模式,建设单位运维班组人员主要负责海上船舶调配、海上天气分析和出海安排等管理工作,并对风机维护消缺进行全面管控;外委单位负责风机的整机维护消缺工作,并将外委单位服务人员纳入风机班组管理。针对海上风电场单体容量大、风机数量多的特点,为提高运维管理效率,在运维管理中根据风机分布特点和运行情况,以风机运行的可靠性指标为参考,采取"区域化管理为主,联动管理为辅"的措施,进行点对点精细化管理。建立各类风机运行台账和数据记录表,通过各个区域每月的风机可靠性数据进行分析和比较,不仅能提高运维人员和外委单位服务人员的工作积极性和责任心,而且对船舶调配、后勤保障、人员专业技能提高、消缺和巡检效率都起到了积极作用。

(4) 采用复合型船舶管理模式。风电运维船是用于海上运维的专用船舶,风电交通船是近海风电运维人员投送的一般船舶。专业的风电运维船具有人员投送快、海上环境适应性强等特点,但造价及使用费用昂贵。风电交通船船人员投送效率较低,但使用费用相对低廉,综合功能较风电运维船更加全面。二者搭配使用,统筹风电运维船与风电交通船的科学调度,既能高效地完成日常运维工作,又能降本节能。

(5) 配备专业技术力量,支撑海上风电场运维合理进行。由生产部门负责生产管理、技术管理、设备管理、电量管理、生产准备管理、科技管理、信息化管理等工作,为此配备电气检修、试验、继电保护、通讯自动化、电气运行、风机专业的专业人员,组成专业性强、效率高的管理层,负责处理、组织和协调专业范围内工作,为风电场有效安全运行提供技术支持。

(6) 参与工程设备调试,提升运维人员在工程建设期后的运维能力。工程建设过程中,为提高工程建设效率,在科学缩短建设周期的同时保证工程项目的质量,生产部专业技术人员深度参与工程建设,在工程建设期就参与设备安装、设备调试、设备送电、设备最终验收等主要环节的工作,全面了解设备性能,及时发现新设备存在的问题,做好各项生产准备。专业技术人员提前谋划,编制升压站设备与风电机组最终运行前的部分流程,根据施工单位工作计划,组织好调试工作。调试过程中严格按照《江苏海上风电有限公司防止电力生产事故的二十五项重点要求》《江苏海上风力发电有限公司技术监督实施细则》

等执行,强化技术管理在项目基建期的重要性,保证设备的"零缺陷""零隐患",从源头上杜绝事故的发生。针对升压站和风电机组重要的系统进行跟踪调试,比如继电保护及自动装置的联动试验、火灾报警装置的联动试验、高压细水雾喷淋的调试、柴油发电机启动试验、风电机组送电前检查、风电机组高压设备保护装置的确认等。跟踪调试工作开展前,技术人员提早准备好施工图纸、厂家说明书、国家相关技术规范等资料,编制完成系统跟踪调试内容。根据调试内容,跟踪施工人员在安装现场开展工作,对系统各个关键环节进行跟踪。调试过程中绝不放过任何问题,发现问题积极找相关单位解决,保证发现的问题能够全部解决。调试工作中必须始终贯彻闭环式管理的指导思想,即每一项工作都有人负责、有人落实、有人检查,每一项调试正常后,严禁施工人员的任意改动,所有工作必须以最终的验收报告为准。

(7) 增进班组专业协调,提升班组运维效能。全面过硬的个人专业素质是做好专业工作的基础。依托班组建设培训工作,紧密结合班组现场工作实际,将电气一、二次设备及风机设备的运行、检修维护、调试校验、故障抢修及缺陷处理等工作确定为强化培训专业课目,着力提高业务负责人解决实际问题的能力和现场管理水平。为打造班组全面完整的工作实力,班组成员需具备横跨专项业务的能力,成为一专多能、多专多能的复合型人才。以知识复合、能力复合、思维复合为导向,做好不同专业的知识融合和能力集成,每个班组成员都要提高自身的综合素质,广泛涉猎其他相关专业。班组成员不仅要拓展知识面还要不断调整心态,以整体思维贯穿全部工作。通过"轮岗"的方式,让风机和电气班组互相了解各自的工作方式、工作流程以及专业知识。在彼此的工作中找到工作的共性和衔接点,找准影响工作流程的"卡脖子"症结所在,可以提高配合和协调所带来的工作效率。出海审批手续的建立不仅明确了出海人员名单、所需登乘船舶、工作目的的和工作任务,还将两个班组的出海计划和工作计划进行统一组织和配合,由风机班组编制,部门负责审批并下发;班组操作流程的规范,明确了停送风机的工作职责和工作流程,根据批准的工作计划,风机人员到达现场后,联系运行负责人,由运行负责人发令运行人员进行风机高压设备的远程操作;在部门岗位职责中,明确了部门电气专工负责提供风机内电气设备的技术支持及解决方案;在风机人员进入升压站内进行与风机相关设备的检修维护工作时,需履行工作票制度中的相关手续;海缆工作,由部门牵头组织,专工负责协调,以集电线路首台风机箱变为分界点,该箱变高压侧海缆属于电气运维班组管理范畴,风机之间的海缆属于风机班组的管理范畴。

(8) 建立生产运维基地,完善后勤保障工作。运维基地不仅提供人员的生活食宿和值班场所,还丰富员工的业余文化生活。另外建立海上风电安全监控调度系统和备品备件储备库,不仅满足海上风电运维人员现场工作需求,完善海上风电公司基本安全生产配套设施,还可以加强对运维人员的管理,提高运维效率和运维质量,从而提高人员和设备安全。

二、提升海上风电运维安全管理措施

(1) 建立健全安全管控体系,完善安全管理制度。

借鉴传统电力行业成熟的安全管理经验,健全安全管控体系。建立安全管理组织机构,完善三级安全监督网络体系。在制定安全生产责任制、"两票三制"规定、防止电气误操作制度、巡回检查制度、消防安全管理办法等常规的安全管理制度基础上,对出海交通工具的使用、海上救生用具的配置、出海工作时机的选择、出海通信工具配置及联络方式、出海人员合理安排等方面进行规范。明确安全生产目标,逐级签订安全目标责任状,确保安全生产责任落实到位。采用电力行业三级安全教育培训、"两会一活动""两票三制"等日常安全管理模式,积极开展安全大检查和日常隐患排除等工作,实行安全管理"全要素、全过程、全在控"。

(2) 注重加强运维安全培训,增强人员安全意识。

结合理论知识和海上风电场实际作业经验,开展专项安全培训讲座,涉及电力、船舶等安全管理基础知识。针对海上作业特殊性,对下海作业人员进行资格认定,提高行业准入门槛,作业人员除具备电业安全常规知识及技能外,还必须参加急救、海上救生、海上消防、高空作业、高空救援等专项取证培训工作。制定海上遇险应急处置预案,并定期安排演练,增强员工的海上安全意识,提高员工海上救护和逃生技能。

(3) 配备专属运维交通船,提升出海安全系数。

借鉴国外成熟的经验,根据实际情况来发展适用于特定环境、特定工作模式的海上风电运维船。根据现有海上交通运维船特点,海上风电运维船只可做如下配置。

① 配置与"电投01"同类型的专业运维船,提高快速机动反应能力。

② 配置一艘大型带动力(DP)定位和波浪补偿装置的运维母船(核载30人左右,一次可派出8~10人登机作业)。以延长海上作业时间,进一步提升海上风电的运维效率,减少电量损失。

(4) 新建多功能智慧风场,提高安全管理水平。

通过信息系统的实时监测和监控,取得运维海域的实时水文,测风塔、载人运维船、运维人员等收集到实时数据信息,通过大数据信息中心的精准计算和分析,能自动向所有的运维船舶、运维人员发出预警信息,并将气象预警、海洋预报、船舶监测、人员定位、人员通话、视频监控融为一体,形成智慧风场,对风场实施全过程、全时段、全方位的管理。同时智慧风场在实时监控人员出海情况时,当波浪等条件不适合出海时,即使载人运维交通船已经出海,也能顺利召回载人运维船,从而保证运维人员的安全。

(5) 研讨海上救援机制,完善救援应急预案。

随着国内海上风电项目逐渐向远海发展,考虑到紧急状态下救援的紧迫性和人员落水后只有15分钟的黄金救护时间的实际情况,与相关单位开展针对海上救援方案的研究。在可研中,可以利用直升机的高可达性和高机动性,不仅可以为海上救援"零死亡"提供了可靠的技术保障,还完善了海上风电搜救方案,进一步完善海上搜救指挥体系建设。通过运维船、运维母船、直升机等配套网络建立海上救援机制,同时做好海上应急演练和演习工作,与当地政府机构形成海上搜救合力,全力为海上风电健康发展保驾护航。

第九章 海上电场安全管理

第一节 海上风电运维船介绍

海上风电运维船是海上风电场施工、运行和维护的重要交通运维工具,目前国内的运维船大多以改装的渔船与交通船为主,速度较慢、靠泊能力较差。随着海上风电发展,专业运维船的高效、稳定、安全的需求日益突显。

海上风电运维船的主要用途为:为海上风场风电机组运行维护提供便利条件,最大程度缩短及降低运维时间及成本;运输及储藏电器模块及油品、维修工具、日常供给物品、运输工作人员等;为工作人员提供食宿休息、伤员紧急救助、风场火灾紧急救助等。

目前海上风电运维船分为以下几类。

(1)普通运维船

图 9-1 普通运维船

普通运维船多为改装的渔船与交通船,船舶航速较低,耐波性差,靠泊能力差。

（2）高速专业双体运维船

图 9 - 2　高速专业双体运维船

　　高速专业双体运维船为用于近海的海上风电场运维专业船舶。该船舶航速较高、机动性能好、耐波性好、靠泊能力强、抗风浪能力强。

（3）运维母船

图 9 - 3　运维母船

　　运维母船为用于远海海上风电运维，供人员住宿，存放备件的较大型船舶，典型特征为可提供 40 人以上的住宿，具备一个月以上自持力，靠泊能力优异（有效波高 2.5 米以上），具备 DP 定位及补偿悬梯传送人员功能，安全性高。缺点是建造与运营成本很高，国外海上风电应用较少，目前国内海上风电还未应用。

第二节　海上安全管理

　　国家电投集团积极响应国家政策，清洁能源占全国第一。同时，作为国内海上风电的领跑者，国家电投集团在江苏、山东、福建、广东等地建设和储备了近 10 GW 的海上风电资源。2014年起,江苏公司率先开发海上风电,大胆引进、吸收、消化欧洲先进的经验和技术,在设计、施工等环节秉持创新引领的理念,发扬工匠精神,坚持高质量发展,取得了重大突破。与此同时,受海洋气象洋流等环境影响,国内外海上风电场建设和运营积累的安全、效率、质量等诸多问题越来越凸显,迫切需要加强对海上风电的开发利用和管理,从技术手段和管理手段上探索一条适合中国国情及海况的海上风电安全管理模式,为建设安全和高效的海上风电场提供示范和引领。

一、施工安全管理

1. 建设和施工单位资质要求

(1) 海上风电施工单位应具备相应海洋工程施工资质;

(2) 海上风电建设及施工单位安全管理人员的配备应符合《中华人民共和国安全生产法》等相关法律法规及规范性文件要求;

(3) 海上风电建设及施工单位应切实履行安全生产主体责任,加强对船员、作业人员的安全培训教育力度,完善各类安全应急预案并定期演练;

(4) 海上风电建设及施工单位应配备必要的救生设备以及水文、气象等接收设备,并保证及时提供给现场施工人员。

2. 施工安全方案要求

海上风电工程施工前应编制详细的施工方案,保证海上风电建设安全。施工安全方案的编制依据应符合要求。施工安全方案的编制内容应齐全,包括以下主要内容:

① 编制依据;

② 工程概况及施工条件;

③ 施工总体安排;

④ 施工方法、工艺流程、施工顺序;

⑤ 安全、文明、应急及防污染保障措施等。

施工安全方案中涉及水上水下活动的相关内容应符合有关法律法规要求。

3. 施工许可

海上风电建设单位应当按照《中华人民共和国海事行政许可条件规定》的条件,向活动所在地的海事管理机构申请办理《中华人民共和国水上水下活动许可证》,申请设置安全作业区(如有需要)。在取得海事管理机构颁发的施工许可证并经发布航行通(警)告后方可施工作业。

4. 通航安全核查

(1) 海上风电施工完成后,建设单位或者主管单位不得遗留任何妨碍船舶通航的物体,并应根据《中华人民共和国水上水下活动通航安全管理规定》向海事管理机构提交通航安全报告。通航安全报告至少应包含如下内容。

① 海上风电建设情况及各项技术参数或数据;

② 通航安全评估报告中有关海事安全监管设施和设备的配备情况以及安全保障措

施的落实情况；

③ 施工情况总结,总结中应重点体现通航安全评估报告中有关安全管理要求的落实情况；

④ 工程水域通航环境变化；

⑤ 营运期通航安全应急预案；

⑥ 针对本工程制定的安全生产相关制度文件；

⑦ 营运期通航安全可能出现的风险以及降低或缓解措施。

(2)提出核查申请前,应符合以下基本条件。

① 海上风电建设涉及通航安全的部分已全部完工；

② 海上风电建设涉及海事管理机构的前期手续齐全；

③ 海上风电建设过程中未遗留任何有碍通航安全的物体,施工期发生的涉及本活动施工作业船舶的水上交通事故、沉船等已得到妥善处置；

④ 海上风电建设已按通航安全影响论证报告、通航安全评估报告及海事管理机构要求配备了通航安全监管设施、设备并具备使用条件；

⑤ 建设单位已制定了工程营运期各项安全应急预案及针对本工程的安全生产相关管理制度；

⑥ 工程相关设计参数、设施等符合设计要求；

⑦ 海上风电建设的现场海事监管已具备现场办公条件。

(3)建设单位在海上风电涉及通航安全的部分完工后 30 日内向海事管理机构提出通航安全核查申请,同时提交以下材料。

①《水上水下活动通航安全核查申请书》；

② 海事管理机构对水上水下活动通航安全评估报告的审核意见；

③ 海事管理机构向施工单位核发的水上水下施工作业许可相关文件；

④ 通航安全报告；

⑤ 质检部门出具的工程质量检测或鉴定报告；

⑥ 资质单位出具的相关水域水深扫测报告及扫测图；

⑦ 航标部门出具的导助航设施效能核查材料；

⑧ 其他相关文件、图纸、数据等资料。

5. 施工作业安全要求

(1)施工作业条件

海上风电场施工受气象、水文影响明显,因此施工单位应注意根据施工各环节的施工特点和要求制定作业标准,严格掌握施工各环节的作业条件,确保作业安全。此外,施工单位及相关人员应提前关注天气预报,及时了解气象信息。

通过整理总结近年海上风电场建设可行性研究报告、初步设计、施工组织设计以及通航安全评估报告等文件,海上风电场建设施工作业应具备如下条件:

① 由于打桩作业船舶抛锚固定,船舶抗风浪能力较强,因此在风机基础打桩时作业条件限定为风力不超过 7 级；

② 运输船舶航行距离较长,多为外海运输,受外海风、浪、流及涌影响较大,且货物装载不均、绑扎不牢靠或大风浪影响,易导致货物移位,增加了运输船航行风险,因此运输船舶航行对风力等级要求较高,限定为 6 级;

③ 在重大件起吊作业时,由于船舶重心升高、稳定性降低,受风、浪、流及涌影响大,且大风易使吊臂悬挂物晃动,因此作业条件更为苛刻,建议限定为 5 级风力下作业;

④ 其他存在货物转驳、吊装、移动的船舶,如混凝土搅拌船、挖泥船、泥驳等船舶,其作业条件可参考《海港总体设计规范》对于船舶装卸作业的要求,即风力不超过 6 级;

⑤ 根据《海港总体设计规范》的要求,能见度小于 1 km 时,船舶宜停止进出港和靠泊作业,建议运输船舶和施工船舶均应在能见度小于 1 km 时停止作业。

综上所述,根据不同施工环节及施工船舶抗风浪等级,制定施工作业限定条件如下表所示。

表 9-1　海上风电场施工作业条件

作业项目	风力等级 (级)	流 (m/s)	浪 (m)	能见度 (m)	涌 (m)	日降雨量 (mm)
风机基础打桩及平台搭设	7	1.5	1.0	1 000	1.0	25
管桩及平台设备运输	6	1.5	1.0	1 000	1.0	25
风机部件运输	6	1.5	1.0	1 000	1.0	25
风机上部结构等重大件吊装作业	5	1.5	0.5	1 000	0.5	25
敷设海底电缆	6	1.5	1.0	1 000	1.0	25

作业条件超出作业范围,施工船舶应停止作业,在风力达到 8 级时择地避风。

2. 运维作业条件

根据风电场区所在海域特点,制定运维作业标准,在气象、海况达不到安全作业要求时,严禁从事运维作业。

通过整理总结近年来海上风电场建设可行性研究报告、初步设计以及通航安全评估报告等文件,得出海上风电场建设运维作业条件如下。

① 降雨量不超过 25 mm(中雨);

② 风力不超过 6 级;

③ 浪高不超过 1.5 m;

④ 能见度大于 1 000 m;

⑤ 无雷暴。

运维人员不得私自下海,无海上工作任务不得下海,不得单独下海,夜晚不得下海,6级大风及以上或浪高 0.8 米及以上不得乘船下海,中雨、下雾、下雪、雷雨等恶劣天气不得下海,下海必须乘坐专用交通工具并由相关资质人员负责驾驶。

(3)施工机械安全作业管理

① 各种机械操作人员和车辆船舶驾驶员,必须取得操作合格证,不准操作与操作证不相符的机械设备;不准将机械设备交给无操作合格证的人员操作,对机械人员要建立档

案,专人管理;

② 操作人员必须按照机械设备说明书规定,严格执行工作前的检查制度和工作中注意观察及工作后的检查保养制度;

③ 驾驶室或操作室应保持整洁,严禁存放易燃、易爆物品,严禁酒后操作机械,严禁机械带病运转或超负荷运转。机械设备在施工现场停放时,选择安全的停放地点,夜间有专人看管;

④ 严禁对运转中的机械设备进行维修、保养调整等作业;

⑤ 指挥施工机械作业人员,必须站在可让人瞭望的安全地点,并应明确规定指挥联络信号。使用钢丝绳的机械,在运转中严禁用手套或其他物件接触钢丝绳,用丝绳拖、拉机械或重物时,人员应远离钢丝绳;

⑥ 起重作业应严格按照《建筑机械使用安全技术规程》(JCJ 33—2012)和施工安全技术规程的规定执行。作业平台上起重作业时按照平台操作规程执行;

⑦ 定期组织机电设备、车辆、船舶安全大检查,对检查中查出的安全问题,按照"四不放过"的原则进行调查处理,制定防范措施,防止机械事故的发生;

⑧ 操作人员必须严格执行安全操作规程,佩带个人防护用品,做到持证上岗,做好机械运转记录和例行保养记录;

⑨ 大、中型机具设备,船舶和车辆必须专人负责,起重吊装作业必须专人持证上岗;

⑩ 租用大、中型机具设备,双方必须签订协议,在使用、维修和保养方面,明确双方的权利、义务和安全责任;

⑪ 机械操作人员、驾驶员不得随意加班加点,要认真做好季节性劳动保护和做好交接工作。

二、船舶安全管理

1. 码头安全管理

(1) 船舶靠离码头安全管理

① 外来船舶不得停靠公司码头,如需停靠,必须填报设备审核表(附相关资料复印件),由公司审核合格后方可进场作业;

② 船舶应采取安全航速小角度靠离码头,防止造成码头结构性损坏。

(2) 码头作业内容

码头作业内容主要包括:油水补给作业、物料装卸作业、垃圾处理作业和船舶修理作业。

(3) 码头安全管理内容

① 外委单位或参建单位进入码头区域作业前,应填写必须填报设备审核表(附相关资料复印件),由公司审核合格后方可进场作业;

② 安排专人对作业全过程进行安全监督,监督内容包括作业前安全措施落实情况、作业过程中按规操作情况和作业结束后现场清理情况;

③ 码头作业作应遵守港口相关规章制度。进行船舶大修、应急演练、明火作业及可

能影响船舶和港口安全的其他作业时,应提前 24 小时向海事管理机构报告或书面报备,并做好相关安全措施;

④ 发现助航标志或导航设施失常、有妨碍航行的障碍物、漂流物或其他有碍航行的情况时,船长应当迅速报告主管机关。

（4）码头日常安全管理

① 指定专人负责码头安全管理工作。禁止无关人员和酗酒人员进入码头,外来参观人员进入应事先得到许可;

② 进入码头人员应佩戴安全帽,禁止人员在码头临水区域逗留,防止人员落水。缆桩处不得站人,防止发生人身伤害事故;

③ 码头区域物料应分类堆放整齐并加以标识,禁止堆放易燃易爆物品;

④ 码头区域应配备消防设施、救生器材和登船专用梯并摆放在指定区域。码头采取封闭式管理,码头区域应设置安全标识标牌。

2. 船舶安全作业管理

（1）各类施工船舶必须严格执行水上交通安全法和海事港航部门的有关规定,必须符合航区的安全适航与施工要求,并持有各种有效适航证件,配齐各类合格船员。船机、通讯、消防、救生、防污等各类设备必须齐全有效,并得到海事部门的确认。必须填报设备审核表(附相关资料复印件),由公司审核合格后方可进场作业;

（2）船舶必须配备施工作业区和避风区内的潮汐表和航行通告。每日专人关注气象预报并做好记录,及时了解和掌握水文、气象、助航标志、水下障碍物等水区环境情况,并准确向有关方面通报;

（3）船舶必须配备水上高频对讲机(VHF)和移动电话、GPS - GSM 系统终端设备,昼夜保持信号畅通。所有船舶必须按设置航行、抛锚、作业等安全警示标志;

（4）船舶必须严格执行安全操作规程和维修保养制度,确保安全航行或作业,发生事故或其他意外情况应立即向指挥调度人员报告,并视情况采取相应措施,以减少损失;

（5）船舶确需明火作业必须严格执行动火审批制度并指定监督人员,在清理船面上易燃废弃物品后,方可动火。消防救生器材管理应按海事部门规定,落实专人负责经常检查保养,保证器材有效;

（6）船舶严格执行油污水和垃圾集中回收等有关水上防污染规定,严禁擅自向施工水域排放和倾倒。严格执行《水上水下施工作业通航安全管理规定》等涉及水上安全的法律规定,确保施工作业安全。发生水上交通事故和污染水域事故的船舶应立即上级报告,并采取积极措施,防止损失扩大;

（7）施工船舶作业前必须向海事局申办《水上水下施工作业许可证》等相关手续;

（8）施工船舶必须对船员和在船作业人员的安全负责,督促其正确使用劳动防护用品;对人员上下通道挂设的安全网等安全防护设施应经常维护保持完好;

（9）各船舶对施工平台、单桩等设施和工程结构等有保护的义务,确保施工作业人员和国家财产的安全。

（10）施工船舶进入施工现场必须服从调度指挥,遵守有关施工船舶使用、调遣、防台

防汛、值班等管理制度,防止发生船舶影响施工作业或船舶调离施工现场的正常秩序;

(11) 坚持"以防(避)为主,以救(抗)为辅,留足余地,自我保护"的原则,针对本水域复杂水文气象和环境条件,各船舶不得免除作业过程中对自身船舶和船员保证安全的责任;

(12) 在施工现场所有船舶在遇到特殊恶劣天气时,应无条件服从调度指挥中心的指令,确保统一调度。严禁各自为政,擅自行动;

(13) 船舶调度人员应根据施工情况、天气状况等各种因素,综合分析、准确决断,实行科学调度,确保各种情况下的船舶安全。

3. 船舶航行安全管理

(1) 起航前,应打开船舶导航系统和通信设备,并有专人值班瞭望;

(2) 起航前,船长应将航行区域中的障碍物和风机位置在电子海图中标记,防止发生船舶碰撞碍航物和风机事故;

(3) 船舶应按照《国际载重线证书》和《最低安全配员证书》要求,搭载人员和配载物资,禁止超员和超载;

(4) 航行至狭水道或者特殊水域时,值班船员应保持与海事部门的沟通,听从海事指挥;

(5) 航行期间禁止进入或穿越禁航区。如有需要,应事先征得海事主管机关许可;

(6) 航行期间如遇到突风或强对流天气等极端气象条件,船长应立即与海事管理部门进行联系,服从海事管理部门指挥,航行至指定区域防范或者返航;

(7) 船舶应在航道内航行,如有影响航行安全的障碍物,应立即驶离航道,并向海事部门报告,听从海事部门指挥;

(8) 从事远距离拖航调遣作业的,必须到船舶检验部门申请拖航检验,并报海事主管机关核准;

(9) 远距离运输航行前,船长应详细阅读有关航路指南、进港指南、海图资料、航行通告及其他资料,认真审阅船舶的航行计划;

(10) 当风力达到6级以上大风或浪高超过0.8米时,船舶禁止出海航行或者海上作业;

(11) 船舶进出港前,船长应向港口管理部门报告,服从港口管理部门指挥与协调,进出港口期间应保持安全航速,加强值班瞭望。港内航行期间,船长亲自上驾驶台指挥;非化学品运输船舶禁止运输危险化学品。

4. 船舶停泊安全管理

(1) 停泊期间,船舶应悬挂号或开启号灯,通信设备应正常开启;

(2) 停泊期间,值班船员应增加巡查次数,填写巡查记录。根据缆绳松紧状态,放松或收紧缆绳;

(3) 停泊期间必须保持足够的值班人员,船长和大副、轮机长和大管轮不得同时离船;

(4) 防风期间应服从海事部门的指挥并加强值班保卫工作,经常检查船位和船舶设备状态,防止发生船位偏移或船舶失控。

5.船舶作业安全管理

(1)施工船舶作业前,船长应召集所有船员召开班前会,布置施工任务,告知安全风险和讲解防范措施,保证施工安全;

(2)施工作业区内利用锚缆定位施工船舶作业前,必须在锚或锚缆上系浮球示意锚缆位置;

(3)夜间或视线不良情况下施工时,应正确显示号灯号型。

(4)船舶应在安全作业区内施工,禁止擅自扩大安全作业区;

(5)吊装作业前,吊装船舶应鸣汽笛示警,警戒船至指定位置值守,其他船舶立即驶离作业区域航行至安全区域;

(6)作业期间,值班船员应按规定操作,如发现异常,应立即汇报并停止作业,待异常情况消除后恢复作业。

6.人员登离船安全管理

(1)参建单位应在施工作业人员进场后组织开展登离船安全教育,告知登离船安全风险和防范措施;

(2)公司人员登船前,由责任部门组织开展登离船安全教育,告知登离船安全风险和防范措施;

(3)登船前,值班船员应检查登船人数和人员救生衣穿戴情况,禁止未穿戴救生衣人员登船,检查记录由船长保管备查;

(4)人员登离船时,值班船员调整好船舶与码头、风机和升压站间的位置,保持船舶平稳,系好缆绳,监护人员确保登离船安全。

三、气象安全监管平台

1.实施背景

目前全球能源市场正处于转型期,在科技进步和环境需求的共同驱动下,能源结构正在向更清洁、更低碳的燃料转型。从近几年我国新能源行业的发展趋势来看,随着"一带一路"倡议的深入实施,我国新能源领域的国际合作不断取得突破,并逐渐形成产业集群。海上风能资源丰富,具有陆上风电无可比拟的优势,海上风电行业已成为全球新能源开发的热点与前沿。但当前海上风电开发却远远落后于陆上,"技术要求严、施工难度大、运维成本高、可达性差"贯穿于海上风电项目建设的全过程,同时也是制约大规模开发海上风电的重要原因之一。

海洋环境恶劣,不仅盐雾浓度高、湿度大,且时常伴有台风、海冰等灾害性天气;风机伫立海中,受到海面与海底风涌、浪流的影响,运行环境复杂多变,受非定常载荷的影响显著;同时,海上风机可及性差,出海与海上作业对天气条件有严格的要求。

2.系统构成

气象安全监管平台系统总体架构由数据融合与服务平台、气象保障服务平台、船舶人员跟踪定位平台以及气象服务微信公众号,"3(云平台)+1(终端)"三个子系统组成。气象保障与服务系统面向海上风电用户提供包括云服务平台和手机 APP 在内的多种服务手段。

总体架构如图 9-4 所示。

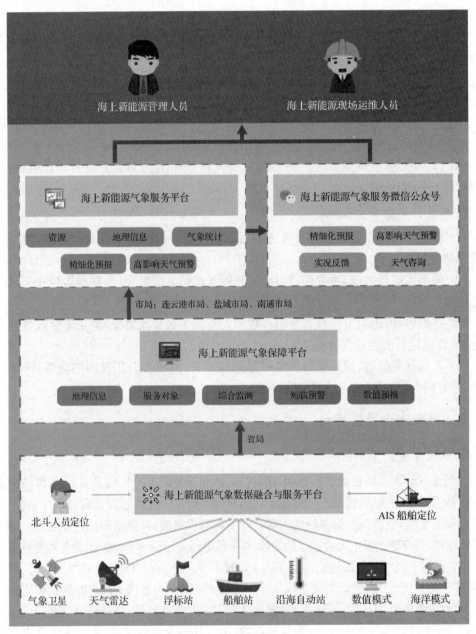

图 9-4 总体架构图

数据融合与服务平台由全国综合气象信息共享平台(CIMISS)数据、船舶自动识别系统数据、人机交互气象信息处理和天气预报制作系统(MICAPS)数据组成,主要任务是提供气象卫星基础大数据;气象保障服务平台由地理信息、服务对象、综合检测、短临预警、数值模式、资源管理、气象数据查询、精细化预报、高影响天气预警组成；船舶人员跟踪定位平台基于北斗卫星系统、定位装置，结合 APP，实时跟踪施工、调试、运维各团队成员的船舶和人员轨迹，相互发送位置信息，可追溯统计。气象服务微信公众号由风场精细化气象、水文预报、高影响天气预警、实况反馈、天气咨询服务等组成。后期可集成可视化平台、工作任务平台、风机工控平台、安全教育培训等，实现风场业务全覆盖。

气象安全监管平台具体功能模块如表 9－2 所示。

表 9－2　气象安全监管平台功能模块构成

系统名	组成模块	子模块	
		序号	名称
气象服务云平台	资源管理	1	风场管理
		2	工程船舶定位
		3	风场电子围栏
	地理信息	1	地理信息系统
		2	卫星遥感影像
		3	电子海图
		4	风场排布
	气象数据查询	1	风资源统计
		2	降水天气统计
		3	涌浪影响统计
		4	雷电影响统计
		5	能见度影响统计
		6	台风影响统计
	精细化预报	1	风场精细化气象、水文预报
		2	风机位精细化气象、水文预报
		3	码头精细化气象、水文预报
		4	航路精细化气象、水文预报
		5	船舶定位精细化气象、水文预报
		6	人员定位精细化气象、水文预报
		7	分钟级降水预报
	高影响天气预警	1	台风影响预警
		2	大风影响预警
		3	大浪影响预警
		4	海雾影响预警
		5	雷暴影响预警
		6	短时强降水影响预警
		7	冰冻影响预警
	船舶人员定位管理	1	船舶位置及船舱人员身份识别子系统
		2	人员位置及落水自动预警子系统
		3	安全教育及培训子系统

云平台提供船舶和人员实时定位功能,提供船舶的实时位置、实时船迹向、船首向、船速等信息。云平台提供船舶与人员历史轨迹查询及回放功能,与生产管理系统对接后,历史轨迹可与工作票关联显示。

位置监管平台包括人员机外及机内位置监管,结合北斗卫星定位及窄带物联网室内定位技术,实现人员机内、外位置全覆盖监管。位置监管平台自动实现交通船的人员计数及预警功能,自动统计每站上下船人员数量(精确到人员姓名),自动根据船舶实时位置划定人员安全围栏,在船人员一旦脱离预设围栏,系统自动向船上及监控中心发出报警信息。

人员佩戴的北斗终端可实现人员落水自动触发报警并进行实时位置追踪,无论终端处于开机还是关机状态,结合北斗微信短报文通信装置,可不受时空限制,保证报警信号的发出及持续追踪,有效解决了运营商通信信号存在盲区的问题,可与海事部门、第三方搜救力量及己方救援船只等实现实时位置信息的通讯及导航服务。

安全可视化除了实现位置机内外位置可视化监管外,同时根据塔底及机舱内的视频可视化系统,实现人脸自动识别及是否佩戴安全帽等的自动监管,同时系统自动关联生产管理系统数据及两票系统数据,综合人脸识别及机内位置实现工作区块是否严格执行生产管理系统及两票系统的内容及安全要素。

借助风机内室内定位信标分布,指挥中心可实时掌握风机内人员数量及位置分布,与工作票系统对接后,可自动实现人员工作过程的可视化与精细化报警,遇到未按票工作的情形及时报警及报表记录。

三、主要功能介绍

1. 卫星遥感影像

海上风电气象安全监控平台通过风云气象卫星、北斗卫星等卫星,每日可以获取海上的有效卫星遥感影像数据,系统后台将自动化完成影像的处理工作,并通过栅格图片方式进行数据发布展示,系统可以通过实时更新数据,在获取得到卫星遥感影像数据后即可以实现影像数据的更新。

2. 地理信息功能

海上风电气象安全监控平台中,平台支持基础的 GIS 操作,包括地图的平移、缩放、视图模式调整等。支持将常见的气象数据以平面方式在 GIS 表面的不同高度层进行叠加,地理信息系统服务主要分为用户层、服务层和数据层。

用户层在 Web 浏览器上实现,通过浏览器为用户显示空间信息;并获取空间数据和获取远程操作返回的信息,再将获取的结果在 Web 浏览器上显示。用户层是 WebGIS 模型的最外层,用户通过它来获得 WebGIS 提供的功能。传统 WebGIS 的用户层一般只接受用户请求,返回结果。本系统中采用 WebGL 技术和 HTML5 技术实现对栅格和矢量数据的渲染显示;通过 AJAX 技术和 websocket 技术实现空间数据的传输,并将这些数据缓存至 webstorage 中,更可以将部分分析功能移植到用户层。

服务层由云服务器结合空间分析提供支持。云服务器的作用是为开发、部署、运行和管理网络应用服务提供运行环境。用户只需要关心中间层应用服务的业务逻辑;WebGIS

插件则提供复杂数据处理、分析的接口。

数据层通过空间数据引擎将云平台和数据库联结,实现属性数据和图形数据的统一组织和管理。该层为服务层提供数据和数据访问接口。

3. 风场电子围栏

通过船舶定位功能结合风场实际分布地理信息,用户可自定义安全边界。凡是进入电子围栏范围内的船舶,都会被记录航迹,当有船只驶入警戒范围时,平台可直接向用户提示预警。

综合接入北斗位置信息及 AIS 远洋货轮信息,借助海底光电缆资源及位置数据,实现海底光电缆的实时保护电子围栏,当有外来船只进入海底光电缆实时预警区域并停留较长时间时,可迅速做出预警,防止海上交通运输船只随意抛锚,破坏海底光电缆。

4. 电子海图

电子海图将数字化的海图信息存储,可以提供给使用者查询、显示和使用数据的功能,并可以和其他船舶系统相结合,提供诸如警戒区、危险区的自动报警等功能。卫星遥感影像提供了海面上信息的实时显示功能,而电子海图则提供了航海相关的各种综合信息,不仅能连续给出船位,还能提供船舶导航和辅助决策,有效地防范各种险情。

5. 船舶人员自动识别系统

船舶人员自动识别系统(AIS)系统包括基站设施和船载设备两部分,集网络技术、现代通信技术、计算机技术、电子信息显示技术为一体的新型的数字助航系统和设备。

海上风电安全管理系统是基于北斗全球定位系统(可兼容 GPS),配合 AIS 系统,实时收集船舶人员信号,可实现秒级的船舶定位监控,获得进出风场的标识信息、位置信息、运动参数和状态等重要数据,及时掌握附近海面所有船舶的动静态资讯,有助于加强海上生命安全、提高航行的安全性和效率,以及对海洋环境的保护。尤其是在识别船只、协助追踪目标、简化信息交流等方面作用明显。AIS 系统具有以下优点。

(1)增强船舶的识别能力。AIS 系统有利于获得本船船位、本船航向、本船对地航速的瞬时数据,精度高于雷达精度,传输的信息不仅包括船舶的动态信息,还有静态信息,不存在数据丢失现象。

(2)提高动态跟踪能力。AIS 系统可以最大范围接收船舶信息,包括船舶呼号、船长、船宽、载重量、总吨位、当前经纬度、船首向、状态、航速、吃水深度等,跟踪分辨率、精度大幅度提高,跟踪矢量稳定时间短,可直接获取目标的动态数据予以标识,耗时短,跟踪可靠性高。在传送数据过程中,不受气象、海况的影响。

(3)强化信号捕捉能力。AIS 系统采用 VHF 波段作无线通信链路,抗海浪和雨雪干扰的能力优于普通雷达,借助 AIS 通信技术和读写器等设备,实现对网络信号较差或无网络信号地域、海域人员位置监测功能,弥补了雷达在恶劣天气条件下无能为力的缺陷,非常适合海上风电场领域,定位工作人员、出海船舶位置,为海上风电场人员出海安全管理提供帮助。

(4)实现违章查询功能及两票执行管理。通过人脸识别、室内定位、北斗定位、北斗短报文传输、宽带网络传输及与其他信息系统的对接,实现业务系统的交叉互联,达到物联传感与信息系统的深度融合,进而实现风场各要素的可视化与精细化。通过视频信号的接入,在此基础上扩充人工智能算法,实现人脸识别及人员是否佩戴安全帽等是否有其他违章作业的自动识别。

借助风机内室内定位信标分布,指挥中心可实时掌握风机内人员数量及位置分布,与工作票系统对接后,可自动实现人员工作过程的可视化与精细化报警,遇到未按票工作的情形,及时报警及报表记录。

(5)实现人员定位的精细化管理。日常工作时,人员佩戴北斗定位终端,实现日常工作轨迹的全记录,北斗定位终端通过北斗短报文系统与指挥中心实现数据交互,可有效解决运营商通信信号盲区的人员实时定位,同时北斗定位系统包含一键报警及落水自动报警的功能,警情触发后,指挥中心声光报警,同时对人员遇警位置进行实时追踪,同时可与救援力量共享遇警人员实时位置。

6. 气象数据查询

(1)风资源统计

风资源统计模块在现有风能数据的基础上,以风电场为单位,融合海上风电场区域内的实测数据,通过精细化的数值模拟、卫星遥感等技术,获取空间分辨率为 3 km×3 km 的海上风电场风资源数据,可以为海上风能资源评估、风电机组选择与布设提供数据支持,以便较为准确的论证海上风电场建设的可行性、全寿命周期的经济性。

(2)雷电影响统计

雷电影响统计模块分析主要通过重点区域、线路的闪电分布以及历史密度统计的方式,最终提供雷电概率历史统计分析结果,可以提供实时雷电信息,便于有效的开展防雷工作。海上作业人员可根据雷电信息,及时做出防范措施。

(3)台风影响统计

台风是比较典型的灾害性天气,春秋季节出现频率较高,通常会伴有大风、强降水等恶劣天气。当风机组遭受强台风,风速超过风机设计上限时,可能发生倒塔、叶轮弯曲、坠落等事故。同时,台风影响时所带来的风、浪、强降水等恶劣天气对运维人员的生命安全也有一定威胁,致使运维人员难以到达机组,故障待修时间长,发电损失大。

台风影响统计模块提供过去十年对江苏境内及江苏海域有影响的台风信息,包括台风的中心气压、近中心最大风速、7 级风圈半径、10 级风圈半径、12 级风圈半径、历史台风降雨量信息等。以风电场(或风机、码头、船舶等)为单位,台风影响统计模块提供包括台风等级、台风半径(包括 7 级、10 级、12 级风圈半径)、台风中心位置、台风中心气压强度、台风中心移速、台风当前和未来移动路径等台风预报预警。

台风预报预警展现形式直观易懂、操作方便。通过台风预报预警,运维人员可以准确了解台风的强度、台风影响的范围,以及台风影响持时范围等。同时,突出显示受台风影响有风险的区域,并及时推送台风预警信息,避免台风带来的不利影响,提供及时有效的气象信息保障服务,如图 9-5 所示。

图 9-5　台风预警

（4）强对流影响预警

强对流天气是较为常见的灾害性天气，主要形式有雷雨大风、冰雹、龙卷风、短时强降水等。因为其发生突然、移动迅速、天气剧烈、破坏力极强的特点，强对流天气对风电场风机吊装、塔筒安装甚至人员的生命安全都有严重的影响。

以风电场（或风机、码头、船舶等）为单位，预警提供包括雷电、冰雹、短时强降水等强对流天气发生的重点位置、未来走势、影响范围、影响时间等强对流预警。

强对流预警展现形式直观易懂、操作方便，通过强对流预报预警可以准确知道强对流天气会的具体影响，比如强对流引起的雷电、大风、冰雹、短时强降水等影响，以及雷电、大风、冰雹、短时强降水等影响何时开始、何时结束。同时，突出显示即将受强对流影响的区域，并及时向用户推送强对流天气预警信息，避免强对流天气带来的不利影响，提供及时有效的气象信息保障服务。

（5）大浪影响预警

以风电场（或风机、码头、船舶等）为单位，提供包括浪高、浪向的精细化海浪预报预警。精细化海浪预报预警的空间分辨率为 3 km×3 km，时间分辨率为 3 小时，预报时效为 5 天。

精细化海浪预报预警展现形式直观易懂、操作方便，预报的时间、空间尺度更小，通过精细化海浪预报预警可以准确知道对自身有影响的浪高产生和消退的时间等。同时，预警会突出显示有影响浪高出现的时间段，并及时推送浪高预警信息，避免浪高带来的不利影响，提供及时有效的气象信息保障服务。

（6）海雾影响预警

海雾是一种危险的天气现象，一年四季均会发生。海雾就像一层灰色的面纱笼罩在海面或沿岸低空，能见度极低，给海上交通和作业带来很大的麻烦。海上船舶碰撞事故有 60%～70% 是由海雾引起。此外，海上盐雾还有可能腐蚀风机金属构件，降低风电机组的性能,影响正常运行,甚至会导致紧急停机事件的发生。

精细化海雾预报预警展现形式直观易懂、操作方便,预报的时间、空间尺度更小,通过精细化海雾预报可以准确知道未来各预报时间点能见度的情况。同时,突出显示低能见度出现的时间段,及时推送海雾或能见度预警信息,避免低能见度带来的不利影响,提供及时有效的气象信息保障服务。

(7)冰冻影响预警

冰冻天气现象具有很强的季节性,不过其对风电场造成的影响不容小觑。海面结冰会对海上作业船只航行造成很大的麻烦,甚至会造成沉船事故。

精细化冰冻预报预警展现形式直观易懂、操作方便,预报的时间、空间尺度小,通过精细化冰冻预报预警可以准确知道冰冻发生的位置、等级、产生和消退时间等。同时,突出显示冰冻出现的时间段及冰冻等级,并及时推送冰冻预警信息,避免冰冻带来的不利影响,保证风电场设备的稳定运行。

7. 船舶位置及船舱人员身份识别子系统

(1)基于电子海图、行政图及卫星图对人员实时位置及状态进行监控。

(2)可分状态监控并实时统计总船数、在线船数及离线船数。

(3)可查看指定日期的船舶轨迹,并可实现船舶轨迹回放。

(4)实现船舱人员身份识别,实时掌握在船人员数量及人员清单。

(5)对接船舶视频监控,实现综合监控。

8. 人员位置及落水自动预警子系统

(1)基于行政图及卫星图对人员实时位置及状态进行监控。

(2)可分状态监控并实时统计总人数、在线人数及离线人数。

(3)可查看指定日期的人员轨迹,并可实现轨迹回放。

(4)可声光报警人员的各类预警/报警,并可快速定位报警人员位置及状态。

(5)对在线及离线人员分色在图上显示并监控,图标可定制为人员证件照,一目了然。

9. 安全教育及培训子系统

(1)建立安全知识库,含新增、更新及快速检索实现安全会议、安全培训的信息化管理。

(2)建立安全考试题库。

(3)根据安全培训记录,完善员工职业生涯履历,可根据资质条件快速筛选匹配员工。

(4)实现安全检查标准的推送(组推及点推)。

(5)建立海上救援应急知识和海上救援器材使用等专栏宣传及学习专栏。

(6)建立动画学安全专栏。

(7)风机内安全语音播报学习。

(8)安全交底:唱票、检查装备等全过程视频记录作为两票过程管理的重要因素关联,作为两票节点流信息呈现。

第三节　海上逃救生知识

一、海上救生设备的使用

1. 正压呼吸器

（1）使用前检查

（1）检查全面罩的镜片、系带、环状密封、呼气阀、吸气阀是否完好,与供给阀的连接是否牢固。全面罩的部位要清洁、不能有灰尘或酸、碱、油及其他有害物质污染,镜片要擦拭干净。

（2）供给阀的动作是否灵活,与中压导管的连接是否牢固。

（3）气源压力表能否正常指示压力。

（4）检查背具是否完好无损,左右肩带、左右腰带缝合线是否断裂。

（5）气瓶组件的固定是否牢固,气瓶与减压阀的连接是否牢固、气密。

（6）打开瓶头阀,随着管路、减压系统中压力上升,能听到气源余压报警器发出的短促声音;瓶头阀完全打开后,检查气瓶内的压力应在 28～30 MPa 范围内。

（7）检查整机的气密性,打开瓶头阀 2 分钟后关闭瓶头阀,观察压力表示值 1 分钟内下降不超过 2 MPa。

（8）检查全面罩和供给阀的匹配情况,关闭供给阀的进气阀门,佩带好全面罩吸气,供给阀的进气阀门应自动开启。

（9）根据使用情况定期进行上述项目的检查。空气呼吸器在不使用时,每月应对上述项目检查一次。

（2）佩戴方法

① 佩戴空气呼吸器时,先将快速接头拔开（以防在佩戴空气呼吸器时损伤全面罩）,将空气呼吸器背在人身体后（瓶头阀在下方）,根据身材调节好肩带、腰带,以合身牢靠、舒适为宜。

② 连接好快速接头并锁紧,将全面罩置于胸前,以便随时佩戴。

③ 将供给阀的进气阀门置于关闭状态,打开瓶头阀,观察压力表示值,以估计使用时间。

④ 佩戴好全面罩（可不用系带）进行 2～3 次的深呼吸,感觉舒畅,屏气或呼气时供给阀应停止供气,无"咝咝"的响声。一切正常后,将全面罩系带收紧,使全面罩和额头、面部贴合良好并气密。系带不要收得过紧,面部感觉舒适,无明显的压痛。全面罩和人的额头、面部贴合良好并气密后,此时深吸一口气,供给阀的进气阀门应自动开启。

⑤ 空气呼吸器使用结束后将全面罩的系带解开,将消防头盔和全面罩分离,摘下全面罩,同时关闭供给阀的进气阀门。将空气呼吸器卸下,关闭瓶头阀。

（3）注意事项

① 必须对使用人员进行充分培训考核，确保人员能够正确使用空气呼吸器；

② 使用者身体健康，无职业禁忌症；

③ 有下列疾病者禁止使用：肺病、各类传染病、高血压、心脏病、精神病、孕妇及不适宜佩戴的人员；

④ 必须两人或两人以上协同作业，并确定好紧急时的联络信号；

⑤ 本装备仅供呼吸系统的保护，在特殊情况下操作时，应另外佩用特殊防护装备；

⑥ 在使用中因碰撞使面罩松动错位时，应屏住呼吸，并使面罩复位，以免吸入有毒气体，严禁在工作区摘下面罩。

2. 火箭降落伞

（1）使用方法

① 从筒中取出火箭信号，卸下包装袋；

② 打开火箭信号灯上下盖；

③ 取出拉环，用力拉出；

④ 双手紧握，举过头顶发射。

（2）使用注意事项

① 发射时要举过头顶；

② 除遇险以外禁止使用；

③ 存放地禁止烟火。

3. 气胀救生筏

气胀救生筏系采用锦纶橡胶布配备相关零配件组合而成的充气制品，结构可靠、属具完备、使用方便，可安装在各种船舶上，供应急救生使用，如图9-6所示。

图9-6　气胀救生筏

（1）结构简介

充气成形后的气胀救生筏一般由上、下浮胎、篷柱、篷帐、筏底等部件组成，可吊式气胀救生筏增加了内、外吊带及卸扣等起吊组件，详细部件如图9-7所示。

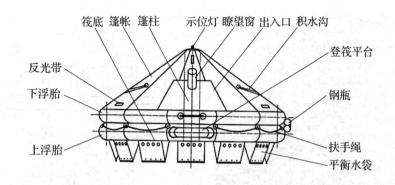

图9-7 气胀救生筏结构

① 上、下浮胎截面为圆形,其俯视外形有正多边形、椭圆形、长多边形等,上、下浮胎上安装有排气阀、安全阀、进气阀等组件。上浮胎与篷柱组成一气室、下浮胎与登筏平台组成另一气室,救生筏使用时两气室均由救生筏上装备的充装 CO_2+N_2 混合气体的钢瓶通过充气系统自动充气;

② 筏底为一独立气室,上面配有排气阀和充气阀,由乘员登筏后需要时用筏上配备的充气器人工充气;

③ 篷帐为橙红色,上面设有出入口,并安装了救生筏示位灯、瞭望窗、雨水沟反光带等配件;

④ 救生筏入口处设有登筏平台或登筏软梯,供人员登筏之用;

⑤ 救生筏底部装有平衡水袋、扶正带、拖拉攀及反光带。筏内配有备品包,根据相应规范要求配备有应急备品,供人员登筏后使用。

(2) 特点

气胀救生筏已被广泛应用于各类航行船舶上,在船用救生设备中,发挥着越来越重要的作用,成为主要救生设备的一种,也是最安全有效的救生设备。与其他救生设备比较,气胀救生筏最显著的特点,就是体积小、重量轻、使用方便,性能稳定、安全可靠。

(3) 安装

① 正常安装

气胀救生筏平时经折叠后包装存放在玻璃钢存放筒内,一般布置在船舶两舷的筏架上。安装时,将筏架在船舶甲板上焊接牢固,保证存放筒在筏上处于正直位置,并用绑索将其固定,绑索的一端与筏架连接,另一端连接在手动脱钩组件上,手动脱钩组件与固定在筏架另一端的静水压力释放器相连。

将从救生筏存放筒内引出的首缆绳牢固地系在静水压力释放器连接环上,连接环上还连有一根易断绳,易断绳的另一端应连接在静水压力释放器的夹板上,如图9-8所示。

平时不允许将首缆绳从存放筒内拉出。

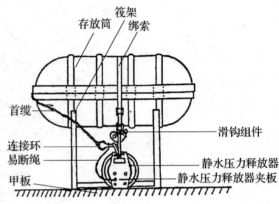

图9-8　气胀救生筏在船上的安装

② 布置在船首处的气胀救生筏的安装

在大型船舶的首部一般增配一只气胀救生筏,船首救生筏安装时应直接用绑索将其固定在筏架上,不得使用静水压力释放器,同时应将首缆绳牢固地连接在筏架上。

（4）使用方法

当船舶遇险,人员需要撤离逃生时方可使用气胀救生筏,抛投式气胀救生筏的使用方法如下。

① 拔出与存放筒绑索相连的手动脱钩（如图9-9所示）上的插销,向上推出滑环,使手动脱钩与绑索松脱。

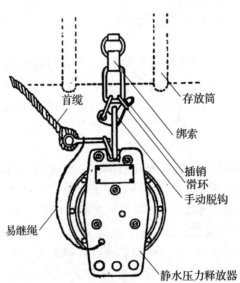

图9-9　手动脱钩结构

② 在救生筏从船上降落入水的过程中，首缆绳从存放筒内不断被抽出，当救生筏接近水面时，连接在首缆绳上的充气拉绳将贮存 CO_2+N_2 混合气体钢瓶上的速放阀打开，钢瓶内混合气体便自动充入筏内，救生筏便逐渐充胀成形，浮于水面。

图 9-10 救生筏

③ 如果救生筏在船上的存放位置较低，或者由于船舶下沉而使存放高度变低，救生筏降落至水面时，充气拉绳不能打开速放阀，此时船上人员应立即将首缆绳继续从存放筒内拉出，直至打开速放阀，使救生筏充胀成形，如图 9-11 所示。

图 9-11 手动打开速放阀

④ 救生筏充胀成形后，若处于正浮状态，则通过拉动首缆绳，将救生筏靠至船边，供遇险人员登乘。

⑤ 救生筏充胀成形后，如处于反浮状态，则应由登上反浮的救生筏，将其扶正。扶正时，人员应站在装有钢瓶的一则，用力猛拉扶正带，将救生筏扶正，如图 9-12。在操作时，若能顺着风向，则更易扶正。

图 9-12 扶正救生筏

（5）气胀救生筏静水压力释放器自动释放

当船舶下沉速度很快，救生筏来不及人工释放时，存放在筏架上的救生筏便随船舶一起下沉。当救生筏下沉到距水面 2～4 m 时，静水压力释放器因受水的压力作用，自动将救生筏绑索松脱，使救生筏自由浮出水面。随着船舶继续下沉，借助救生筏存放筒的浮力，首缆绳不断从存放筒内拉出，直至打开速放阀，使救生筏充胀成形，当船舶继续下沉时，易断绳被拉断，救生筏便与沉船脱离，浮于水面，供遇险人员登乘。

（6）人员登筏

① 救生筏靠至船边后，船上人员可沿舷边绳梯或通过其他途径登入筏内。当人员所在位置距水面高度不大时，可直接跳落到筏内，此时应注意筏上其他人员的安全。

② 落水人员应尽力游至筏边，通过救生筏上的登筏踏板或登筏梯登入筏内。

（7）人员登筏后应采取的措施

① 船上人员全部登筏后，应首先解开或用安全刀割断救生筏与船舶连接的首缆绳，用筏内配备的划桨迅速将救生筏划离下沉中的船舶。

图 9 - 13　救生筏划桨

② 筏上人员应尽力搜寻落水者，并帮助他们登上救生筏。人员登筏后，若发现水面仍有人员时，应将筏上配备的系有绳索的拯救环抛给落水者，待其抓住拯救环后将其拉至筏边，帮助他登入筏内。如果是夜间，则应用手电筒搜索海面，并吹哨笛以引起海面落水人员的注意。

③ 用筏上配备的充气器通过充气管接头将筏底充胀成形，以便乘坐舒适并起御寒作用，如图 9 - 14。

图 9 - 14　用充气器充气

④ 在寒冷的季节或夜晚可将篷帐门关上，以防冷风侵入。

⑤ 筏内如有积水，可取出水瓢和海绵将水弄干；

⑥ 掌握时机，正确使用各种求救信号，以尽早获救，包括以下方法。

将备品包里的雷达反射器（如图 9-15）取出，按使用说明书的要求将其正确地安装在筏上（雷达反射器仅国际航行船舶用救生筏配备）。

图 9-15　雷达反射器

白天发现过往船只或飞机时，可施放漂浮烟雾信号或用日光信号镜（如图 9-16）借助阳光发送求救信号。白天应将筏上的示位灯和照明灯的电源（可使用 12 小时以上）切断，以节省用电；

图 9-16　日光信号镜

夜晚应启动筏上的示位灯，通过了望窗随时观察海面及空中情况，当发现有飞机、船只经过时，应立即施放筏上配备的降落伞信号或手持火焰信号（如图 9-17），或者利用手电筒发摩斯信号。

图 9-17　手持火焰信号

若筏内携带了手持无线电台、无线应急示位标或雷达应答器,则可按其使用方法发出求救信号。

⑦ 若筏内配备备品包,内装各种备品属具(如图9-18所示),应仔细阅读《救生须知》,掌握各种备品属具的使用方法及在筏上的各种应急处理方法。

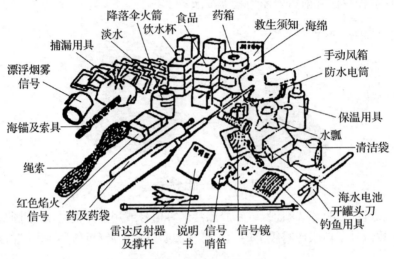

降落伞火箭　食品　药箱
淡水　饮水杯　　救生须知　海绵
捕漏用具　　　　　　　　　手动风箱
漂浮烟雾
信号　　　　　　　　　　　防水电筒
海锚及索具　　　　　　　　保温用具
　　　　　　　　　　　　水瓢
绳索　　　　　　　　　　　清洁袋
红色焰火　　　　　　　　　海水电池
信号　药及药袋　　　　　　开罐头刀
雷达反射器　说明　信号　信号镜　钓鱼用具
及撑杆　书　哨笛

图9-18　救生筏常见备品

⑧ 救生筏篷帐上设有雨水沟,下雨时应尽可能多收集雨水,供人员饮用。

⑨ 当救生筏随风浪漂流过急,可将海锚抛入水中,降低漂流速度。

⑩ 气胀救生筏系锦纶胶布制品,充气成形后经过一段时间,筏体内气体可能有微小的泄漏或当气温显著下降时筏内气压也会有所下降。当发现筏体内气压不足时,可用充气器对气压不足部分进行补气。

⑪ 如发现筏体损坏时应立即进行处理。筏内配有修补袋,内配有必要的材料和工具(如图9-19所示),视损坏情况可使用锥形堵漏塞将损坏部位塞住或用急救夹将损坏部位封闭,也可用胶布和胶水进行修补。

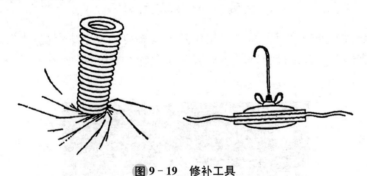

图9-19　修补工具

8. 注意事项

① 救生筏系胶布制品，在使用和存放时应远离酸、碱、油等影响橡胶性能的物质，远离热源，不得接触锐器。

② 救生筏出厂时安全阀已校正，当筏体内部气压过高时，安全阀会自动排出多余气体，发出"嘶嘶"的声音，系正常现象，人员登筏后不得乱动安全阀。气胀救生筏每年应送到经认可的检修站进行检修。

四、救生艇

1. 救生艇概述

救生艇存放在大船两舷的艇架上。万一有紧急情况，船员可以登艇并直接从存放位置迅速逃离。救生艇是由阻燃玻璃钢制成，在座位与艇壳、棚顶与棚顶内模之间充满了聚氨酯泡沫，为救生艇提供足够浮力。如果水线面下的船体有损坏，浮体仍可提供足够的浮力使救生艇在安全水平面上漂浮。救生艇能在满载乘员及淹覆的状况下自扶正，因此所有乘员应坐在座位上并系好安全带。

救生艇一前一后安装有两个释放钩。释放钩被设计成当艇完全浮于水面上时能在艇内操作使之同时释放。当艇在离水面还有一段距离时也能释放吊钩，但该操作非常危险的，只在非常特殊的场合下才予以考虑采用。所以救生艇的艇员在试图操作吊钩前应非常熟悉吊钩的所有操作步骤及艇的其他功能。

救生艇的主要登乘通道是后门或侧门，在驾驶员位置、棚顶的前面提供了附加的舱门。在立柱位置有一个操纵控制台，包括对正常操舵、柴油机仪表盘、柴油机控制手柄、耐火型还包括紧急供气系统的控制。艇内配紧急操舵手柄。

艇内布置了干粮箱、淡水箱、燃油箱和属具箱，同时还有一个通向空气瓶的通道。燃油开关阀安装在燃油箱的底部。救生艇配置了由船级社认可的柴油机，并带淡水冷却系统。具体规格及操作参阅柴油机制造商手册。柴油机常规启动电源是通过 12 V 蓄电池提供，应急启动为完全独立的 12 V 蓄电池系统。蓄电池充电器安装在艇尾部（42 V AC/12 V DC）。蓄电池充电器形成 2 个同时又独立的回路，当救生艇存放在艇架上时，充电器通过救生艇登乘口处的插头连接到母船电源，插头的输入电压为 AC 42 V。救生艇上安装柴油箱油箱容量充足，在艇满载以 6 节航速航行时至少能航行 24 小时。

柴油机罩上有一个可开启的盖，便于对柴油机、轴系的检修。柴油机主启动及备用启动蓄电池安装在艇尾部的水密箱内。内部装有手摇泵以排除艇内积水。在救生艇后门上装有一个供自然通风的低压阀，防止当柴油机运行时舱内产生低压。救生艇可以使用提供的桨通过侧舱门划艇。

当艇在海上被火焰包围时洒水系统可为全艇外表面提供一层水膜，保护艇及乘员安全。当艇浮于水面上，启动洒水泵通过艇的内部管道把海水输入安装于棚顶外部的支管内，海水然后分配到艇外洒水管，这些地方安装了洒水喷嘴，把水分散成薄薄的水膜，覆盖艇身。

耐火型救生艇内部提供一套供气系统，能为艇内全体乘员的呼吸和柴油机全速运转，提供至少能维持 10 分钟的用气量。

2. 注意事项

(1) 救生艇设置在吊装平台侧,吊装平台上布置救生艇集合区,发生需弃离平台的事故时,人员汇集到救生艇集合区,一起登船,通过电动或手动设备平稳下放救生艇至水面后进行逃生。救生艇内配置的淡水、食物、救生信号发射系统等,应符合《海上固定平台安全规则》的要求。

(2) 救生艇应为全封闭机动耐火救生艇,救生艇应能容纳 24 人。刚性全封闭机动耐火救生艇的设计、建造和试验应经发证检验机构认可。救生艇内应配备该救生艇装置的操作手册,并应负责对甲方进行交底。

(3) 救生艇应满足质量保证不少于 5 年,使用寿命不低于 25 年。

(4) 救生艇应设动力驱动的起艇机,起艇机应符合下列规定:

设有手制动器和自动调节下降速度的调速制动器;除设有机动装置用以回收救生艇外还应配有有效的手动装置;应装有连锁装置,当使用手动装置时能自动切断电源;所配备的吊艇索应是无旋转、耐腐蚀的绳索;设有安全装置,在救生艇回收到原来位置之前要自动切断电源。

(5) 救生艇应配备一副独立的重力式吊艇架,吊艇架应符合下列规定:

吊艇架应有足够的强度,并应安装在平台的承重结构上;吊艇架应在出厂前进行强度试验,试验负荷为最大工作负荷的两倍;吊艇架安装于平台后,应进行救生艇升、降试验、试验后的吊艇架及其附件不得有影响强度的缺陷。

(6) 救生艇应配备应急示位标。

(7) 救生艇应试验以下项目。

① 外观检查,包括:艇体内外表面质量;舾装件安装质量;艇机、轴系安装质量;防滑层;安全带安装质量及颜色。

② 释放机构试验,包括以下内容。

检查艇钩,吊架,软轴,软管的安装情况;

将救生艇加载使其总质量等于其满载总质量的 1.1 倍(艇内加载等重的代替物),通过其吊钩将艇吊起,使艇龙骨底部刚好离开水面,释放吊艇装置,首尾吊钩应能同步脱钩,救生艇或释放机构应无卡住或损坏;

使艇首、尾纵倾 10°,重复上述试验;

救生艇在空载及 10% 超载情况下完全浮于水面,操纵释放装置,首尾吊钩应能同步脱钩。

③ 操作试验

艇机应进行三次启动试验;

艇在满载状况下,对艇操纵至少 2 小时,艇机运转应良好。在此过程中,还应对传动装置及操舵装置进行试验,正、倒车转换应方便,操舵装置操纵应灵活;

要求当艇在满载状况下,在平静的水域中航行测速来回三次,测得平均值不少于 6 节。若为耐火救生艇,航速测定应在洒水系统全负荷运行时进行;

表 9-3

次数 Time	航距 Distance(m)	主机转速 M/E revolution(r/m)	航行时间 Trial time	航行速度 Trial Speed (km/h)
V_1				
V_2				
V_3				

平均速度计算公式为 $\bar{V}=(V_1+2V_2+V_3)/4$ (9-1)

④ 排水试验

艇在静水中,用手摇泵进行排水试验。

⑤ 灯光试验

对示位灯、艇内灯、探照灯进行效用试验,情况正常。

⑥ 洒水系统检查及洒水试验。

使艇处于轻载正浮状态,启动艇机达到额定转速,启动洒水泵,洒水水膜应能遮盖艇的整个表面,洒水管路应无渗漏现象。

3. 发动机操作

(1) 启动前检查

① 确保蓄电池在可用状态及连接正确;

② 检查柴油机及齿轮箱内的润滑油液位正确;

③ 检查燃油箱充满及系统正常;

④ 检查燃油箱底部燃油阀已打开;

⑤ 检查所有排水阀已关闭;

⑥ 检查冷却箱内注入了水/防冻液的混合物,冷却系统内没有冷却液时严禁启动柴油机;

⑦ 确保离合器(齿轮箱)在空挡。

(2) 启动发动机

① 断开母船供应电源;

② 转动蓄电池开关至"开"的位置;

③ 参照贴在驾驶员位置处的启动指示或柴油机操作指示启动柴油机;

④ 如果主启动蓄电池启动柴油机不成功,启用紧急启动蓄电池,将电源开关转动至"2"位置;

⑤ 柴油机能满足救生艇在离水时低速运行5分钟,但螺旋桨轴只允许啮合几秒钟的时间以检查能否正常操作;

⑥ 当救生艇柴油机运行时,机带发电机将向所有艇内蓄电池充电,安装于艇内的蓄电池充电器只有在救生艇存放于艇架上且连接母船电源时才能工作。

（3）救生艇的操舵

救生艇的正常操舵是通过方向器操作系统来实现的。如主操舵系统失灵，按以下程序应急操舵：

① 从存放位置取出应急舵柄，把舵柄的一端套在舵杆上；

② 应急操舵需要驾驶员给出方向的指令。

（4）紧急供气系统操作

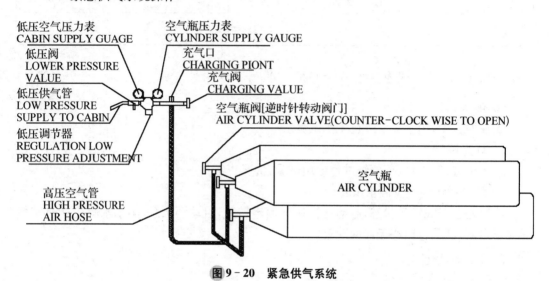

图 9-20　紧急供气系统

救生艇上安装了一套紧急供气系统，当艇外火灾或存在有毒气体时可以操作。

如果使用供气系统，在乘员登艇前执行以下第一、第二步，放艇时执行第三、第四步。

① 驾驶员通知船员打开每个空气瓶上的阀门；

② 确保所有舱门关闭，充气阀在关闭状态；

③ 确保空气瓶上的阀处于打开状态；

④ 打开调节器侧的低压阀。

（5）洒水系统操作

救生艇配备了洒水系统，当海面上有可燃液体时可用于保护救生艇。如果使用洒水系统，在放艇前做好准备。操作方法如下。

① 确保所有舱门处于关闭状态。

② 打开洒水泵吸水阀。

③ 吸水阀位于柴油机室前面。

④ 增加柴油机转速直至全速离开危险区域。

注意洒水系统操作时对窗外的能见度有一定影响。

4. 救生艇的操作

（1）断开外部充电插头，如图 9-21。

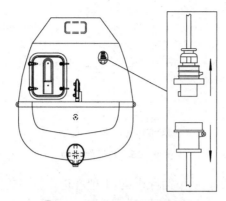

图 9 - 21　断开外部充电插头

（2）连接艇缆，一端系于救生艇首缆释放钩上，另一端系于母船上，如图 9 - 22。

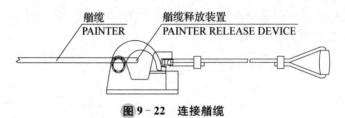

图 9 - 22　连接艇缆

（3）打开登艇门并固定在开启位置，待乘员全部登艇后，应关闭登艇门，如图 9 - 23。

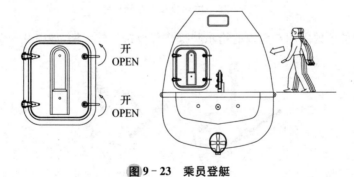

图 9 - 23　乘员登艇

（4）驾驶员打开电源开关，如图 9 - 24。

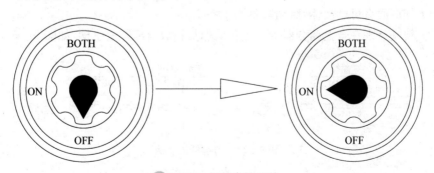

图 9 - 24　打开电源开关

（5）打开燃油阀，如图9-25。

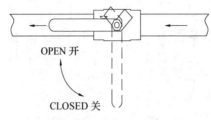

图9-25　打开燃油阀

（6）所有分派的船员（前、后吊钩操作员）上船并进入他们的位置。

（7）所有乘员占据各自的座位，先入艇的乘员坐在最里处，坐下后系上安全带。

（8）驾驶员启动柴油机。若单组电池启动发动机失败，需将电源转至两组电池启动位置，然后再次启动发动机。

（9）驾驶员拉动绞车刹车释放索并维持固定拉力（如图9-26），直至救生艇完全浮于水上且降放索上没有任何张力。

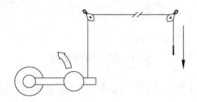

图9-26　拉动绞车刹车释放索

（10）驾驶员根据固定在艇内的指示牌操作释放钩释放手柄，如图9-27。

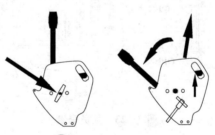

图9-27　释放手柄

（11）如海面有可燃液体，启动紧急洒水系统。

（12）驾驶员现在合上离合器告诉艇首的船员释放首缆释放手柄，如图9-28。

图9-28　首缆释放手柄

（13）船员从储藏位置取出雷达反射器并安装在驾驶室顶上同时在垂直向上方向固定支杆。

5. 救生艇平台吊操作

（1）释放前移开障碍物。

（2）人员登艇并系好安全带，如图 9-29。

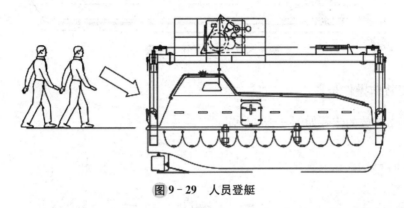

图 9-29　人员登艇

（3）艇内拉动遥控钢丝绳，使绞车重锤抬起（图 9-29），救生艇下放至海面（图 9-30）。

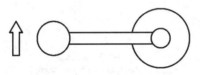

图 9-30　绞车重锤抬起

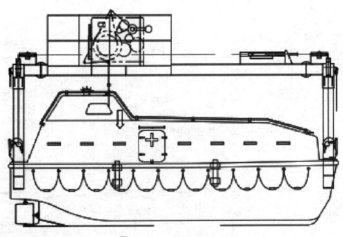

图 9-31　救生艇下放

（4）启动发电机。

（5）到达水面后，打开艇钩，如图 9-32。

（6）逃离危险区域。

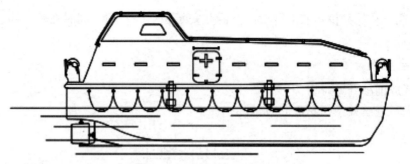

图9-32 救生艇下放至海面

五、释放钩操作步骤

（1）正常释放的步骤如图9-33所示。

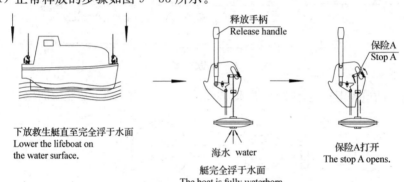

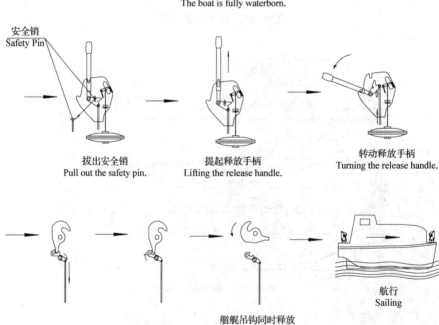

图9-33 释放钩正常操作步骤

正常释放操作说明张贴在驾驶员释放装置附近。

若正常释放没能打开吊钩,请使用应急释放步骤。

(2)应急释放的步骤如图 9 - 34。

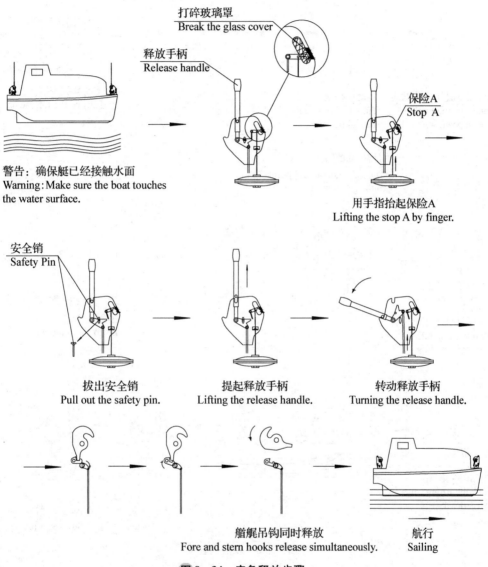

打碎玻璃罩
Break the glass cover

释放手柄
Release handle

保险A
Stop A

警告:确保艇已经接触水面
Warning:Make sure the boat touches
the water surface.

用手指抬起保险A
Lifting the stop A by finger.

安全销
Safety Pin

拔出安全销
Pull out the safety pin.

提起释放手柄
Lifting the release handle.

转动释放手柄
Turning the release handle.

艏艉吊钩同时释放
Fore and stern hooks release simultaneously.

航行
Sailing

图 9 - 34 应急释放步骤

仅当正常释放失败时才能启用应急释放步骤。

应急释放操作说明张贴在驾驶员释放装置附近。

（3）释放钩复位的步骤如图9-35所示。

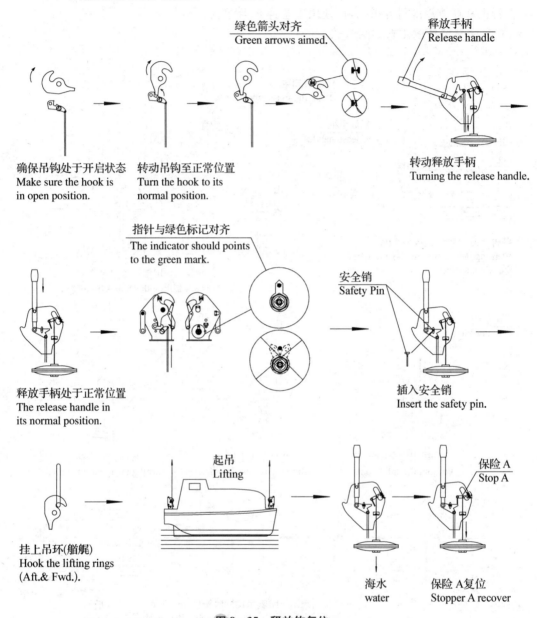

图9-35 释放钩复位

若其中之一复位标记未复位,请重复复位操作。

释放钩复位操作说明张贴在驾驶员释放装置及艉艉释放钩附近。

第四节　海上风电场应急处置

一、应急处置内容

海上风电场位于外海水域,受外海气象、海况影响较大,尤其是台风易造成风机机组倒塌;由于风电场建设水域存在部分船舶通航,尤其是小型船舶,过往船舶与风电场施工船舶及风电场机组间存在碰撞风险,施工人员及运维人员操作不慎有触电、落水风险,总体来说,海上风电场项目建设存在的突发意外事故包含以下方面:

(1)船—船碰撞、进水险情;

(2)船舶搁浅险情;

(3)船舶沉没险情;

(4)船—风机碰撞、触损险情;

(5)人员落水险情;

(6)溢油险情;

(7)人员疾病、意外伤害;

(8)风灾险情;

(9)火灾险情;

(10)人员高处坠落险情;

(11)作业平台倾斜倒塌险情;

(12)触电伤害;

(13)冰冻灾害;

(14)能见度不良;

(15)起重作业风险;

(16)拖带作业风险;

(17)高空作业风险;

(18)海缆受损。

在海上风电场建设的不同时期,业主单位、施工单位应根据海上作业特点和风险可能性,编制相应的安全应急预案,以便在突发意外事故时应急处理。

二、应急处置机构

为了加强项目部对工程区水上船舶施工应急工作的指导,应成立项目应急救援指挥领导小组。当项目部所属施工船舶发生事故时,应急救援系统迅速启动,应急领导小组成员迅速到达指定岗位,因特殊情况不能到岗的,经组长同意,由所在部门按职务高低递补。

（1）风电场项目应急救援指挥机构。

总指挥：总经理

副总指挥：副经理、安全总监

成员：各部门负责人、各船舶船长、施工单位负责人

（2）应急救援组织机构见图9-36。

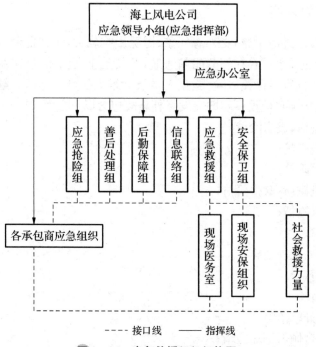

图9-36　应急救援组织机构图

（3）除建设单位、施工单位内部成立应急反应小组外，海上风电场项目的支持救助系统还包括以所在地搜救中心为主体的外部救援力量。以江苏盐城、连云港海上救援体系为例，海上搜救中心体系框架图如图9-37所示。在突发事件较大，建设单位或施工单位内部不能实施有效的救助时，应及时求助于外部救援力量。

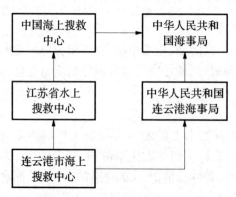

图9-37　海上救援体系框架图

外部救援力量联系方式见表9-4。

表9-4 外部救援力量联系方式

序号	外部救援力量		应急电话	备注	职责
	主导力量	调用力量			
1	江苏省水上搜救中心	连云港海事局值班电话：0518-12395	025-83279620	1. 因各种原因导致无法拨打应急救援电话的情况出现时，可以拨打"紧急呼叫中心"的紧急求援电话：112。2. 拨打时，只需按入"112"，然后按"Yes"或"OK"键，荧幕就会显示"Emergency"（紧急求援）信息，自动接到求援热线。	防台风、海难救助
		盐城海事局值班电话：0515-8089666			
2	连云港公安局	连云港市公安消防局报警电话：119	110		陆上消防
		连云港市公安局交巡警支队报警电话：122			陆上消防
3	连云港市卫生局	连云港市各医疗、卫生防疫机构	120		医疗救治与卫生防疫
4	国家海洋局黄海分局				海洋环境污染
5	连云港市海洋与渔业局	0518-85680909	—		渔业资源污染

海上风电场项目建设的不同阶段的安全生产责任主体为业主单位和施工单位。业主单位和施工单位应做好安全生产的相关工作，投入必要的人力物力，确保项目生产安全、有序推进。项目所属地海上搜救中心及海事管理部门是监督海上风电场建设安全的有力保障。

三、应急处置流程

尽管事故有突发性和偶然性，但事故的应急管理不只限于事故发生后的应急救援。应急管理是对事故的全过程处理贯穿于事故发生前、中、后的各个过程，充分体现"预防为主、常备不懈"的应急思想。

海上风电场项目的应急响应流程如图9-38所示。

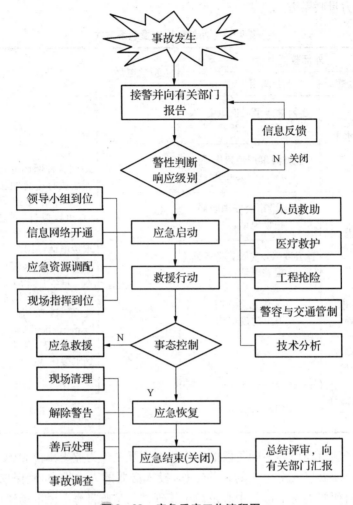

图 9-38　应急反应工作流程图

　　为确保应急响应的效果,业主单位、施工单位除制定相应的应急预案外,还应加强日常培训及应急演练,确保应急响应时的快速、有效。

四、典型险情事故应急处置措施

1. 海上逃生

　　(1) 当风机机舱发生火灾无法控制时,工作人员应利用机舱逃生装置进行应急逃生。

　　(2) 船上逃生线路应保持在任何情况下畅通无阻,每个拐角处都有标志;不同紧急情况下逃生线路应用不同颜色加以区分;船上应有多条逃生线路供选择。

　　(3) 从船舶跳水求生前应穿好救生衣,尽量避免从高处落水(距水面高度最好不超过5米),跳水前应事先查看水面,确认无落水者、无障碍物,尽可能选择在上风处,远离船舶的破损缺口处跳水,跳水使用正确的跳水姿势。

　　(4) 海上紧急情况下人员撤离时需穿好救生衣,带好应急物品,按照紧急通道疏散方向离船,撤离时应听从指挥,切勿乱跑乱窜。

(5)在海上遇到紧急情况时,可能需要采取安全救生筏进行逃生,逃生时要严格按照救生筏的使用要求执行。

2.防季风措施

(1)防季风是日常安全生产工作的重要组成部分,确保防季风、突风指令的畅通,严禁拒绝执行指令。

(2)为了利于抵御季风、突风,保证工程结构和船舶施工安全,船舶应选择在平台轴线安全距离部位施工,防止因走锚放绳与结构物碰撞。施工船舶作业结束后,及时绞缆离开或拖至安全水域。

(3)当天气预报施工水域风力超过8级且持续增大时,领导小组组长应立即根据具体预报的风向、风力和作业地点及时作出施工船舶到锚地避风的决策,调度负责各船舶立即执行。

(4)施工船舶得知突发恶劣天气时,船长确保通信工具正常,确保发动机、锚缆、导航等设备运行良好,并检查消防、救生设备有效。

(5)寒潮或强风突袭前,要加强施工人员安全防护工作,防止人员上下船时因大浪颠簸船只引起人员摔伤或落水淹溺,并做好甲板上的机器、材料等加固工作。

3.水上防雾措施

(1)施工船舶得知雾天预报后,船长定期检查通信、雷达、雾钟等设备,并与调度保持联系。

(2)施工水域起雾后,所有船舶要得到领导小组批准并由调度下达命令后方可航行。同时船舶要开启雷达助航并按照标准航线行使,同时发出雾行声号。船长必须在驾驶台上指挥,保持安全航速,随时做好停车、倒车或抛锚准备。

(3)当雾天能见度小于1 000 m时,所有船舶停止航行,选择安全水域抛锚,并加强值班瞭望,保持高频坚守监听。

(4)雾天船舶航行或抛锚发现有其他船舶行驶时,除用高频呼叫外,还采取用强烈的声音和灯光等措施警告来船切勿靠近。

(5)雾天钻孔平台设置明显警示牌,出入口有专人看护,防止发生安全事故。

(6)大雾来临前,作业项目部及施工船舶应加强警示灯的巡查工作,发现警示灯损坏立即更换。

(7)雾天在施工水域发现船舶遇险和船舶碰撞等情况时要及时向调度报告。

(8)在海上施工,大雾天气出现较多,能见度经常小于1千米。为确保施工水域通航安全,利用VTS、AIS等技术手段对船舶实施监视,防止船舶发生碰撞险情,并通过VHF甚高频播发能见度不良航行安全信息,提醒在航船舶谨慎驾驶,锚泊船舶加强值班,做好防碰撞应急准备,及时增派警戒船加强巡逻,并在施工航道、锚地等水域驻守,及时劝离碍航渔船,避免紧迫局面发生。

(9)针对船舶在外海经常需要雾航的实际情况,及时增派警戒船或联系海事局加大对船舶雾航管理的监管和宣贯力度。警戒船管理人员提醒商船雾航时要谨慎航行、加强瞭望,按操纵和避碰要求正确显示声光信号,对碰撞险情做到早发现、早协调、早处置。要求渔船主动避让商船,以保护自身生命财产安全。

4. 溢油污染处置措施

(1) 船舶碰撞漏油处置

① 立即报告海事部门、海洋部门,请求专业救援。

② 迅速通知事故区其他船舶撤离。

③ 积极配合政府主管部门进行应急处置。

④ 在救援队伍赶到现场前,应展开自救,关闭或堵漏溢油处,防止溢油污染进一步扩大。

(2) 储油场所漏油处置。

① 查找并控制泄漏源。

② 设置警戒线,防止火灾事故发生。

③ 准备好消防措施。

④ 用烧碱掩埋和吸收泄露的油品,防止渗入海水中。

⑤ 立即启动消防设备设施,同时报告消防力量。

⑥ 溢油可能泄露至周边海域时,应同时报告海事部门、海洋部门请求援助。

(3) 加油船误操作漏油处置

① 立即停止供油,避免更多溢油扩散。

② 查找泄露源并采取措施控制和减少外溢。

③ 铺设吸油毡,并在下风弦设置围油栏进行围控,避免溢油扩散。

5. 人员落水应急处置

(1) 发现人员落水,立即拉动警报,通知全船人员搜寻。

(2) 船方立即按《应急部署表》的要求积极组织自救,维护好现场秩序,准备释放救生艇救人和准备必要器材。

(3) 注意搜寻水面查找落水人员,确定落水人员位置后迅速抛救生圈,并将救生圈抛至落水人员的下风舷,人员落水以各作业点自救为主。立即报告项目部应急小组,统一调集人员和船舶。

(4) 搜寻过程中,应考虑潮汐、风向等水文、气象情况合理扩大搜救范围。

(5) 在救生艇驶向落水人员时,应从落水人员下风舷驶近。

(6) 组织交通接送,安排车辆和医务人员到交通码头,以便及时把伤员送往医院,同时拨打120急救电话,通知救护车进行救护。

(7) 当发生人员落水时,各船舶、作业平台人员无条件服从调度,按命令及时赶赴现场。

(8) 夜间搜救应开启足够的照明设备,发现落水人员,应抛带有黄色烟雾及自亮浮灯的救生圈和绳。

(9) 冬季落水要做好防冻取暖工作,必要时对落水人员进行紧急抢救,对受伤人员应急包扎,准备好毛毯、热水等取暖措施。

6. 船舶碰撞应急处置

（1）船舶发生碰撞后，应立即报告项目部应急小组，通知船长和轮机长，组织所有船员参加救援。

（2）船长应督促大副和轮机长查明破损部位和损坏情况，有无进水、人员伤亡、溢油污染情况及程度，轮机长应立即测量油舱液位，大副应派专人监督破损部位，及时向船长报告检测结果，以便船长确定施救方案和判断是否需要外援救助。

（3）当一船撞入对方船体时，船长应视情况采取慢车顶推等措施减少破洞进水，尽力操纵船舶使破洞处于下风侧。

（4）若船体破损进水，应组织排水和堵漏，若进水严重应设法抢滩；若发生人员伤害，应立即进行抢救。

（5）轮机长应负责机舱内的损害控制，对主机、辅机、舵机等机舱设备的损坏情况进行估计和抢修，随时报告船长，还应按指示在舱柜之间转移燃油，提供电力和辅助机械等方面的各项服务。

（6）船舶碰撞双方应交换有关船名、呼号、船籍港、船舶登记编号。船长应向对方船长递送碰撞责任通知书，要求对方船长签字并盖船章。对方要求本船船长签署同类文件时，仅应明确批注"仅限收讫"文字。

（7）值班船员（驾驶员）应做好详细记录，船员应向船长如实汇报有关情况，船长负责指导驾驶员谨慎如实填写航行日志。

（8）若被撞船舶处于危险状态，在不严重危及本船安全的情况下，应尽力提供援助，包括救助对方船员或协助被撞船舶抢滩等。

（9）若情况紧急，船长有权请求第三方救助。若碰撞损害严重，确属无力抢救时，船长应宣布弃船。

（10）船舶与项目部的工程设施相撞时，参照上述措施执行的同时，做好双方伤员的抢救，险情的排除工作，并做好事故证据的收集和保存工作。

7. 起重作业伤害应急处置

（1）发生起重作业伤害时，应先切断电源，再根据伤害部位和伤害性质进行处理。

（2）根据现场人员被伤害部位和伤害程度，一边通知急救医院，一边对轻伤人员进行现场救护。

（3）对重伤者不明伤害部位和伤害程度的，不要盲目进行抢救，以免引起更严重伤害。

（4）迅速确定事故发生的准确位置、可能波及的范围、设备损坏的程度、人员伤亡等情况，以根据不同情况进行处置。

（5）划出事故特定区域。迅速核实机械作业人数，如有人员被压在倒塌的设备下，要立即采取可靠措施加固四周，然后拆除或切割压住伤者的杆件，将伤员救出。

8. 台风应急处置

（1）防台防汛措施

施工单位应组织全体人员学习防台防汛工作的具体要求，各船舶对系泊设备、操舵、操纵、通信设备、水密装置、救生、消防设备做全面系统检查,各船舶检查出的隐患应及时消除,解决各类设备存在的问题,并保证设备的正常运转,自四级防台始,所有船舶不得进行主机修理,已批准的应立即装配恢复。

台汛期间大型施工船舶应根据施工单位的统一调度进行避风。

台风来临时,各施工船舶船长或大副必须在船上值班,服从施工单位统一指挥,执行防台防汛预案要求。

与气象部门订立专业气象服务协议。由施工单位防台防汛办公室每天关注地区天气预报,当接收到台风信息后,密切进行监控,并绘制台风路径图。

当气象部门发布台风预报,启动防台防风应急预案。同时施工单位组织对海上施工船舶进行全方位的大检查,查出的隐患限期整改完成。施工单位做好日生产计划,保证台风到来时现场临时结构处于抗风浪状态。

当气象部门发布台风警报,启动防台风Ⅳ级应急响应;当气象部门发布应急警报,台风进入 48 小时警戒线、风力大于 10 级风圈 1 000 公里时,启动防台风Ⅲ级应急响应,组织大型工程船舶撤离。当台风进入 24 小时警戒线 10 级以上风圈 100 公里、7 级以上风圈300 公里,启动防台风Ⅱ级应急响应;当台风到工地附近(7 级~8 级风圈进入),启动防台风Ⅰ级紧急响应,做好人员撤离工作。

在季风活动频繁季节根据季风的不同风向安排施工船舶的锚位,以提高船舶的抗风能力。当收到有突然大风气象警报时应立即停止作业,船员检查锚缆情况,并抛备用锚增加船舶的稳定性,直至大风警报解除。

船舶进入锚地避风时,锚地风力小于八级时,船舶要进行抛锚定位防抗台风,拖缆和系船缆采用钢丝缆接驳尼龙缆方法,保证缆绳有足够的强度和抗拉度,防止缆绳绷断伤人。留有船长和大副留守值班,其他人上岸进行避风。时刻注意天气动态,相应调整应急响应准备。当风力达到九级时,所有施工作业人员离开船舶上岸避风,500 吨以上的就要求出港启动动力顶风行驶抗风,所有船员船上留守进行防台准备。当锚地风力大于十级时,所有人员均须撤离船舶,上岸避风。

当收到台风消息后,海上施工人员对工程结构物、施工设备、材料、机具等进行一次全面检查,并做好撤离准备。

防台物资保障组要按照防台防汛领导小组的指令备好抢险物资和器具,并按特殊储备规定,专料专用。在抢险行动中及时供应工具材料。

各船和施工单位派专人值守 VHF 专用频道,常开手机,保持通信畅通,各船应定时向主管部门汇报船舶情况。

台风警报解除后,施工船舶必须服从现场海事部门的统一指挥,有秩序地返回施工现场。

(2)台风季节的船舶安全管理

台风来临时,各船舶根据防台防汛措施进行应急响应。避风期间,施工人员跟随施工船舶撤离施工现场一起避风,现场不予留人。

船舶防风指挥由船长负责,当船舶在接到防抗热带气旋预案启动命令时,各船船长和轮机长要做好以下工作。

① 收到大风预报、启动防风应急措施期间,禁止拆卸船机设备;

② 将防风锚做收放试验,检验锚机,保证随时可用,并准备好所用的缆绳、卸扣;如确定用拖轮,还需好备好龙须缆;

③ 检查逃生通道,确保无杂物堆放、阻塞,保证畅通;

④ 做好封舱工作,应保持一切能进水的管、门、孔水密,同时还应保持排水系统良好,抽水机、管系、阀门有效,保证污水沟、排水阀、孔等畅通无阻;

⑤ 检查通信设备、导航设备、机电设备、舵设备、锚设备、救生设备、消防设备、堵漏器材是否完好,发现问题及时排除,不留隐患;

⑥ 组织全体在船人员举行消防、救生、堵漏演习,同时记录在案;

⑦ 备妥抛绳器两套,没配备此设备的船准备撇缆两根;

⑧ 应绑扎牢固甲板、机舱内的活动部件,防止船舶晃动较大时发生掉落;

⑨ 检查通信设备是否正常,手持高频电话要有充足电量,保证防风时能正常使用;

⑩ 备足食品、淡水及医药用品,轮机部应检查燃料配备情况、应急电源是否正常;

⑪ 露天甲板、左右两舷以及人员必经之道应装好扶手绳索,根据情况铺设草垫、麻袋等防滑物品;

⑫ 配套锚艇负责协助主船做好防风措施,并在此期间做好本船的防风工作。

3. 防风重点工作

① 值班驾驶员密切注意锚链(缆)松紧度、方向,每半小时查看一次,锚设备要做到抛得出、收得回、刹得住、系得牢;

② 随时注意船位变化,采取各种手段进行定位,判断是否走锚,同时密切注意周边船舶距离的变化情况;

③ 注意观察风向、风力、潮流等变化,及可能对船舶造成的影响。

④ 注意观察周围下锚船的情况,防止因他船走锚对本船造成危险。

⑤ 主发电机不得停车,甲板机械随时可用,号灯号型,悬挂正确无误;

⑥ 派专人探测全船各舱底,以防船舶剧烈振动造成船体渗漏。

4. 防抗台风警戒阶段的设定及响应行动

当有台风生成时,防台领导小组办公室应进入常规警戒状态,密切跟踪台风的动向,检查落实防台风的准备工作。

根据国家规定的蓝(Ⅳ)、黄(Ⅲ)、橙(Ⅱ)、红(Ⅰ)四色预警和四级响应的要求,施工单位可设定船舶防抗台风三级警戒阶段。

(1) 防抗台风三级警戒阶段及响应

① 三级警戒阶段

当台风中心进入船舶防抗台风第三警戒线或预计未来60小时影响本区域时或上级指示要求进入三级警戒时,船舶防抗台风工作进入三级警戒阶段(黄色预警阶段)。

② 三级响应行动

防台领导小组向所有作业船舶及施工队发布三级警戒通告。检查防抗台工作部署情况,发现存在安全隐患,要求立即采取措施纠正。

领导小组立即启动工作预案,实行 24 小时值班。

考虑夜航、潮汐和港口通航环境等因素影响,当预计台风中心可能夜间进入预案船舶防抗台风二级警戒阶段时,防台领导小组可提前部署好二级警戒阶段的防抗台风工作。

(2) 防抗台风二级警戒阶段及响应

① 二级警戒

当台风中心进入船舶防抗台风第二警戒线,或预计登陆影响前 48 小时,并可能在辖区或附近登陆,对本辖区影响较大的,或上级指示要求进入二级警戒时,施工船舶防抗台风工作即进入二级警戒阶段(橙色预警阶段)。

② 二级响应行动

防台领导小组办公室应加强向所有作业船舶及施工队发布二级警戒通告,并召开防抗台风会议,部署防台工作。

施工单位防台领导小组对本工程船舶动态情况及时报告海事部门,组织对在港船舶防抗台工作的现场检查,发现存在安全隐患立即要求纠正。

水上作业全部停止施工,所有施工船舶立即到遮掩效果好的水域进行锚泊避风,船舶加固后船员全部撤离上岸。

防台领导小组向所有施工班组发布二级警戒阶段通告,施工现场全部停止作业。施工现场所有灯具收回存放料库,各电箱的门关好并加固。由防台领导小组带领抢险队进行拉网式检查,及时采取补救措施。

(3) 防台风一级警戒阶段及响应

① 一级阶段

当台风中心进入船舶防抗台风第一警戒线或预计登陆影响前 24 小时,并可能在辖区或附近登陆,对本辖区影响较大的,或上级指示要求进入一级警戒时,施工船舶防抗台风工作即进入一级警戒阶段(红色预警阶段)。

② 一级响应

防台领导小组发布一级警戒通告。抢险救助队开始安排人员实行 24 小时值班,其他人员进入待命状态直至台风解除;

防台领导小组本工程涉及船舶锚泊、系泊避风船舶的情况及时上报海事部门;

施工单位所有员工都必须在陆域楼房避台,不准任何人外出。并由领导小组监督,准备足够的食品及饮用水;

防台小组收到船舶的险情信息,应立即上报防抗台风领导小组。

5. 防台安全措施

(1) 根据防台预案选择防台锚地,并与当地海事部门联系进行报告。

(2) 台风季节,从防台小组到每条船要派专人关注各种天气预报。如有台风消息,随时上报,并保持关注,注意其动向。

(3) 台风季节,应保持人员稳定,做如下检查,如有问题马上处理。

① 锚是否系牢。

② 锚泊钢丝绳是否结实,不符合条件的马上更换。

③ 各工程船舶及拖轮的专用设备,如手拉葫芦、千斤顶、八磅手锤、太平斧等是否存放至安全区域。

④ 甲板及机舱可以移动或倾倒的工件或设备是否固定好。

⑤ 各水密门窗是否完好。

⑥ 消防、总用泵是否完好,舱底水吸头与排出舷外阀是否畅通。

⑦ 各专用吊机的钩头缆风绳是否完好,紧张口是否在指定位置。

⑧ 救生艇、筏是否固定好、封牢,救生圈是否配备足够。

⑨ 安全帽、救生衣是否每人一套,并留有余量备用。

(4) 除现场充足的拖轮以外,另安排满足拖带能力的拖轮备用,确保整个现场的运行,并与附近有能力的单位签订防台协议。

(5) 到达避风锚地指定地点后,在船的四周应围上白棕绳,此绳离甲板 1 m 高度。

(6) 接到台风警报及台风传来期间,所有船员要提高警惕,船上各部门应派一定数量的人员昼夜值班,并随时与值班拖轮及岸上指挥部保持联系。

(7) 整个防台过程应保持通信设备的完好畅通。

(8) 整个防台期间各船应配足一个星期的饮用水及食品。

(9) 防台是一项非常重要的工作,全体职工必须服从指挥严明纪律,坚守岗位。对防台中不听指挥,值班脱岗等现象,一经发现,将作出严肃处理。

第十章 风电机组典型事故案例

第一节 施工阶段典型事故案例

一、安全距离未能保证，吊臂断裂多人伤亡

1. 事故概况

2011年10月10日晚10时50分，甘肃某工业园内5MW风电机组施工现场，当起吊主机舱离地面大约2米，在向左移动后不久，随即向右回摆，同时有"咔咔"的声响传出，1 000 t履带吊吊臂出现倾斜，大约15秒后，吊臂根部完全断裂侧向倾倒，断裂的吊臂正好砸在地面停放的车辆上，如图10-1所示。

事故造成5人死亡，1人受伤。

图10-1 甘肃风机事故现场

2. 主要事故原因

（1）现场履带吊路基板倾斜度超标，导致吊臂倾斜，在起吊过程中产生侧向屈曲变形。同时由于起重机本身质量问题，当回转操作时，受回转惯性载荷影响，瞬间侧向载荷超出了起重机主要受力构件的强度极限，吊臂根部断裂，造成履带吊倾覆。

（2）现场车辆停放在吊装区域内，未保证安全距离，车辆连同车内人员被断裂的吊臂砸中，造成人员伤亡。

（3）现场安全管理不到位，对施工现场未实施有效的安全管理，未划定作业危险区域并拉警戒线,未清除吊装范围内的无关车辆和人员。

3. 重点防范措施

(1) 起重吊装作业前应制定专项安全技术方案,方案需经有关部门审核和公司总工及监理总工程师批准,作业前应对作业人员进行专项安全技术交底。

(2) 使用起重吊装设备需检查设备是否能满足吊装作业需要,起重吊装设备必须验收合格后进场,起重机械的安全防护装置必须齐全灵敏,所用吊索具必须验收合格后投入使用。

(3) 在起重机械进场作业前,施工现场要提前做好准备工作,特别是道路及作业场地的承载力要满足要求。

(4) 吊装现场应划定作业危险区域,拉警戒线,并设专人监护,非吊装作业人员禁止进入。

二、履带吊主钩绳松脱,作业人员被砸身亡

1. 事故概况

2013 年 10 月 7 日,某风电项目施工单位在使用 70 t 履带起重机起吊组装 800 t 主吊过程中,70 t 吊机楔套销安全插销突然掉落,楔套销连带钢丝绳迅速跌落,砸在正在 800 t 吊车工作台面上工作的宋某某头部,安全帽被砸成数片,头部损伤并大量出血。现场人员立即拨打 120 急救电话,经急救医生到场检查确认,伤者已无生命体征。

2. 主要事故原因

(1) 履带起重机操作人员作业前未对设备进行详细检查,未发现起重机存在的安全隐患。

(2) 宋某某违反"起重机吊臂下严禁站人"的规定,在起重机吊臂下违章作业。

(3) 施工单位对作业人员安全培训教育不到位,作业人员安全意识差,存在吊臂下站人的严重违章行为。

(4) 施工单位未严格落实操作规程,对设备检查不认真,未发现存在的安全隐患。作业现场安全监督管理不到位,未对违章行为进行制止。

3. 重点防范措施

(1) 对使用的吊机等特种设备进行定期和专项检查,落实日巡检制度,及时发现并消除安全隐患。

(2) 加强施工现场的监督管理,现场安全监督管理人员应对施工现场安全隐患进行排查,发现不安全因素及违章行为应立即整治处理。

(3) 建立健全安全生产责任制度和安全生产教育培训制度,加强对安全生产规章制度和操作规程的教育培训,并向从业人员如实告知作业场所和工作岗位存在的危险因素和防范措施。

(4) 严格执行安全操作规程,落实各项安全管理措施,督促作业人员持证上岗。

三、风机吊装叶轮掉落，躲避不及被砸身亡

1. 事故概况

2016年9月21日16时40分左右，风速5.8 m/s，某风电场一期工程3111风机叶轮开始起吊。17时10分，叶轮吊装至发电机对接位置，开始对接工作。17时20分，履带吊仍然负重，现场突发大风，风速瞬间升至25 m/s及以上。大风造成360 t履带吊主臂变形坍塌，叶轮由机舱高度位置落至地面，此时作业人员吕某（风绳控制人员）在逃生避险过程中慌乱逃至坠落叶片下方，被叶轮砸中，后经抢救无效死亡。

2. 主要事故原因

（1）17时至17时20分，风速突然由5.8 m/s升至25 m/s，突发的大风造成正在负重的360 t履带吊主臂变形坍塌。

（2）选择的主吊车在大风情况下缺少足够的安全余量。

（3）现场应急处置方案不完善，对于突起大风后的处置措施不合理，未采取合理有效的处置措施。

（4）现场人员在遇到突发情况后缺乏正确的应急处置能力。

3. 重点防范措施

（1）起吊前应确认天气情况满足吊装要求，如雨、雪、雾天的能见度及风速满足吊装要求，如不满足吊装要求则应停止吊装作业。起吊后如突遇大风等不良天气及发现不具备继续吊装条件时，应及时放下吊装设备，待具备吊装条件时再次进行吊装，严禁强行吊装作业。

（2）风机吊装应选择合适的吊车，并留有安全余量。吊装前应检查吊装设备的完好性和安全性，查设备的检验资料，查风速仪、负荷显示设备经过检测并运行良好。

（3）对可能发生的危险，应编制完善的应急处置方案，避免事故扩大。

四、桨叶标定工序错误，机组飞车风机倒塌

1. 事故概况

2018年3月25日14时45分，宁夏某新建风电场风机调试人员刘某某、熊某某、王某、张某某进入4号风机机舱开始桨叶标定工作。16时40分，标定工作结束，王某、熊某某出轮毂，摇出叶轮锁定位销，关闭液压站高速制动器控制阀，并打开液压刹车钳。此时叶轮开始旋转，刘某某发现后立即拍下急停按钮，但机组未停机。刘某某又手动采取高速轴制动试图停车，刹车未动作，随后风机转速快速上升，机舱4名人员立即开始沿塔筒爬梯紧急逃生。

事故最终造成风机第二层及以上塔筒连同机舱整体倒塌，一人在逃生过程中肋骨及左手腕骨折。

2. 主要事故原因

（1）由于风机桨叶标定工序错误，现场调试人员将三个桨叶标定后，桨叶均处于0°开

桨位置,未将桨叶转至90°顺桨位置。在摇出叶轮锁定位销后,此时风速为5 m/s,叶轮开始转动且转速不断上升。风机加速几分钟后,发电机转速超过3 900 rpm,一只叶片无法承受过大的离心力而开裂,进而导致动力失衡,最终风机倒塌。

(2)风机控制保护策略存在缺陷:变桨系统缺少独立桨叶标定的保护功能;控制系统在"专家模式"下,叶片标0完毕拔出手操盒后,没有叶片自动回位功能;风机超速后,缺少自动偏航侧风90°的保护功能。

(3)主机厂家对其外委调试人员培训不到位,两名负责标定桨叶的调试人员对桨叶标定工作操作流程不掌握。

3.重点防范措施

(1)安排专业技术人员或联系专门单位对风机控制保护策略进行学习和研究,及时发现控制系统存在设计缺陷,督促整机厂家完善控制和保护逻辑。

(2)督促整机厂家完善相关技术文件,细化、完善现场风机作业指导书,明确各项作业工序,并要求其安排专业人员负责现场调试、维保工作。

(3)加强现场工作人员培训及外包人员资格审核,确保现场工作人员及外包人员具备实际工作能力。

五、赶工吊装螺栓未紧,风电机组倒塌损毁

1.事故概况

2010年8月26日,某在建风电场。当天风速达到38 m/s,一台一周前刚完成吊装的风机发生倒塌,倒塌的风机中段塔筒上法兰与上段塔筒下法兰连接螺栓断裂20多颗,上段塔筒与机舱、叶轮发生倒塌。事故造成机舱、叶片严重摔毁、上段塔筒严重变形,直接经济损失约800多万元。

2.主要事故原因

(1)业主要求在2010年8月底前完成吊装,项目于2010年5月开始吊装,事故发生前已完成风机吊装一百多台。从7月中旬开始采取连续24小时吊装作业方案,致使施工单位超负荷工作。

(2)吊装单位在进行风机机舱吊装时,未按要求完成上段塔筒螺栓力矩的紧固,在叶轮吊装完毕后由于天时太晚,施工人员忘记对上段塔筒螺栓进行紧固。

(3)上段塔筒的下法兰面在安装前即有轻微变形,筒口发生椭圆变形且法兰面外翻,吊装完成后也未及时对塔架缺陷进行处理。同时叶轮处于锁死状态,致使叶轮受风作用力增大,并将此作用力传至风机塔筒。

(4)在遇到大风天气后塔筒发生晃动对螺栓产生了剪切力,塔筒螺栓也随着晃动开始松动,最终导致了事故发生。

3.重点防范措施

(1)业主单位合理安排施工进度,避免超强度疲劳作业。

(2)吊装过程中,施工单位按规程及既定的吊装方案进行作业,夜间作业应做好安全

措施,作业人员佩戴好安全防护用品,避免发生人身、设备事故。

(3)重要部件出现缺陷时应由专业人员进行评估确认,拿出处理意见,如可以在吊装后处理,则应在吊装完成后立即对缺陷进行处理。

(4)在风机吊装全部完成后应使叶轮处于自由旋转状态,避免风机在长时间锁定状态下对叶片、齿轮箱、塔筒等部件造成持续性冲击。

六、阳江"7·2""福景001"起重船风灾事故

1. 事故概况

2022年7月2日,福建华景海洋科技有限公司(以下简称福建华景)所属"福景001"起重船(以下简称"福景001")在广东阳江No.2大型船舶候潮防台锚地锚泊防台期间,受台风"暹芭"影响,船舶走锚,船体触碰海上风电场风机桩后断裂沉没,船上4人获救,25人死亡,1人失踪。

2. 主要事故原因

(1)船舶断裂沉没的原因

台风"暹芭"强度强,影响范围覆盖了珠江口至琼州海峡水域。阳江沿海水域实测风力最大达14级。阳江港外防台的21艘船舶中,除2艘插桩状态的平台和3艘在遮蔽水域、1艘离台风路径较远的船舶外,其余15艘船舶全部走锚。

"福景001"走锚过程中,船体先后触碰沙扒风电场8号、20号和96号风机,大风浪中船体右舷与96号风机基础桩连续撞击挤压,船体破损并逐渐加剧,风机基础桩卡进船体裂口,船体破口逐渐扩大,最终导致船舶断裂、沉没。

综上,台风正面袭击是导致"福景001"走锚触碰风机后断裂沉没的客观原因。

(2)造成重大人员伤亡的原因

①"福景001"实际控制人许军、江苏华景岸基和船上管理人员未按要求撤离在船人员,谎报在船人数;船舶第一次走锚后,许军指使船上人员瞒报走锚的实际情况,否定公司管理人员请求外部救援的建议,错失救助时机。这些都是造成重大人员伤亡的主要原因。

②永福电力项目部未按照防台专项预案要求督促人员撤离,也未清点核实人员撤离情况。龙源振华项目部未按照防台专项预案安排人员到撤离点清点人数;在获知"福景001"未按照建设单位要求撤离全部人员的情况后,未上报青洲风电项目部和广电设计项目部,也未督促纠正。青洲风电项目部、广电设计项目部未按照防台风专项应急预案关于人员撤离的要求有效监督人员撤离情况,不掌握实际在船人数。青洲风电在获知"福景001"未按照要求撤离全部人员的情况下,未如实上报广东省风力发电有限公司和广东省能源集团有限公司。华申闽能联合体未按照要求有效监督人员撤离情况。上述企业对"福景001"船上人员撤离监督落实不到位是造成重大人员伤亡的次要原因。

3. 重点防范措施

(1)统筹协调解决海上风电用海和交通用海矛盾。

(2)完善海上风电施工作业的相关制度。

（3）切实落实海上风电项目安全管理责任。

（4）加强海上风电安全监管能力建设。

第二节　运营阶段典型事故案例

一、未按要求系安全带，下塔过程高坠身亡

1. 事故概况

2015 年 4 月 29 日上午 9 时，某风电场进行 40 号风电机组出质保三方终检验收工作。该机组为 1.5 MW 机组，塔高 65 米。工作班由 3 人组成，风机制造单位贾某某为工作负责人，风机维护单位孙某某、风场员工刘某某为成员。12 时 40 分左右，完成机舱内终检验收工作内容，刘某某第一个离开机舱下风机，贾某某、孙某某 2 人在机舱收拾工具，大约 2～3 分钟后，塔筒内传出异常声音，孙某某下塔发现刘某某趴在一层平台爬梯底部。

14 时 30 分，医院急救车赶到事故现场，经医务人员确认刘某某已无生命体征。

2. 主要事故原因

（1）刘某某登风机塔筒前未配戴安全滑块（防坠锁扣），下塔时不能使用安全滑块锁定安全钢丝绳（相当于未系安全带）。

（2）工作负责人贾某某未完全履行监护职责，未对工作班的安全防护用品进行检查，也未对工作人员安全防护用品的使用状况进行检查。

（3）企业负责人未督促从业人员严格执行本单位的安全生产规章制度和安全生产操作规程。生产安全事故隐患排查不彻底，对员工不按要求系安全带的行为未发现并纠正。

（4）企业安全教育培训不到位，员工安全意识、自我保护意识不强。

3. 重点防范措施

（1）从业人员严格执行登高作业安全生产操作规程。持续开展安全隐患排查工作，对违反操作规程的行为及时制止和纠正，确保生产安全。

（2）加强作业人员的安全教育和培训，增强作业人员的安全意识和遵章守纪的自觉性，杜绝违章操作和冒险作业行为。

（3）安全管理人员应加大对生产现场的各个环节、各类设备的安全检查、督查，真正掌握现场的实际情况，通过检查通报等方式查处习惯性违章行为。

（4）工作负责人工作前对作业人员安全防护用品使用情况进行监督，发现问题及时纠正。

二、风机维护引发火灾,逃生不当高空坠落

1. 事故概况

2012 年 2 月 7 日,某风电场值班室接到牧民电话报告,风场内 1 台 1.5 MW 风机起火。当时该台风机由于变频器故障,有两名风机厂家维护人员正在现场进行故障消缺工作。随后业主、消防队员等相关救援人员赶到现场。消防人员在塔筒第二层平台处发现一名遇难人员(未系安全带、未戴安全帽,头部着地),另外一人失踪。由于消防设备扬程不能到达 80 m 的火灾高度,现场无法对火灾进行控制,大火持续了近 12 小时,机组明火至 8 日凌晨 3 时左右自然熄灭。

事故造成 2 人死亡,风机机舱全部烧毁,3 个叶片不同程度损坏,如图 10-2 所示。

图 10-2　风机维护火灾事故现场

2. 主要事故原因

(1) 在进行变频器(变频器位于机舱)故障消缺过程中,维修人员违规带电操作,导致变频器电路短路,进而引发火灾。1 人由于触电或在救火过程中吸入有毒气体未能逃离机舱。另 1 人在逃生过程中未系安全带、戴安全帽,慌乱下塔发生高空坠落。

(2) 安全培训工作不到位,风机检修人员安全意识不高,存在变频器检修违规带电操作的问题。

(3) 工作票执行存在问题,未对风机变频器检修风险点进行详细分析并做好安全措施。

(4) 未制定风机火灾逃生应急预案并对相关人员进行针对性培训。

3. 重点防范措施

(1) 落实风机维护检修、电气操作等各项规程制度,风机内部电气故障处理必须断电后才可进行。加强员工及风机维护单位从业人员的安全教育,提高防火意识。

(2) 工作前应办理工作票,严格按工作票所列安全措施认真执行,工作结束后,应认真清理现场并检查,确保机舱内无隐患后,方可离开风机,结束工作票。

（3）加强对机舱内灭火器的定期检查工作，对存在问题的消防器材要及时更换。机舱内应配备防毒面具，避免在救火及逃生过程中吸入有毒气体。

（4）制定风机紧急逃生预案并进行演练，提高紧急情况下的处置能力。

三、原料不合格管控缺失，多台风机基础失稳

1. 事故概况

2016年7月9日，某风电场发现3号风机塔筒晃动较大，基础环与基础之间存在较大缝隙，止水措施破坏失效。风电场立即停运该风机，并采取了安全防护措施，随后风电场组织相关单位对所有风机基础进行全面检查。经检查发现该风电场多台风机存在类似问题。事故造成风电场多台机组长时间停机。

2. 主要事故原因

（1）施工单位质量管理失控，未进行混凝土原材料、试块的取样和送检。风机基础所用砂石骨料不合格，含泥量超标。未按照技术要求施工，砂仓未按要求采取防雨措施，混凝土拌制前和过程中未进行含水率检测，雨季施工未根据砂含水率情况调整配合比。多数风机基础在雨季浇筑，仓面未按要求做好防雨措施，对混凝土强度造成影响。

（2）监理单位质量管控不到位，未采取有效措施制止不合格材料进场，且在施工单位使用不合格骨料情况下，仍然签署开仓证同意混凝土浇筑。

（3）建设单位管理人员质量意识淡薄，对监理抄报的砂石料含泥量超标等质量问题未采取处理措施，也未向上级单位汇报。

3. 重点防范措施

（1）制定并完善现场质量管理制度，同时加强对施工单位、监理单位质量管理制度建立和落实情况的监督管理。

（2）参建各方应增强质量意识，尤其要加强对项目部管理人员的技术培训，提升质量意识和责任心。

（3）加强现场质量管控，严格落实旁站监督，落实基础原材料、试块的取样和送检的管控措施，发现不合格情况立即停工整改。

（4）根据项目实际情况制定科学合理的施工进度计划，避免因抢工期遗留安全质量隐患。针对雨季施工、冬季施工等特殊施工方式应制定相应的质量控制方案并严格落实。

四、高速刹车归位异常，防护罩熔化引燃风机

1. 事故概况

2017年9月18日，某风电场维保单位人员开始对62号风机进行一年期维护，当日15时47分机组恢复运行。9月19日2时39分，62号风机报出齿轮油压力低故障开始停机，停机后相继报叶轮过速开关、齿轮油压力低、DP总线等故障，随后塔底与机舱通讯中断，机舱数据中断。2时47分集控中心运行值班员对该风机进行了一次远程复位，故障未消除。8时26分，检修人员开具风机检修工作票，准备处理故障，当到达62号风机时

发现机舱已烧毁。

2. 主要事故原因

（1）由于高速刹车系统闸刹车片归位异常导致其与刹车盘摩擦产生高温，进而导致刹车盘铝制防护罩过热，造成熔化。

（2）随后距离刹车盘上方15 cm的帆布通风罩被引燃。通风罩燃烧脱落后烧毁齿轮箱油管，并报出齿轮油压力低故障，机组开始停机。同时，齿轮箱油液泄漏，流向机舱尾部。在高温下油液气化被点燃，火势迅速蔓延。

（3）火势烧断通信系统，机舱PLC子站与塔底通讯中断，风速、叶尖压力、系统压力、齿轮油温度等机舱数据全部为0，并报出叶轮过速开关、齿轮油压力低、DP总线等假故障。

（4）对值班人员的技术培训不到位，值班员对连续多个故障报文未引起重视，未发现事故的严重性并及时启动应急处理程序。

3. 重点防范措施

（1）结合风机运行年限，完善风电机组维护手册。开展风电机组防火专项检查工作，对高速轴刹车、发电机、液压站及各油路管道等进行全面检查，消除火灾隐患。

（2）加装高速刹车系统温度传感器，考虑选用熔点较高的金属材料、耐高温和阻燃材料对刹车盘防护罩和通风罩进行代替处理。

（3）完善培训机制，制定培训计划，加强检修人员对设备结构、工作原理的掌握，提高业务水平。

（4）建立运行人员轮岗机制，使其熟悉风电机组结构、工作原理，提高对风电机组故障报文的分析判断能力。

五、超速故障盲目复位，联轴器损坏机组停机

1. 事故概况

2013年1月15日，某风电场23号风机相继因报"超速继电器触发安全链断开""机舱振动Y方向超限2""振动传感器PCH开关被触发""超速继电器触发安全链断开"等故障多次停机，当时正值白毛风天气，运维人员通过查看后台监控系统，认为是系统误报，所以连续多次对风机进行手动启动复位，最终导致风机联轴器损坏报废。2月3日联轴器到场，运维人员安装完毕。2月23日发电机对中工作完成，当天就地启机并网运行，该台风机累计停运39天。

2. 主要事故原因

（1）"超速继电器触发安全链断开"故障停机的触发条件为：当主轴转速高于20.35 r/min时触发安全链紧急故障停机，但由于风机后台监控系统无法读取主轴转速（风机未将该信号上传至后台服务器，故数据库中无该变量），同时风机就地系统也未记录主轴转速，故无法直接确认故障前主轴实际转速，但通过风机就地系统读取当时一段时间内的发电机转速，可确认发电机超速故障确实存在。

（2）风机报"超速继电器触发安全链断开"，当时发电机实际转速为 1 736.4 r/min（风机就地数据），由此计算主轴对应为 17.28 r/min，但根据控制系统实时故障代码，此时主轴转速应高于 20.35 r/min，依此判断，在风机第一次超速停机时，联轴器已经发生打滑。后续由于运维人员的多次复位启机，最终造成联轴器损坏报废。

（3）风机就地监控采集数据可精确到毫秒级，但风机后台监控采集的数据为 1 秒钟平均值，故运维人员从风机后台监控系统读取的风机"实时或历史"数据并不精确，以此为依据进行准确的故障分析，造成误判。

（4）风机故障时，运维人员由于天气情况未进行登机检查，在未及时调取风机就地数据进行故障分析的情况下，进行多次复位。

3. 重点防范措施

（1）应核查完善风机后台监控功能，对于风机主轴转速等重要信息必须接入远程监控，以使集控室运行人员能及时确认风机的真实运转状态。

（2）风机故障时，严禁盲目复位，尤其发生超速、振动等触发安全链动作的故障，禁止远程复位。应首先在画面上检查传动链上的温度、振动、油温、油压、油位、转速、功率等参数是否异常，确定当前风机的真实运转状态，初步分析故障原因，确定故障处理的紧急程度，然后就地进行检查，查明具体故障原因。

（3）加大对运维人员的培训力度，增强运维人员工作责任心及业务技术水平，提高对盲目复位可能造成风机严重事故的认识。

六、电缆头短路低穿缺失，598 台风机脱网

1. 事故概况

2011 年 2 月 24 日，甘肃酒泉某风电场 35 kV35B4 开关间隔 C 相电缆头故障绝缘击穿，造成单向对地短路，11 s 后发展为三相短路，随后事故影响扩大，导致包括 10 座风电场中 274 台风电机组因系统电压跌落脱网。大量风电机组脱网后，因系统无功过剩，电压迅速升高，引起 6 座风电场中 300 台风电机组因电压保护动作脱网。此外，事故过程中还有 24 台风电机组因频率越限保护动作脱网。本次事故脱网风电机组达到 598 台，损失出力 840.43 MW，占事故前酒泉地区风电出力的 54.4%，造成西北电网主网频率由事故前的 50.034 Hz 降至最低 49.854 Hz。

2. 主要事故原因

（1）风电场 35 kV35B4 开关 C 相电缆头安装工艺不良，导致电缆头应力集中，进而在电缆头应力锥部位出现绝缘薄弱点，在运行中发生单相接地故障，故障发生 11 s 后放电弧光短接 A、B 相接地刀闸静触头，发展为三相短路故障。

（2）35B4 开关跳闸后切除了该线路所带的全部 12 台风机，损失出力 18 MW。该风电场升压站 330 kV 母线电压跌落至 242.5 kV，为额定电压的 73.48%，场内其余 56 台风机因不具备低电压穿越功能而脱网，损失出力 77.83 MW。相邻 3 座升压站 330 kV 电压也均产生不同程度跌落，分别跌至 81.8%、82.48%、82.45%，因风机不具备低电压穿越功能导致 9 个风电场 274 台风机脱网，损失出力 377.13 MW。

(3)在风机大量脱网后,由于多个风电场无功补偿装置运行中存在问题,如未按要求投入、SVC/SVG 未正确动作、控制策略不满足要求、响应时间存在问题,造成无功补偿装置发出大量无功,导致电网电压飙升,4 座 330 kV 升压站电压分别升至 110.7%、111.4%、111.8%、111.4%,因电网过电压又造成 300 台在运风机脱网,共计损失出力 424.21 MW。

(4)有 24 台风机因风机频率保护定值设置不符合电网要求,在电网频率波动期间报"频率越线"而脱网停机。

3. 重点防范措施

(1)加强风电场建设时期的施工管理,严格对电气连接部位进行检查验收,严把质量关。生产运行期间,加强设备设施的检修维护,认真开展电气设备及其连接部件隐患排查治理工作。

(2)风机采购招标时对投标机组低电压穿越测试报告进行核查,风机监造过程中对主控、变桨、变频、发电机、叶片等部件型号进行核对,确认与测试报告中所列型号一致。此外还应对风机过电压运行能力提出要求。

(3)加强风电场管理,严格按照相关规范配置无功补偿装置并严格执行调度下达的无功控制策略,SVC/SVG 需实现无功自动跟踪功能;按电网要求设定频率保护等参数,保证各涉网保护功能正确动作。

七、某风电场三人死亡事件,一人触电,两人坠落

1. 事故概况

2018 年 12 月 17 日,某风电场三名运维人员到风机机舱作业时,放下吊车吊重物,由于风速过大,钢丝绳在风的作用下摆动,搭接在 35 kV 集电线路上,造成一人当场触电死亡。工作班组另外两名成员,看到事故发生后,心理恐惧害怕,急忙逃离机舱。匆忙中都没有穿戴安全带,后下的人员慌忙中一脚踩空,砸中先下的人员,两人双双高空坠落,经抢救无效死亡。

2. 主要事故原因

(1)未在安全风速下操作吊车,导致吊车钢丝绳搭接在 35 kV 集电线路上,造成一人触电死亡。

(2)工作人员违反操作规程下塔时不使用安全带。

(3)现场人员在遇到突发情况后缺乏正确的应急处置能力。

(4)企业安全教育培训不到位,员工安全意识、自我保护意识不强。

3. 重点防范措施

(1)从业人员严格执行登高作业安全生产操作规程。对违反操作规程的行为及时制止和纠正,确保生产安全。

(2)加强作业人员的安全教育和培训,增强作业人员的安全意识及应急处置能力。

(3)制定风机紧急逃生预案并进行演练,提高紧急情况下的处置能力。

(4)加强风电机组安全操作流程培训,提升人员工作能力及应变能力。

附录一　SWT－4.0－130型机组监控简介

一、WEB－WPS－SCADA控制系统

WEB－WPS－SCADA控制系统用于监视、采集数据，控制及反馈风电场状态。

1. 主要特性

WEB－WPS－SCADA系统具有如下主要特性：

① 通过互联网进行在线监视和控制；

② 将历史数据储存在数据库中；

③ 如果通信中断，实现在风机中的本地存储并转移到数据库中；

④ 可在任何地方使用标准网页浏览器访问系统。

⑤ 不要求特殊客户端软件许可证；

⑥ 每个用户获得单独的用户名和密码，管理员可分配给每个用户不同级别以提高安全性。

⑦ 可通过E-mail对风机与变电所的报警作出快速反映。

⑧ 可对特定的电网规程特性进行电网测量。

⑨ 风电场能量管理系统用来提高对风电场的控制与远程调节的控制。

⑩ 使用指定服务器将状态监控与风机控制器相结合。

⑪ 计算功率曲线图与功效以及根据压力和温度修正，具有MW控制/电压/频率控制/有功功率变化控制/结冰停机功能。

系统以以太网为基础，拥有串联接口和TCP/IP接口，匹配MODBUS和OPC协议。

风机硬件风机内部的组件由各自的风机控制器（WTC）监控。WTC能独立于SCADA系统运行，外部网络问题不会影响风电机组正常运行。

安放在塔底座的风机接口计算机（TIC）是处理WTC与中枢WEB－WPS服务器的接口，如果连接到中央服务器的信号被临时中断，那么记录在风机中的数据将储备在TIC。TIC有自己的IP地址，是风电场网络的一部分。

海上升压站采用"无人值守"方式运行，由风电场陆上集控中心中控室值班人员对海上升压站设备进行实时远程监控，风电机组的中央计算机监控系统在海上升压站和陆上集控中心中控室均配置监控工作站。

监控系统应提供两个以上独立OPC通信接口，配置两套OPC网关机，通信能力与信息数量保证满足采购人的生产实时监控系统（管控一体化平台）、电网调度系统、风功率预测系统同时通信的要求。单台风机采集的数据点不少于250个，具体要求需要满足风电公司和电网上传信息数据要求,并可开放 SCADA 通信协议。

系统软件采用 PLC(或主控制器)软件、风电机组就地显示操作软件(底部操作界面、顶部操作界面)、变频器软件(主变频器、其他辅助变频器、偏航等)、维护用接口软件、SCADA 系统软件。以上软件需要提供相应的安装版本及使用说明书,保证能够满足维护人员正常的设备维护工作需求。

二、Web WPS 风电监控系统

Web WPS 风电监控系统是基于浏览器的监控和数据采集系统,可以实现以下功能。

① 从不同的监控点收集数据,例如风机、高性能 park pilots(HPPP)、电站和气象站;

② 将收集到的数据储存到数据库中并可以检索报表中的数据;

③ 监控现场监控站的当前状态;

④ 通过指令控制监控站运行。

1. Web WPS 登录

(1)获取连接

① 确保个人电脑通过本地网络连入因特网。

② 如果没有连接,请将 PC 通过调制解调器拨号接入因特网,按要求填入用户名、密码和电话号码。

(2)登录 Web WPS

① 建立连接后,启动浏览器。

② 在地址栏输入正确的 IP 地址,并按下确认键。

③ 登录界面如图 1′-1。

Login

Enter username and password

Username	Password	
CPIBH_CN	••••••••••	Login

Using Wind Power Management Center

图 1′- 1 Web WPS 登录界面

④ 使用用户名和密码登录。

注意:仅可使用微软 IE7.0 或更新的版本登录 WPS。如果无法登录,请核对是否输入正确的用户名和密码,且需要区分用户名和密码的大小写。

(3)菜单和欢迎界面

Web WPS 菜单和欢迎界面分为以下部分:

① 现场状态指示板位于菜单和欢迎界面最上方,如图 1′-2。

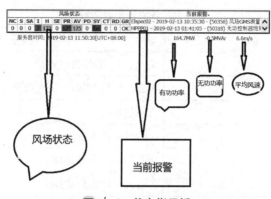

图 1'-2 状态指示板

② WPS菜单显示在欢迎界面最左侧,如图 1'-3。

图 1'-3 Web WPS菜单和欢迎界面

三、现场状态指示板

1. 现场站点状态指示面板概览

现场状态指示面板分为现场状态和主动报警两个不同的部分。

有功功率-所有风机有功功率总和、无功功率-所有风机无功功率总和、风速-所有风机风速平均值、面板上数值每10秒更新一次等关键数据和服务时间会显示在面板底部。

指示面板上的数值超过10分钟没有更新,"失去远程连接"的警告标志会在面板左侧角落闪烁。

2. 现场状态概览

现场状态给出现场当前状态的概览。现场状态有不同的指示,这些指示及其描述在表 1'-1中给出。现场状态指示及其描述见图 1'-4。

风场状态												
NC	S	SA	I	H	SE	PR	AV	PD	SY	CT	RD	GR
0	0	0	2	123	0	125	125	0	Err	0	0	OK

服务器时间: 2019-02-13 12:10:11[UTC+08:00]

图 1'-4 现场状态表

表 1'-1 状态指示器和描述

指示	Web WPS 指示	描述
NC-无连接	0	无风机与 WPS 失去连接
	X	X 台风机与 WPS 失去连接
S-停机	0	无风机停机
	X	X 台风机停机
SA-停机自动复位	0	无风机停机自动复位
	X	X 台风机停机自动复位
I-主动报警操作	0	无风机主动报警操作
	X	X 台风机主动报警操作
H-健康风机	0	无健康风机
	X	X 台健康风机
SE-服务维修	0	无风机在服务中
	X	X 台风机在服务中
PR-生产	0	无风机正在发电.
	X	X 台风机正在发电
AV-有效	0	无风机可以发电.
	X	X 台风机可以发电
PD-产出推迟	X	X 台风机在一段时间内没有发电,如果所有风机都发电或者风机离线,则不显示该栏。
SY-系统警报	OK	无主动系统报警
	Err	主动系统报警故障
CT-弃风	0	无风机弃风
	X	X 台风机弃风
RD-降容	0	当前没有风力发电机采用有功降容
	X	当前采用有功降容的风力发电机的数量 X
GR-电网	OK	电网通信状态正常
	Err	电网通信故障
PD-发电延迟	X	X 台风机在一段时间内没有发电,如果所有风机都发电或者风机离线,则不显示该栏

3. 主动报警

主动报警区域显示最近 10 个报警。主动报警形式为站点名字-时间戳-报警代码和报警描述。如果没有主动报警,则显示"现在无警报"。报警内容如图 1'-5。

当前报警。

Elspec02 - 2019-02-13 12:04:19 - (50358) 风场GMS测量

HPPP01 - 2019-02-13 01:41:05 - (50318) 无功控制器饱和

图 1′-5　主动报警

四、Web WPS 菜单-历史

1.每日汇总报告

每日汇总报告即日报,可显示所选日期的风机数据,如图 1′-6。日报生成器
(WpsReport)可以检验前几天的技术数据,并且生成每日报告汇总。该报告可通过如下
步骤查看。

1.点击"历史"→"日志",将会显示最新日报。

2.在下图所示的区域中,设定显示日报的条件。

(1) 日期:指定想要查看日报的日期。

(2) 点击"加载数据",日报会按照相应条件显示。

历史数据, 日数据统计, CPI Binhai

历史数据
日数据统计
生产报表
警报
邮件日志
原始数据
瞬时可利用率报表
月度报表
调度报告
图表
备份
版本
实时数据
HPPP
应用管理
文档
退出

日期 | 2019-02-12 | 加载数据 | 输出

风力发电机	采样率[%]	采样周期[h]	净发电量[kWh]	平均功率[kW]	功率因素[%]	塔顶风速[m/s]	可利用率[%]	标准可利用率[%]	电网停电时间[h]
H2-082	100	24.0	6,007	250.2	6.3	4.6	99.7	99.7	0.0
H2-083	100	24.0	5,578	232.4	5.8	3.7	100.0	100.0	0.0
H2-084	100	24.0	8,907	371.1	9.3	4.3	100.0	100.0	0.0
H2-085	100	24.0	5,950	247.9	6.2	3.6	100.0	99.9	0.0
H2-086	100	24.0	5,950	247.9	6.2	3.7	100.0	100.0	0.0
H2-087	100	24.0	6,059	252.4	6.3	3.8	100.0	100.0	0.0
H2-088	100	24.0	5,955	248.1	6.2	3.7	100.0	100.0	0.0
H2-089	100	24.0	6,052	252.1	6.3	3.7	100.0	100.0	0.0
H2-090	100	24.0	5,973	248.8	6.2	3.6	100.0	100.0	0.0
H2-091	100	24.0	6,199	258.2	6.5	3.8	100.0	100.0	0.0
H2-092	100	24.0	5,651	235.4	5.9	4.7	100.0	100.0	0.0
H2-093	100	24.0	6,663	277.5	6.9	3.9	100.0	100.0	0.0
H2-094	100	24.0	5,935	247.2	6.2	3.7	100.0	100.0	0.0
H2-095	100	24.0	9,239	384.9	9.6	4.1	100.0	100.0	0.0
H2-096	100	24.0	6,262	260.9	6.5	3.8	100.0	100.0	0.0
H2-097	100	24.0	6,329	263.7	6.6	4.2	100.0	100.0	0.0
H2-098	100	24.0	6,246	260.2	6.5	3.7	100.0	100.0	0.0
H2-099	100	24.0	5,828	242.8	6.1	3.7	100.0	100.0	0.0
H2-100	100	24.0	9,877	411.5	10.3	4.2	100.0	100.0	0.0
总计									
平均	100	24.0	6,373	266.2	6.6	3.8	99.2	99.5	0.0
总和			796,646						0.0

风场发电量[kWh]		
输出电量	输入电量	净发电量
257,786	1,713	256,073

图 1′-6　每日汇总报告

批准状态和批准细节修正内容,譬如批准者用户名、批准描述或者评论会显示在日报
最上端。这些描述只有在日志修正被选择后才会显示,内容如表 1′-2所示。

表 1′-2　日报描述

名称	描述
风机	风机名
采样[%]	采样百分比应该为 100%（一昼夜）

续 表

名称	描述
采样周期[小时]	采样周期是用于生成报表的时间戳一般采样周期为24.0。如果采样周期小于24.0,一天的最后记录将是无效或者不存在的。如果采样时间长于24.0,一天的初始时期记录将是无效或不存在的。
净产能[kWh]	净产能
平均功率[kW]	风机平均有功功率
容量因数[%]	在一段采样期内,和最大额定产出容量相对应的能量产出百分比
机舱风速[m/s]	风机当地平均风速

2. 日报导出 excel 文件

日报可被导入到 excel 文件中。如何将日报导入到 excel 的详细信息和 excel 文件中不同区域的可用性,可参照 WPS 文件下拉菜单中"导入 Excel 报告描述"。

3. 生产报告

如图 1'-7,生产报告显示电站和风机的产出功率,依据风场可以得到两种不同的产出报告:风机生产报告和电站生产报告(可选)。

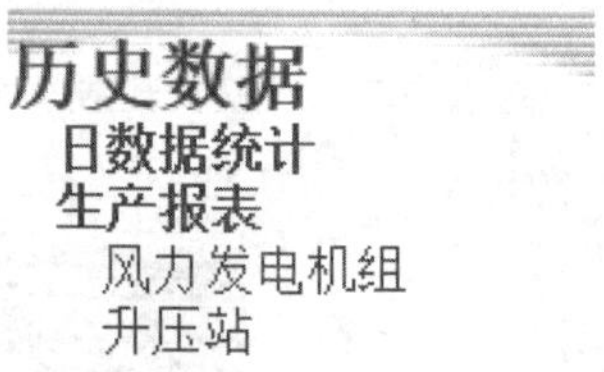

4. 生产报告-风机

(1) 如果风场中只有风机,则在历史菜单中点击"生产报告";否则点击生产报告→风机,如图 1'-8 所示,将显示每台风机的默认产能报告。

(2) 可设定显示生产报告的条件,具体条件如下。

① 起始日期:设定想要显示的风机产能报告的起始日期。

② 结束日期:设定想要显示的风机产能报告的终止日期。

③ 查看:从列表中选择天、周和月份,数据将根据选择的日期汇总。

(3) 点击加载数据:显示选定条件的产出报告。

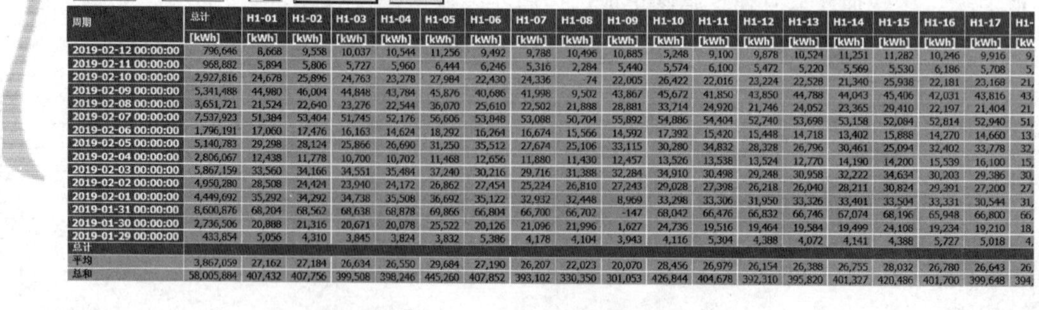

历史数据
日数据统计
生产报表
风力发电机组
升压站

图 1'-7 生产报告

历史数据, 生产报表, **CPI Binhai**

起始日期 2019-01-29 截至日期 周期 天 加载数据 输出

周期	总计 [kWh]	H1-01 [kWh]	H1-02 [kWh]	H1-03 [kWh]	H1-04 [kWh]	H1-05 [kWh]	H1-06 [kWh]	H1-07 [kWh]	H1-08 [kWh]	H1-09 [kWh]	H1-10 [kWh]	H1-11 [kWh]	H1-12 [kWh]	H1-13 [kWh]	H1-14 [kWh]	H1-15 [kWh]	H1-16 [kWh]	H1-17 [kWh]
2019-02-12 00:00:00	796,646	8,668	9,558	10,037	10,544	11,256	9,492	9,788	10,496	10,885	5,248	9,100	9,878	10,524	11,251	11,282	10,246	9,916
2019-02-11 00:00:00	968,882	5,894	5,806	5,727	5,960	6,444	6,246	5,316	2,284	5,440	5,574	6,100	5,220	5,569	5,530	6,186	5,708	
2019-02-10 00:00:00	2,927,816	24,678	25,896	24,763	23,278	27,984	22,430	24,336	74	22,005	26,422	22,016	23,224	22,528	21,340	25,938	22,181	23,168
2019-02-09 00:00:00	5,341,488	44,980	46,004	44,848	43,784	45,876	40,686	41,998	9,502	43,867	45,672	41,850	43,850	44,788	44,043	45,406	42,031	43,816
2019-02-08 00:00:00	3,651,721	21,524	22,640	23,276	22,544	36,070	25,610	22,502	21,888	28,881	33,714	24,920	21,246	24,052	23,365	29,410	22,197	21,404
2019-02-07 00:00:00	7,537,923	51,384	53,404	51,745	52,176	56,606	53,048	53,088	50,204	55,892	54,886	54,404	52,740	53,698	53,158	52,084	52,814	52,940
2019-02-06 00:00:00	1,796,191	17,000	17,426	16,163	14,624	18,292	16,264	16,674	15,566	14,592	17,392	15,420	15,448	14,718	13,402	15,888	14,270	14,660
2019-02-05 00:00:00	5,340,783	29,298	28,124	25,806	26,690	27,674	26,500	33,115	30,280	34,832	28,328	26,926	30,461	25,094	32,402	32,402	33,778	320
2019-02-04 00:00:00	2,806,067	12,438	11,778	10,700	10,702	11,468	12,656	11,880	11,430	12,457	13,526	13,538	13,524	12,770	14,190	14,200	15,539	16,100
2019-02-03 00:00:00	5,867,159	33,560	34,166	34,551	35,484	37,240	30,216	29,716	31,388	32,284	34,910	30,498	29,248	30,958	32,402	34,634	30,203	29,396
2019-02-02 00:00:00	4,950,280	28,508	24,424	23,940	24,172	26,862	27,454	25,234	26,803	27,243	29,028	27,396	26,218	26,040	28,211	30,824	29,391	27,200
2019-02-01 00:00:00	4,449,692	35,292	34,292	34,738	35,508	36,692	35,122	32,932	32,448	8,969	33,298	33,326	33,401	31,950	30,824	29,391	27,200	27
2019-01-31 00:00:00	8,600,876	68,204	68,638	68,638	69,866	66,804	66,700	66,202	68,042	66,454	66,832	66,745	67,074	68,196	65,948	66,830	66	
2019-01-30 00:00:00	2,736,506	20,888	21,316	20,671	20,078	25,522	20,126	21,096	21,996	1,627	24,736	19,516	19,464	19,584	19,499	24,106	19,234	19,210
2019-01-29 00:00:00	433,854	5,056	4,310	3,845	3,824	5,386	4,178	4,104	3,943	4,116	5,304	4,388	4,072	4,141	4,388	5,727	5,018	
总计																		
平均	3,867,059	27,162	27,184	26,516	26,550	29,684	27,190	26,207	22,023	28,456	26,991	26,154	26,388	26,755	28,032	26,780	26,643	26
总和	58,005,884	407,432	407,756	399,508	398,246	445,260	407,852	393,037	330,350	301,053	426,844	404,678	392,310	395,820	401,327	420,486	401,700	399,648	394

图 1'-8 生产报告历史

（4）生产报告-电站（可选）

点击生产报告→电站，显示每个电站的产能，可以显示出每个电网结点的有功和无功能量（包括输入和输出）。

报表的"仅主要电站"复选框，是默认选择的。如果没有选择该复选框，则会显示每个电站的产出数据。当某些电站串接在一起并且测量的是同一功率，将不会显示。

图1'-9是电站不同条件下的产出报告。

历史数据, 风场发电量报告, CPI Binhai

起始日期	截至日期	周期			
2019-01-29 📅	📅	天 ▼	☑ 仅单环路	加载数据	输出

输出有功	总计	Elspec01	Elspec02	Elspec03
周期	[kWh]	[kWh]	[kWh]	[kWh]
2019-02-12	0			0
2019-02-12	0		0	
2019-02-12	257,786	257,786		
2019-02-11	0			0
2019-02-11	1		1	
2019-02-11	139,035	139,035		
2019-02-10	0			0
2019-02-10	1		1	
2019-02-10	549,929	549,929		
2019-02-09	0			0
2019-02-09	1		1	
2019-02-09	1,038,925	1,038,925		
2019-02-08	0			0
2019-02-08	0		0	
2019-02-08	629,523	629,523		
2019-02-07	0			0
2019-02-07	1		1	
2019-02-07	1,321,615	1,321,615		
2019-02-06	0			0
2019-02-06	1		1	
2019-02-06	374,407	374,407		
2019-02-05	0			0
2019-02-05	0		0	
2019-02-05	797,590	797,590		
2019-02-04				

输入有功	总计	Elspec01	Elspec02	Elspec03
周期	[kWh]	[kWh]	[kWh]	[kWh]
2019-02-12	43			43
2019-02-12	0		0	
2019-02-12	1,670	1,670		
2019-02-11	44			44
2019-02-11	0		0	
2019-02-11	2,895	2,895		
2019-02-10	43			43
2019-02-10	0	0		
2019-02-09	44			44
2019-02-09	0	0		
2019-02-08	45			45
2019-02-08	0	0		
2019-02-07	44			44
2019-02-07	0		0	
2019-02-07	0	0		
2019-02-06	43			43
2019-02-06	0		0	
2019-02-05	3,502	3,502		
2019-02-05	43			43
2019-02-05	0		0	
2019-02-04	43			

图1'-9 电站产出报告

（5）产出报告-导出Excel文件

产出报告（风机和电站）可以导入到excel文件中。如何将风机和电站的产出报告导入到excel文件，详细信息请查阅WPS文件菜单下的"excel报表导出描述"。

五、报警

报警包含"报警日志"和"报警数据"子菜单。

报警日志显示报警信号和其他系统事件；报警数据报警按照时间间隔和报警类别分类显示，同时给出报警时间间隔。

1. 创建报警日志

点击报警→报警日志，将会显示缺省报警日志，如图1'-10所示。可设置报警的显示条件：

历史数据
日数据统计
生产报表
警报
　报警记录
　统计

图1'-10 报警

① 起始日期,终止日期:填入你想要显示的报警时间间隔。

② 组:选择系统的报警类别,风机、电网和停机控制。

③ 监控站:设定报警/事件生成的监控站 ID。

④ 仅当前活跃报警:在仅当前活跃报警复选框中选择。

⑤ 显示事件:选择警报的同时在复选框选中择显示事件。当事件以灰色高亮显示,无法进入。

⑥ 筛选器:为快速选择,可以事先定义筛选器名字。

⑦ 包含调试报警:在选择其他报警和事件时,在复选框中选择显示风机调试中生成的报警。这些报警会以黄色高亮和斜体字显示,用以区别其他报警信息。

⑧ 报警:在列表框中选择报警。

⑨ 已选:显示上述已选报警信息。

⑩ 包含:选择这个确认框可以包含上述已选报警信息同时显示报警日志。

⑪ 排除:选择这个确认框可以排除上述已选报警信息,同时显示报警日志。

点击"加载数据",将显示选定条件下的报警日志,如图 $1'$- 11 所示。日志内容如表 $1'$- 2。

历史数据, 报警记录, CPI Binhai

起始时间	截止时间	持续时间	组	站点	编码	描述	用户	证样	
2019-02-13 11:14:13	2019-02-13 11:19:14	00:05:01	Turbine	H2-074	8110	FT1超声波风速计通讯 错误			备注
2019-02-13 10:37:36	2019-02-13 10:42:37	00:05:01	Turbine	H2-028	8110	FT1超声波风速计通讯 错误			备注
2019-02-13 09:19:03	2019-02-13 09:22:45	00:03:42	Turbine	H2-012	1001	手动停机			备注
2019-02-13 09:17:54	2019-02-13 09:22:48	00:04:54	Turbine	H2-012	1015	手动闲置停机			备注
2019-02-13 09:03:53	2019-02-13 09:08:54	00:05:01	Turbine	H2-028	8110	FT1超声波风速计通讯 错误			备注
2019-02-13 08:36:43	2019-02-13 08:40:14	00:03:30	Turbine	H2-099	3130	变桨润滑			备注
2019-02-13 08:34:33	2019-02-13 08:38:03	00:03:30	Turbine	H2-097	3130	变桨润滑			备注
2019-02-13 08:29:38	2019-02-13 08:33:08	00:03:30	Turbine	H2-092	3130	变桨润滑			备注
2019-02-13 08:27:38	2019-02-13 08:31:08	00:03:30	Turbine	H2-090	3130	变桨润滑			备注
2019-02-13 08:21:55	2019-02-13 08:25:25	00:03:30	Turbine	H2-084	3130	变桨润滑			备注
2019-02-13 07:34:30	2019-02-13 07:38:00	00:03:30	Turbine	H2-037	3130	变桨润滑			备注
2019-02-13 07:33:40	2019-02-13 07:37:10	00:03:30	Turbine	H2-036	3130	变桨润滑			备注
2019-02-13 07:25:43	2019-02-13 07:27:30		Turbine	H1-21	13905	DG:变流器功率降低			备注
2019-02-13 07:21:20	2019-02-13 07:23:04	00:01:44	Turbine	H1-21	3203	变桨pawIA反馈作业			备注
2019-02-13 07:21:20	2019-02-13 07:23:02	00:01:42	Turbine	H1-21	3204	变桨pawIB反馈作业			备注
2019-02-13 07:21:20	2019-02-13 07:23:00	00:01:40	Turbine	H1-21	3205	变桨pawIC反馈作业			备注
2019-02-13 06:50:06	2019-02-13 06:53:06	00:03:00	Turbine	H1-06	3130	变桨润滑			备注

图 $1'$- 11　报警日志

表 $1'$- 2　报警日志清单

名字	描述
起始时间	警报和事件起始时间
终止时间	报警和事件停止时间,对主动报警来说,该栏保持为空
持续时间	报警和事件时间间隔。终止时间和起始时间之差。对主动报警来说,该栏保持为空

名字	描述
组别	系统、风机、电网、气象、风场控制器
监控站	报警和事件发生的监控站
代码	报警和事件发生的唯一代码
描述	报警和事件描述
使用者	最后添加报警和事件评论信息的使用者名字
评论	使用者添加的评论内容

2. 为报警选择创建新筛选器

创建筛选器可以对警报快速选择，同时可设定报警日志显示的条件。以下介绍创建筛选器的方法。

（1）在过滤器名中设定过滤器名称。

（2）从报警列表框中移动警报到已选列表框中，就可以保存到特定的筛选器中，如图 $1'-12$。

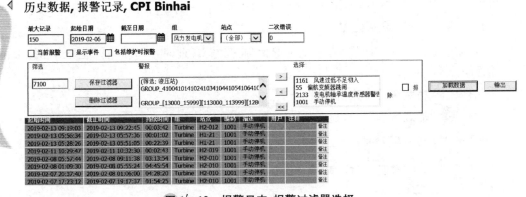

图 $1'-12$　报警日志-报警过滤器选择

（3）点击"保存筛选器"，筛选器将保存在报警列表框内。

如果新建的筛选器在保存后，筛选器没有出现在报警列表框中，请重新加载报警日志页面。在筛选器输入筛选器名称，点击"删除筛选器"可以删除报警列表框中的筛选器。

3. 创建报警意见

点击图 $1'-12$ 所示的显示页中的"备注"，将会打开如图 $1'-13$ 所示的弹出窗口。

如果预先定义了评论模板，弹出窗口将会显示一个有预先定义的评论模板。

（1）在文本框弹出窗口中输入新评论，如果评论已经输入，可以在文本框中编辑该评论。

（2）点击"更新"，最新评论将会显示在报警日志页中。

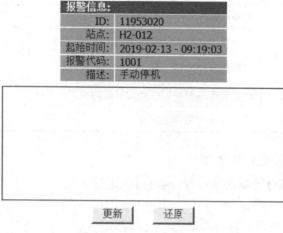

图 1'-13 编辑报警评论

如果不想更新报警评论,点击"Undo",报警日志将不会显示任何变化。输入评论表示用户已经确认警报发生。

4. 报警统计-监控站视图

(1) 在"报警"→"统计"下的 X 轴中选择"监控站"。此时,时间间隔、报警组和标准值是无效的。

(2) 点击"报警统计-即时视图"。

(3) 点击"加载数据"。将显示如图 1'-14 报警统计页面。

图 1'-14 报警数据-监控站视图

5. 报警-导出 excel 文件和邮件日志

报警日志和报警统计可以导出到 excel 文件。

邮件日志可给出报警监控邮件系统状态信息,如图 $1'$－15 所示。邮件日志亦可导出至 excel 文件。

History, Mail Log

Max Records	From Date	To Date	Group	Station	Code
150	11-05-2005		Turbine	(All)	(Current selection: All)

Load data　　Import

Subscription	Last Send	Recipient	Code	Text	Status	Attempts	Turbine	Time On
Per Egedal	24-01-2007 - 02:25:35	@siemens.com	13140	FRT function activated	Send successfully	1	S003	24-01-2007 - 02:20:21
Per Egedal	26-01-2007 - 01:27:49	@siemens.com	13140	FRT function activated	Send successfully	1	S096	26-01-2007 - 01:23:11
Per Egedal	26-01-2007 - 09:18:37	@siemens.com	13140	FRT function activated	Send successfully	1	S023	26-01-2007 - 09:15:05
Per Egedal	26-01-2007 - 11:25:13	@siemens.com	13140	FRT function activated	Send successfully	1	S003	26-01-2007 - 11:23:18
Per Egedal	26-01-2007 - 16:19:00	@siemens.com	13150	Fly catch retry active	Send successfully	1	S116	26-01-2007 - 16:17:47
Per Egedal	28-01-2007 - 01:00:15	@siemens.com	13140	FRT function activated	Send successfully	1	S120	28-01-2007 - 00:50:29
Per Egedal	28-01-2007 - 07:10:36	@siemens.com	13140	FRT function activated	Send successfully	1	S120	28-01-2007 - 07:08:13
Per Egedal	28-01-2007 - 07:10:30	@siemens.com	13140	FRT function activated	Send successfully	1	S120	28-01-2007 - 07:08:24
Per Egedal	28-01-2007 - 07:10:22	@siemens.com	13140	FRT function activated	Send successfully	1	S120	28-01-2007 - 07:08:46
Per Egedal	28-01-2007 - 07:23:24	@siemens.com	13140	FRT function activated	Send successfully	1	S120	28-01-2007 - 07:11:54
Per Egedal	28-01-2007 - 07:23:11	@siemens.com	13140	FRT function activated	Send successfully	1	S120	28-01-2007 - 07:12:03
Per Egedal	29-01-2007 - 15:53:21	@siemens.com	13150	Fly catch retry active	Send successfully	1	S076	28-01-2007 - 12:31:07
Per Egedal	28-01-2007 - 16:11:31	@siemens.com	13150	Fly catch retry active	Send successfully	1	S003	28-01-2007 - 15:58:28
Per Egedal	28-01-2007 - 16:27:18	@siemens.com	13150	Fly catch retry active	Send successfully	1	S037	28-01-2007 - 16:25:13
Per Egedal	28-01-2007 - 17:25:55	@siemens.com	13150	Fly catch retry active	Send successfully	1	S030	28-01-2007 - 17:14:53
Per Egedal	29-01-2007 - 15:57:05	@siemens.com	13140	FRT function activated	Send successfully	1	S077	29-01-2007 - 06:27:36
Per Egedal	29-01-2007 - 15:53:12	@siemens.com	13140	FRT function activated	Send successfully	1	S068	29-01-2007 - 06:27:37

图 $1'$－15　邮件日志

六、原始数据

原始数据包含如图 $1'$－16 所示的子菜单:

图 $1'$－16　原始数据

① 风机,提供当前风机数据;

② 气象,提供当前气象站数据;

③ 电网,提供当前电站数据,WPS 然后计算平均值、最小值和最大值。

④ 风机技术数据(可选),风机技术数据可由计算风机每十分钟的采样数据得到;

⑤ 气象技术数据(可选),提供气象系统数据,气象系统数据可由计算气象每十分钟

（3）点击"加载数据"，显示选定条件下的电网原始数据。

电网原始数据显示页面见图 $1'$－18。

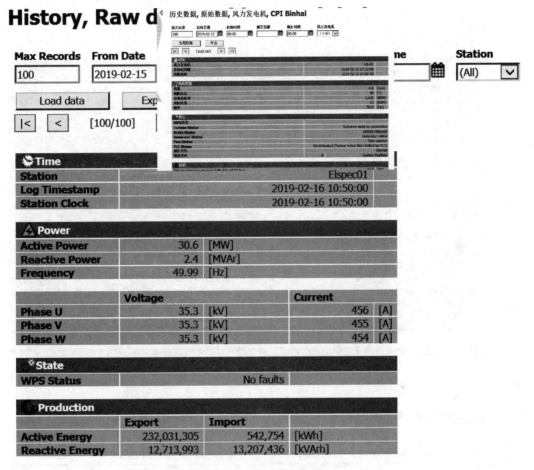

图 $1'$－18 电网原始数据

3. 原始数据-风机系统（可选）

（1）点击"原始数据"→"风机系统"，将显示所有风机系统默认数据。

（2）设定条件，点击"加载数据"，将显示选定条件的风机系统数据。

风机系统原始数据页面如图 $1'$－19 所示。

4. 原始数据-电网系统（可选）

点击"原始数据"→"电网系统"，显示所有电站电网系统默认数据。

设定条件，点击"加载数据"，将显示选定条件的电网系统数据，电网系统数据界面如图 $1'$－20 所示。

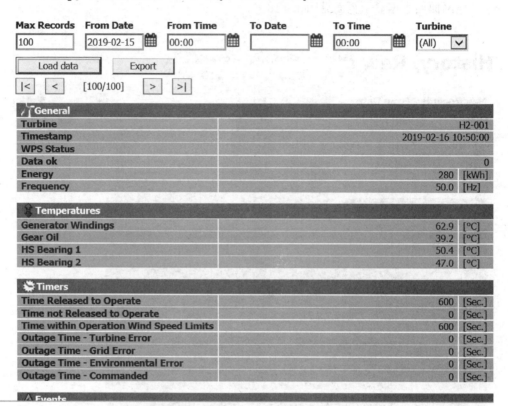

图 1'－19　原始数据-风机技术日志

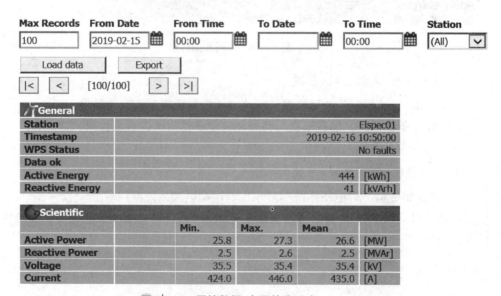

图 1'－20　原始数据-电网技术日志

气象与气象技术数据的获取方法与以上数据相同,可自行尝试。

所有原始数据(风机、风机系统、电网系统)都可以导出到 excel 文件中。

七、额外可利用率报告

额外可利用率报告给出风机一段特殊时期内的可利用率报告。

(1)点击"历史"→"额外可利用率报告",将显示最新的额外可利用率报告。

(2)设定要显示的额外可利用率报告条件。

① 起始日期:设定想要显示的报告起始日期;

② 终止日期:设定想要显示的报告终止日期。

(3)点击"加载",显示选定条件后的额外可利用率报告,如图 1'-21 所示。

History, Availability Report, CPI Binhai

From Date	To Date		
2019-02-01	2019-02-16	Load data	Export

Period			2019-02-01-2019-02-15							
Turbine	Days	Energy [kWh]	Standard Availability		Turbine Comm. Avail.		Turbine Data Avail.		Energy Since Startup [kWh]
			Subtotal [%]	Total [%]	Subtotal [%]	Total [%]	Subtotal [%]	Total [%]	
H1-01	15	408,960	100.0	97.2	100.0	83.3	100.0	85.0	27,321,352
H1-02	15	404,764	100.0	97.8	100.0	84.2	100.0	84.0	26,651,548
H1-03	15	408,878	100.0	94.9	100.0	92.7	100.0	86.0	1,876,071
H1-04	15	409,172	100.0	97.6	100.0	83.0	100.0	85.0	26,406,908
H1-05	15	454,082	100.0	96.4	100.0	76.8	100.0	79.0	25,713,622
H1-06	15	409,684	100.0	96.5	100.0	93.2	100.0	96.0	27,129,104
H1-07	15	387,852	99.9	98.4	99.9	85.4	100.0	86.0	27,312,912
H1-08	15	334,058	85.1	96.0	85.0	93.1	100.0	87.0	26,748,486
H1-09	15	396,803	95.6	98.2	95.6	25.7	100.0	85.0	5,654,952
H1-10	15	436,292	100.0	97.0	98.1	78.1	98.1	80.0	27,670,266
H1-11	15	406,682	100.0	97.6	100.0	84.6	100.0	86.0	27,858,334
H1-12	15	388,204	99.9	96.0	99.9	83.2	100.0	86.0	27,228,352
H1-13	15	405,668	100.0	96.8	100.0	83.4	100.0	85.0	25,859,002
H1-14	15	413,631	100.0	99.1	100.0	88.4	100.0	90.0	16,701,417
H1-15	15	431,354	100.0	98.5	100.0	86.5	100.0	87.0	27,372,950
H1-16	15	403,213	100.0	96.9	100.0	95.8	100.0	87.0	909,772
H1-17	15	395,684	99.8	96.2	99.8	81.4	100.0	83.0	26,452,732
H1-18	15	405,792	100.0	98.2	100.0	85.9	100.0	86.0	26,889,762
H1-19	15	418,980	100.0	93.8	100.0	83.8	100.0	89.0	24,551,456
H1-20	15	456,104	100.0	97.9	100.0	94.7	100.0	92.0	17,770,608
H1-21	15	418,419	99.8	94.5	99.8	90.7	99.9	87.0	15,196,905
H1-22	15	402,778	100.0	96.4	100.0	85.3	100.0	86.0	26,883,100
H1-23	15	433,220	100.0	97.8	100.0	87.1	100.0	88.0	27,056,744
H1-24	15	430,072	99.9	97.4	99.9	86.5	100.0	88.0	27,150,124
H1-25	15	467,038	100.0	98.3	100.0	91.2	100.0	92.0	28,914,816

图 1'-21　额外可利用率报告

报告顶端显示修改和修改批准细节,例如审核者名字和审批内容描述等信息报告内容介绍见表 1'-3。额外可利用率报告可以导入到 excel 中。

表 1'-3　额外可利用率报告

名字	描述
风机	风机名
天数	数据显示的天数
能量(kWh)	总能量

名字	描述
风机制造商可利用率	子项和:特定周期的有效值(不同于终止时间和起始时间) 总和:上次记录的总可利用率和
标准可利用率	子项和:标准特定周期的有效值(不同于终止时间和起始时间) 总和:上次记录的标准总可利用率和
风机商用可利用率	子项和:准备时间占正常时间百分比 总和:周期总小时数占风机总准备小时数
风机可利用率数据	子项和:报告月中风机样机数量占理论数量百分比 总和:从站点建成后样机数量占理论数量百分比
名字	描述
定制可利用率(可选,图中无显示)	子项和:依据上一次存储的子项总小时数定义的可利用率值 总和:依据上一次存储的子项总小时数定义的可利用率值
自启动以来能量	上一次存储的总能量值
变电所能量启动	电站测量的能量输出值
大风平均值	气象测量期间的平均风

额外可利用率报告可以导入到 excel 中。

八、月报

月报是依据报告生成器中日报汇总数据基础上生成的月度数据统计。

WPS 提供下面不同种类的月报:风场、风机、警报如图 $1'-22$。

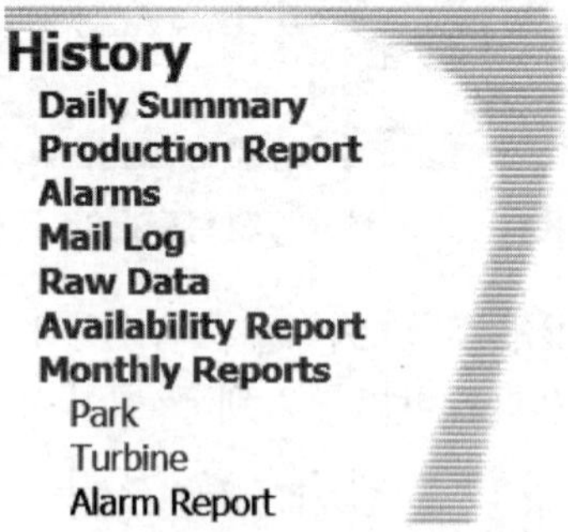

图 $1'-22$ 月报

1. 月报-风场

(1) 点击"月报"→"风场",将默认显示风场一整年的月报。

(2) 设定风场月报显示的条件:

① 最大记录:设定想要显示的记录数量;

② 起始日期:设定需要显示的报告起始日期;

③ 终止日期:设定想要显示的终止日期;

④ 最终期限校正:完成最终期限校正,请从创建好的最终期限列表中选择;

⑤ 应用每日校正:选择风场月报每日校正应用选项。

(3) 点击"加载数据",显示设定好条件的月报。风场月报如图 $1'$－23 所示。月报内容介绍见表 $1'$－4。

History, Monthly Park Report, CPI Binhai

Max Records `12` **From Date** `2018-02-01` 📅 **To Date** `          ` 📅   Load data   Export

|<   <   [12/12]   >   >|

🌀 General			
Period		二月 - 2019 **Days**	15

	Sub-Total	Total	
⚙ Operation			
From	2019-02-01 - 00:00:00	1900-01-01 - 00:00:00	
To	2019-02-15 - 00:00:00	2019-02-15 - 00:00:00	
Availability of Turbine Data	100.0	59.4	%
Period Hours	45,000.0	1,899,995	Hours
Turbine Ready	44,758.0	1,119,692	Hours
Generator Hours	40,578.7	927,003	Hours
Base Hours	44,913.4	1,842,526	Hours
⚙ Production at Turbines			
Net Energy Production	59,508,574	1,302,815,741	kWh
Potential Production	59,508,580	1,302,815,741	kWh
Average Production	1,466.5	1,405.4	kW
⚙ Production at SubStation			
Active Energy Import	14,588	549,522	kWh
Active Energy Export	10,164,627	231,292,045	kWh
Reactive Energy Import	62,389	13,190,321	kVArh
Reactive Energy Export	786,900	12,705,243	kVArh
⚙ Reliability			

图 $1'$－23 月报-风场日志

表 $1'$－4 月报-风场

名字	子项名	描述	
		子项和	总和
总体	周期	显示数据的月份	
	天数	显示数据的天数	

续 表

名字	子项名	描述	
		子项和	总和
运行	起始	检查月第一天	风机启动或运行第一天
	终止	检查月最后一天	检查月最后一天
	风机数据可利用率	正常小时数之和	与理论周期相比风机样机百分比
	小时	风机准备小时数之和(风机已准备发电的时间)	上次记录的正常小时数之和
	风机准备	故障时间之和	上次存储的准备时间数
	风机故障	发电时间总和	上次记录的故障时间总和
	发电时间	周期时间和外部故障时间的差别	上次记录的发电时间之和
	基础时间	风机相对于基础时间的准备时间百分比	周期时间和外部故障时间的差别
	风场可利用率	相对于周期小时数,在规定范围内的风速小时数所占的百分比	风机相对于基础时间的准备时间百分比
	风可利用率	从上次记录的相对于周期小时数,在规定范围内的风速小时数所占的百分比	从上次记录的相对于周期小时数,在规定范围内的风速小时数所占的百分比
	实际/潜能	能量对总能量与总弃风能量之和的百分比	能量对总能量与总弃风能量之和的百分比
	标准可利用率	选定月的标准可利用率	总标准可利用率
	自定义可利用率	定义可利用率	定义可利用率
气象站(风场气象站启用时可用)	在规定范围内的风速	气象站测得的在规定范围内的风速小时数之和	上一次记录气象站测得的风速在规定范围内的时间和
	风速均值	气象站测得的平均风	气象站测得的上一次采样风速
	最大阵风风速	上次采样的最大值。气象站测得的最大阵风风速	上次采样的最大值。气象站测得的最大阵风风速
	气象站测量数据的可用率	气象站采样值与周期内理论量的百分比	气象站采样值与周期内理论量的百分比

续　表

名字	子项名	描述	
		子项和	总和
过渡	启动尝试	风机启动尝试次数	上次记录以来风机启动尝试次数总和
	启动完成	风机启动成功次数	上次记录的风机成功启动次数和
	停机.环境状况	由于环境问题造成的风机停机	上次记录的风机由于环境问题造成的风机停机次数和
	停止.命令	由于风机指令停止的风机数量	上次记录的由于风机指令停止的风机数量总和
	停止.机器故障	由风机故障引起的停机数量	上次记录的由于风机故障引起的停机的风机数量总和
	停止.电网故障	由电网故障引起的风机停机数量	上次记录的由电网故障引起的风机停机数量总和
	过渡.由低到高	从小发电机切换到大发电机的次数	上次记录的从小发电机切换到大发电机的次数
	过渡.由高到低	从大电机切换到小电机的次数	上次记录的从大发电机切换到小发电机的次数

表给出可利用率和标准可利用率描述。风机月报可以导出到 excel 文件中。

2. 月报-风力发电机

创建风机月报的方法与风场报告相同，如图 $1'$-24 所示。

3. 月报-报警

月报给出每个控制站报警总览，同时也给出报警发生的频率。

（1）点击"月报"→"报警报告"，将显示所示的报警报告。

（2）按照下面描述设定条件：

① 日期：设定想要显示的报警报告的日期。

② 包含系统报警：选择这个选项，会在报表中显示系统报警。

③ 包含服务报警：选择这个选项，当风机在服务模式下时，会显示报警。

月报-报警报告如图 $1'$-25。

History, Monthly Turbine Report, CPI Binhai

Max Records	From Date	To Date	Turbine		
250	2019-01-01	2019-02-15	(All)	Load data	Export

|< < [250/250] > >|

	Sub-Total	Total	
⚙ Operation			
From	2019-02-01 - 00:00:00	2015-11-30 - 09:12:24	
To	2019-02-15 - 23:59:59	2019-02-15 - 23:59:59	
Availability of Turbine Data	100.0	85.0	%
Period Hours	360.0	28,167	Hours
Turbine Ready	360.0	23,459	Hours
Generator Hours	324.5	19,218	Hours
Base Hours	359.8	27,416	Hours
Production			
Imported Energy	497	64,996	kWh
Exported Energy	409,452	27,386,344	kWh
Net Energy Production	408,960	27,321,352	kWh
Reactive Energy Import	6,348	1,169,765	kVArh
Reactive Energy Export	4,101	295,886	kVArh
Average Production (Online)	1,260.3	1,421.6	kW
Reliability			
Standard Availability	100.0	97.2	%
Commercial Availability	100.0	83.3	%
Capacity Factor	28.4	24.2	%
Wind Farm Availability	100.0	85.6	%
Wind Availability [5-25m/s]	62.0	44.8	%

图 1'-24　月报-风力发电机

History, Monthly Alarm Report, CPI Binhai

Date
2019-02-01　☐ Include System Alarms　☐ Include Alarms from Service　Load data

Fault	Description	Total	H1-01	H1-02	H1-03	H1-04	H1-05	H1-06	H1-07	H1-08	H1-09	H1-10	H1-11	H1-12	H1-13	H1
1001	Manual stop	14														
1005	Availability - low wind	1									1					
1007	Remote stop - Owner	1														
1015	Manual idle stop	3														
1020	Turbine in local operation	14							2	1	1					
2122	No lubrication, gen. bearings	1														
2700	TwrFreq outside allowed window	5														
3115	No lubrication, blade A	4														
3117	No lubrication, blade C	2														
3124	Pitch B tracking during opera.	2														
3127	Pitch B tracking during stop	1														
3130	Pitch functionality check	404	3	3	3	3	3	3	3	4	3	4	3	3	3	
3174	Low oil pressure, pump station	1														
3203	Pitch pawl A Feedb. Operation	17														
3204	Pitch pawl B Feedb. Operation	24														
3205	Pitch pawl C Feedb. Operation	14														
3207	Pitch pawl B Feedb. Stop	1														
3413	Accumulator C check: timeout	1														
4101	Gear oil temperature warning	1														
5122	FRT detected	4														
7100	Pitchhydraulics superheated	1										1				
7101	Hyd oil level error	6														
7105	Low pitch oil pressure, start	1														
7106	Pitch pump. time too long,stop	2														
8108	FT1 Sonic wind sensor error	1														
8110	FT1 Sonic wind sensor comm.err	50														

图 1'-25　月报-报警报告

九、弃风报告(调度报告)

只有在安装了风场导航的风场才可以查看弃风报告。

风场导航依据风速和功率曲线计算风机的潜在功率。如果实际功率低于计算好的潜在功率,或者实际功率大于等于 0.95 倍参考功率,风场导航每十分钟将差值上传作为弃风功率。弃风报告给出上传的功率减产数据。

当日度简报和能量减产在计算时,将汇总每台风机的功率弃风数据。

在风场安装的风场导航基础上有两种弃风报告,更多信息可参考 Web WPS 菜单的风场导航部分。

1. 弃风报告-高性能风场导航(HPPP)

只有在 HPPP 作为风场导航在风场安装后,才可以应用该报告。

(1) 点击"历史"→"弃风",将显示最新的弃风报告。

(2) 按照下面描述,设定弃风报告显示条件。

① 周期:5 分钟,每 5 分钟显示一次报告;1 天,每天显示一次报告。

② 起始日期:设定想要显示的报告的起始日期。

③ 起始时间:设定想要显示的报告的起始时间。

④ 终止日期:设定想要显示的报告的终止始日期。

⑤ 终止时间:设定想要显示的报告的终止时间。

(3) 点击"加载数据",将显示选定条件的弃风报告。HPPP 弃风报告如图 1′- 26 显示。报告可导出至 excel 文件。

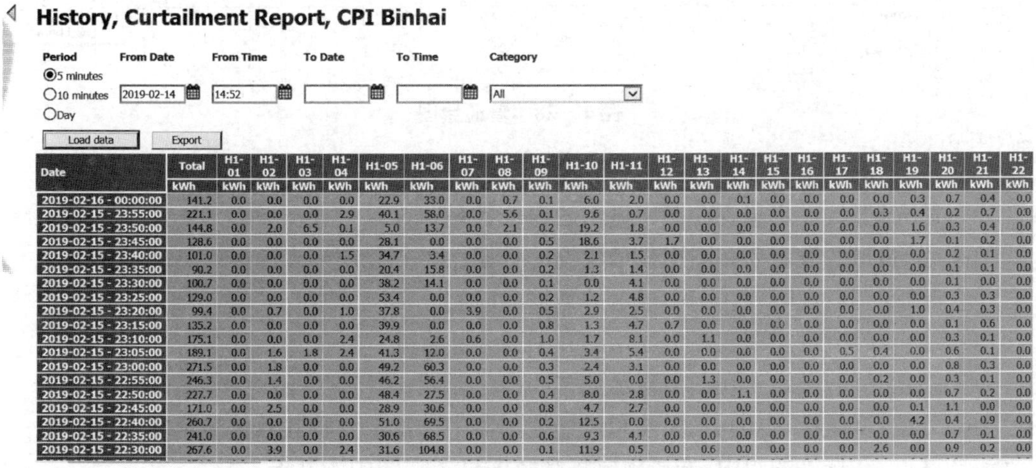

Date	Total	H1-01	H1-02	H1-03	H1-04	H1-05	H1-06	H1-07	H1-08	H1-09	H1-10	H1-11	H1-12	H1-13	H1-14	H1-15	H1-16	H1-17	H1-18	H1-19	H1-20	H1-21	H1-22
	kWh	kWh	kWh	kWh	kWh	kWh	kWh	kWh	kWh	kWh	kWh	kWh	kWh	kWh	kWh	kWh	kWh	kWh	kWh	kWh	kWh	kWh	kWh
2019-02-16 - 00:00:00	141.2	0.0	0.0	0.0	0.0	22.9	33.0	0.0	0.7	0.1	6.0	2.0	0.0	0.0	0.1	0.0	0.0	0.0	0.0	0.3	0.7	0.4	0.0
2019-02-15 - 23:55:00	221.1	0.0	0.0	0.0	2.9	40.1	58.0	0.0	5.6	0.1	9.6	0.7	0.0	0.0	0.0	0.0	0.0	0.0	0.3	0.4	0.2	0.7	0.0
2019-02-15 - 23:50:00	144.8	0.0	2.0	6.5	0.1	5.0	13.7	0.0	2.1	0.2	19.2	1.8	0.0	0.0	0.0	0.0	0.0	0.0	0.0	1.6	0.3	0.4	0.0
2019-02-15 - 23:45:00	128.6	0.0	0.0	0.0	0.0	28.1	0.0	0.0	0.0	0.5	18.6	3.7	1.7	0.0	0.0	0.0	0.0	0.0	0.0	1.7	0.1	0.2	0.0
2019-02-15 - 23:40:00	101.0	0.0	0.0	0.0	1.5	34.7	3.4	0.0	0.0	0.2	2.1	1.5	0.0	0.0	0.0	0.0	0.0	0.0	0.0	0.0	0.2	0.1	0.0
2019-02-15 - 23:35:00	90.2	0.0	0.0	0.0	0.0	20.4	15.8	0.0	0.0	0.2	1.3	1.4	0.0	0.0	0.0	0.0	0.0	0.0	0.0	0.0	0.1	0.1	0.0
2019-02-15 - 23:30:00	100.7	0.0	0.0	0.0	0.0	38.2	14.1	0.0	0.0	0.1	0.0	4.1	0.0	0.0	0.0	0.0	0.0	0.0	0.0	0.0	0.1	0.0	0.0
2019-02-15 - 23:25:00	129.0	0.0	0.0	0.0	0.0	53.4	0.0	0.0	0.0	0.2	1.2	4.8	0.0	0.0	0.0	0.0	0.0	0.0	0.0	0.0	0.3	0.3	0.0
2019-02-15 - 23:20:00	99.4	0.0	0.7	0.0	1.0	37.8	0.0	3.9	0.0	0.5	2.9	2.5	0.0	0.0	0.0	0.0	0.0	0.0	0.0	1.0	0.4	0.3	0.0
2019-02-15 - 23:15:00	135.2	0.0	0.0	0.0	0.0	39.9	0.0	0.0	0.0	0.8	1.3	4.7	0.7	0.0	0.0	0.0	0.0	0.0	0.0	0.0	0.1	0.6	0.0
2019-02-15 - 23:10:00	175.1	0.0	0.0	0.0	2.4	24.8	2.6	0.6	0.0	1.0	1.7	8.1	0.0	1.1	0.0	0.0	0.0	0.0	0.0	0.0	0.3	0.1	0.0
2019-02-15 - 23:05:00	189.1	0.0	1.6	1.8	2.4	41.3	12.0	0.0	0.0	0.4	3.4	5.4	0.0	0.0	0.0	0.0	0.0	0.5	0.4	0.0	0.6	0.1	0.0
2019-02-15 - 23:00:00	271.5	0.0	1.8	0.0	0.0	49.2	60.3	0.0	0.0	0.3	2.4	3.1	0.0	0.0	0.0	0.0	0.0	0.0	0.0	0.0	0.8	0.3	0.0
2019-02-15 - 22:55:00	246.3	0.0	1.4	0.0	0.0	46.2	56.4	0.0	0.0	0.5	5.0	0.0	0.0	1.3	0.0	0.0	0.0	0.0	0.2	0.0	0.3	0.1	0.0
2019-02-15 - 22:50:00	227.7	0.0	0.0	0.0	0.0	48.4	27.5	0.0	0.0	0.4	8.0	2.8	0.0	0.0	1.1	0.0	0.0	0.0	0.0	0.0	0.7	0.2	0.0
2019-02-15 - 22:45:00	171.0	0.0	2.5	0.0	0.0	28.9	30.6	0.0	0.0	0.8	4.7	2.7	0.0	0.0	0.0	0.0	0.0	0.0	0.0	0.1	1.1	0.0	0.0
2019-02-15 - 22:40:00	260.7	0.0	0.0	0.0	0.0	51.0	69.5	0.0	0.0	0.2	12.5	0.0	0.0	0.0	0.0	0.0	0.0	0.0	0.0	4.2	0.4	0.9	0.0
2019-02-15 - 22:35:00	241.0	0.0	0.0	0.0	0.0	30.6	68.5	0.0	0.0	0.6	9.3	4.1	0.0	0.0	0.0	0.0	0.0	0.0	0.0	0.0	0.7	0.1	0.0
2019-02-15 - 22:30:00	267.6	0.0	3.9	0.0	2.4	31.6	104.8	0.0	0.0	0.1	11.9	0.5	0.0	0.6	0.0	0.0	0.0	0.0	2.6	0.0	0.9	0.2	0.0

图 1′- 26 弃风报告

十、图表

WPS 可以不同类型的图表显示收集到的数据。子菜单有:整体绘图;X - Y 图;功率曲线图;风玫瑰图,如图 1′- 27 所示。

History
Daily Summary
Production Report
Alarms
Mail Log
Raw Data
Availability Report
Monthly Reports
Curtailment
Graphics
　General Plots
　X-Y Plot
　Power Curve
　Wind Rose

图 1'- 27　图表

1. 绘图-绘图

（1）点击"绘图"→"绘图"，将显示如 1'- 28 所示界面。

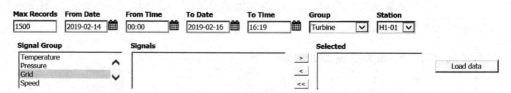

图 1'- 28　普通绘图

（2）在上图所示范围内，按照下面描述设定条件。

① 最大记录：设定想要在图中显示的记录数量；

② 起始日期：设定要在图中显示数据的日期；

③ 起始时间：设定要在图中显示的数据的时间；

④ 终止日期：设定要在图中显示的数据的终止日期；

⑤ 终止时间：设定要在图中显示数据的终止时间；

⑥ 分组：从风机、电网、气象站和风场控制器中选择想要将其数据显示在图中的组；

⑦ 站点：在选好的组中，选择想要将其数据显示在图中的站点；

⑧ 信号组：选择要将其数据显示在图中的信号组；

⑨ 信号：选择想要在图中显示的信号（在选定的信号组中）；

（3）点击"加载数据"，选定条件的总体绘图如下图所示。

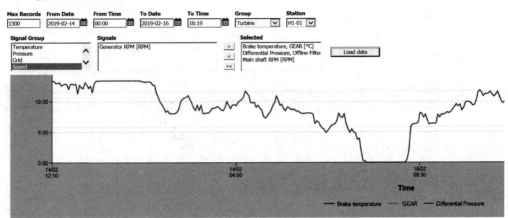

图 1'－29　普通绘图示例

整体绘图中,用户可以自己定义 Y 轴,但是 X 轴只能定义为时间。

2. 绘画—X－Y 绘图

(1) 点击"绘图"→"总体绘图",如下图所示,将显示图 1'－30 所示界面。

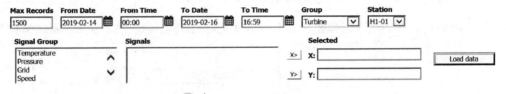

图 1'－30　一X.Y 绘图

(2) 在上图中按照下面描述设定条件。

① 最大记录:设定要在图中显示的记录数量;

② 起始日期:设定要在图中显示数据的日期;

③ 起始时间:设定要在图中显示的数据的时间;

④ 终止日期:设定要在图中显示的数据的终止日期;

⑤ 终止时间:设定要在图中显示数据的终止时间;

⑥ 分组:从风机、电网、气象站和风场控制器中选择想要将其数据显示在图中的组;

⑦ 站点:在选好的组中,选择想要将其数据显示在图中的站点;

⑧ 信号组:选择要将其数据显示在图中的信号组。

(3) 点击"加载数据",显示选定条件的 X－Y 图,如下图所示。

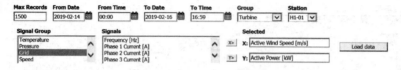

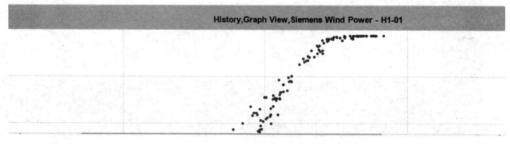

图 1′-31 X.Y 绘图示例

3. 图形-功率曲线

（1）点击"图表"→"功率曲线"，将显示如下界面。

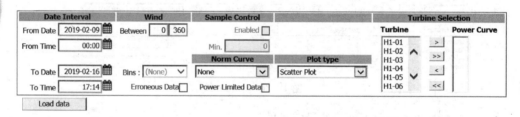

图 1′-32 图表-功率曲线

（2）按照以下描述设定条件。

① 日期间隔

a. 起始日期：设定要显示的功率曲线起始日期；

b. 起始时间：设定要显示的功率曲线起始时间；

c. 终止日期：设定要显示的功率曲线终止日期；

d. 终止时间：设定要显示的功率曲线终止时间。

② 风

a. 设定风向角度；

b. Bins 设定要显示的功率数据风速，这个选项只有在性能绘图中才可以选择；

c. 导航调整：如果不想要风场导航在计算中降低的输出数据，可以选择这个选项。

③ 样机控制

a. 启用：选该选项将启动样机控制；

b. 最小量：要求显示功率曲线的最少风机台数。

④ 补偿：从下图中所示下拉列表中选择补偿值。风速是在气象站测量的气压和温度的基础上进行补偿的，补偿值计算公式如下。

$$V_c = V \cdot \sqrt[3]{\frac{288.15 \cdot P}{1\,013.3 \cdot (273.15 + T)}}$$

当从计算类型下拉列表中选择 Scatter Plot 或 Binned 将启用补偿。

⑤ 标准曲线：若想用标准曲线作为功率曲线参考，则选择风机标准曲线。

⑥ 绘图类型：

a. 散点图：该图显示不同风速下产生的功率的量值，X 轴为功率，单位为 kW，Y 轴为风速，单位为 m/s。如果在标准功率曲线列表框中选择了标准曲线，该曲线将和功率点一起显示。该图显示出不同风速下参照标准功率曲线的功率产出；

b. 性能图：该图显示在 BIN 下拉列表中选择风速后风机的功率产出。

⑦ 风机选择：选择想要在功率曲线中显示功率数据的风机。

（3）点击加载数据，显示选定条件的功率曲线。以散点图和性能图显示的功率曲线见下图。

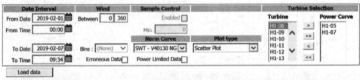

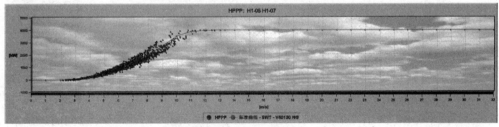

图 1′-33　功率曲线散点图

History, Power Curve,

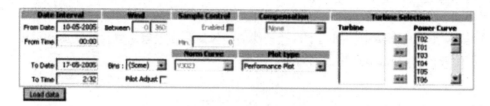

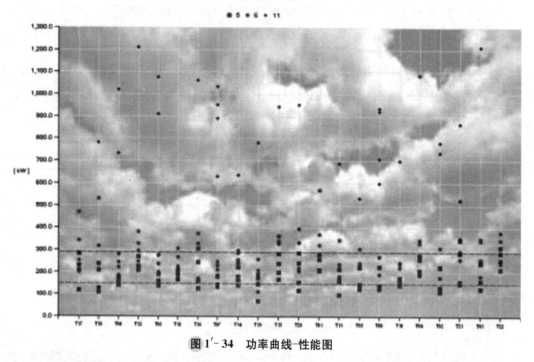

图 1'-34　功率曲线-性能图

4. 图形-风玫瑰图

（1）点击"图形"→"风玫瑰图"，将显示风玫瑰图。

（2）按下面描述设置风玫瑰图显示的条件。

① 图表类型：选择分布图和功率图类型。

分布图显示主要来风角度，功率图类型显示最大风速、风向和功率之间的关系。

② 起始日期：设定风玫瑰图显示起始日期，终止日期：设定风玫瑰图显示的终止日期。

③ 站点：选择显示风玫瑰图的风机。

（3）点击"加载数据"，显示选定条件的风玫瑰图。

分布和功率两种不同类型的风玫瑰图显示如下。

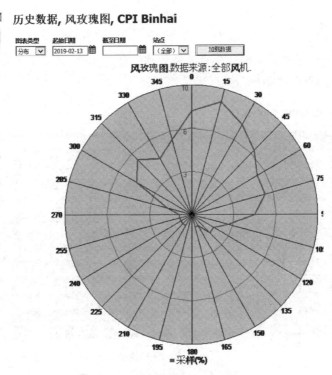

图 1'-35 风玫瑰图分布图类型

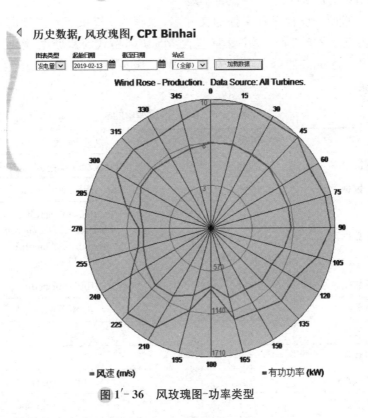

图 1'-36 风玫瑰图-功率类型

十一、备份

备份功能允许用户使用前几个月各种数据的备份文件。

（1）点击"历史"→"备份"，界面显示如下。

历史数据, 备份下载, CPI Binhai

Month	Summary Data	Standard Data	Scientific Data	Temperature Data	Pressure Data	Internal Data	Grid Data	Flag Data	DigiOut Data	DigiIn Data	Count Data	Turbine Data
2019-02	2019-02-sum	2019-02-std	2019-02-scd	2019-02-tmp	2019-02-prs	2019-02-int	2019-02-grd	2019-02-flg	2019-02-dot	2019-02-din	2019-02-cnt	2019-02-tur
2019-01	2019-01-sum	2019-01-std	2019-01-scd	2019-01-tmp	2019-01-prs	2019-01-int	2019-01-grd	2019-01-flg	2019-01-dot	2019-01-din	2019-01-cnt	2019-01-tur
2018-12	2018-12-sum	2018-12-std	2018-12-scd	2018-12-tmp	2018-12-prs	2018-12-int	2018-12-grd	2018-12-flg	2018-12-dot	2018-12-din	2018-12-cnt	2018-12-tur
2018-11	2018-11-sum	2018-11-std	2018-11-scd	2018-11-tmp	2018-11-prs	2018-11-int	2018-11-grd	2018-11-flg	2018-11-dot	2018-11-din	2018-11-cnt	2018-11-tur
2018-10	2018-10-sum	2018-10-std	2018-10-scd	2018-10-tmp	2018-10-prs	2018-10-int	2018-10-grd	2018-10-flg	2018-10-dot	2018-10-din	2018-10-cnt	2018-10-tur
2018-09	2018-09-sum	2018-09-std	2018-09-scd	2018-09-tmp	2018-09-prs	2018-09-int	2018-09-grd	2018-09-flg	2018-09-dot	2018-09-din	2018-09-cnt	2018-09-tur
2018-08	2018-08-sum	2018-08-std	2018-08-scd	2018-08-tmp	2018-08-prs	2018-08-int	2018-08-grd	2018-08-flg	2018-08-dot	2018-08-din	2018-08-cnt	2018-08-tur
2018-07	2018-07-sum	2018-07-std	2018-07-scd	2018-07-tmp	2018-07-prs	2018-07-int	2018-07-grd	2018-07-flg	2018-07-dot	2018-07-din	2018-07-cnt	2018-07-tur
2018-06	2018-06-sum	2018-06-std	2018-06-scd	2018-06-tmp	2018-06-prs	2018-06-int	2018-06-grd	2018-06-flg	2018-06-dot	2018-06-din	2018-06-cnt	2018-06-tur
2018-05	2018-05-sum	2018-05-std	2018-05-scd	2018-05-tmp	2018-05-prs	2018-05-int	2018-05-grd	2018-05-flg	2018-05-dot	2018-05-din	2018-05-cnt	2018-05-tur
2018-04	2018-04-sum	2018-04-std	2018-04-scd	2018-04-tmp	2018-04-prs	2018-04-int	2018-04-grd	2018-04-flg	2018-04-dot	2018-04-din	2018-04-cnt	2018-04-tur
2018-03	2018-03-sum	2018-03-std	2018-03-scd	2018-03-tmp	2018-03-prs	2018-03-int	2018-03-grd	2018-03-flg	2018-03-dot	2018-03-din	2018-03-cnt	2018-03-tur

图 1′-37 备份

（2）点击想要备份的文件，下载到本地。

（3）选择路径并设置保存文件的文件名，保存为 ZIP 文件。每个月的数据分为几栏，保存为相应的 ZIP 文件。ZIP 文件包含 MS 访问格式的数据库，数据库中包含不同列表，见下表。备份文件可以通过安装在 WPS 服务器中的 CD 烧录程序存储到 CD. ROM 中。

表 1′-5　备份-数据库中的表

名字	缩写	表
数据汇总	Sum	tblDailySummarytblAlarmLog
标准数据	Std	tblTurbinetblMeteorologytblGrid
科学数据	Scd	tblGridScientific tblMeteorologyScientific tblTurbineScientific tblScWps
温度数据	Tmp	tblScTurTemp
压力数据	Prs	tblSCTurPress
内部数据	Int	tblScTurIntern
电网数据	Grd	tblScTurGrid
标志位数据	Flg	tblScTurGrid
数字输出数据	Dot	tblScTurDigiOut

名字	缩写	表
数字量输入数据	Din	tblScTurDigiIn
计数数据	Cnt	tblScTurCount
风机数据	Tur	tblScTurbine
气象数据	Met	tblScMet
效率数据	Eff	tblEfficiencySamples
风场导航数据	Prk	tblParkPilot

（4）点击"历史"→"版本"，可以查看历史数据的不同版本。

历史数据, 版本, CPI Binhai

Station	Date	Release Date	Version
HPPP03	2019-01-15	2018-12-18	209.1.0.4795
HPPP02	2019-01-15	2018-12-18	209.1.0.4795
HPPP01	2019-01-15	2018-12-18	209.1.0.4795
H1-01 - WTC-3	2017-05-17	2017-03-03	
H1-01 - TIC	2019-01-15		135.0.0.29
H1-02 - WTC-3	2018-06-10	2017-03-03	122.0.0.0
H1-02 - TIC	2019-01-15		135.0.0.29
H1-03 - WTC-3	2018-06-11	2017-03-03	122.0.0.0
H1-03 - TIC	2019-01-15		135.0.0.29
H1-04 - WTC-3	2017-05-17	2017-03-03	
H1-04 - TIC	2019-01-15		135.0.0.29
H1-05 - TIC	2019-01-15		135.0.0.29
H1-05 - WTC-3	2019-01-22	2018-11-23	128.0.0.6
H1-06 - TIC	2019-01-15		135.0.0.29
H1-06 - WTC-3	2019-01-22	2018-11-23	128.0.0.6
H1-07 - WTC-3	2017-05-17	2017-03-03	
H1-07 - TIC	2019-01-15		135.0.0.29
H1-08 - WTC-3	2018-06-10	2017-03-03	122.0.0.0
H1-08 - TIC	2019-01-15		135.0.0.29
H1-09 - WTC-3	2018-08-29	2015-11-24	116.1.0.0
H1-09 - TIC	2019-01-15		135.0.0.29
H1-10 - WTC-3	2017-05-17	2017-03-03	
H1-10 - TIC	2019-01-15		135.0.0.29
H1-11 - WTC-3	2018-06-11	2017-03-03	122.0.0.0
H1-11 - TIC	2019-01-15		135.0.0.29
H1-12 - WTC-3	2017-05-17	2017-03-03	
H1-12 - TIC	2019-01-15		135.0.0.29
H1-13 - WTC-3	2017-05-12	2017-03-03	
H1-13 - TIC	2019-01-15		135.0.0.29
H1-14 - WTC-3	2018-06-10	2017-03-03	122.0.0.0

图 1'-38　历史数据版本

十二、菜单-在线

总体视图包括站点视图和风场视图。

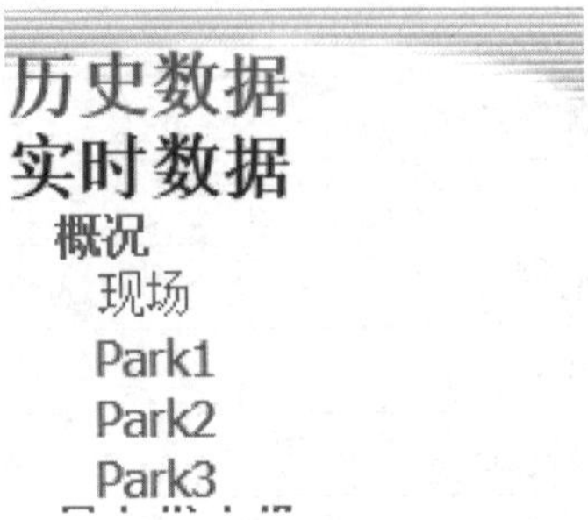

历史数据
实时数据
　概况
　　现场
　　Park1
　　Park2
　　Park3

图 1'-39　视图-菜单

（1）总体视图-站点视图

站点视图提供整个站点数据的总体视图。

① 点击"总体视图"→"站点"，界面如下图所示。

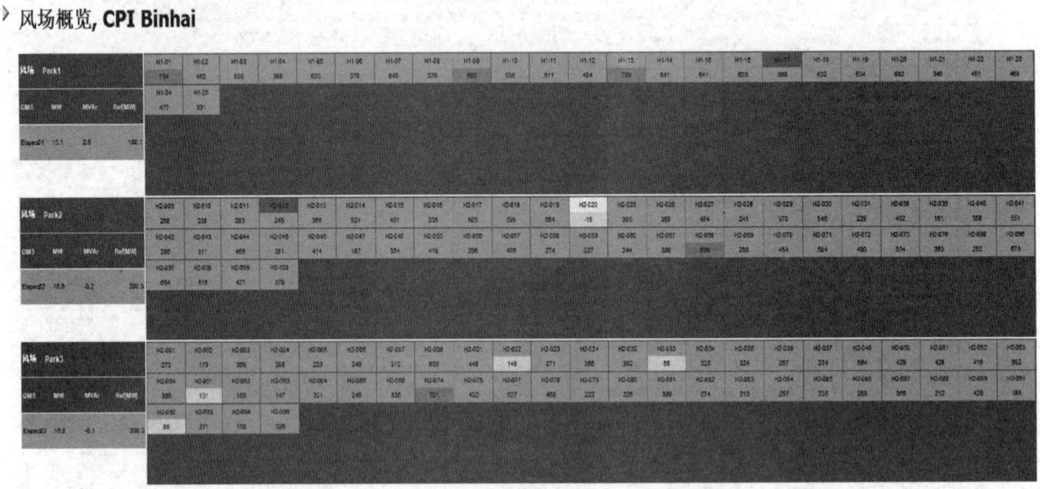

图 1'-40　站点视图

页面可按风机、电站、气象站显示不同结果。

电站显示当前有功功率和无功功率，同时显示每个风场用于能量管理参考的有功功率。气象站显示风速和风向当前值。

风机在页面底端显示参数选择的当前值。选定参数的最低的五台风机以蓝色高亮显示，而最高的五台风机以紫色高亮显示。可以再显示区域选择的如下参数：有功功率（默认）、风速、有功功率、环境温度、偏航角、转子转数、发电机温度、高速轴承温度、齿轮油温、有功功率减少、界面底端显示的总有功和我无功功率、风机控制器状态指示、自动重设（自动重设以橙色显示）、手动重设（手动重设以暗红色显示）、无通信（无通信以亮红色显示）、服务（服务以黄色显示）、减少（减少以蓝色显示）。

更多信息请参考"现场状态"部分。

（2）整体视图-风场视图

风场视图提供不同风场地理布局，同时也可显示风机、电站和气象站数据的整体视图。

① 点击"整体视图"→"风场"(想要显示地理布局的风场名),将显示选定风场地理布局。

风场视图, Park1

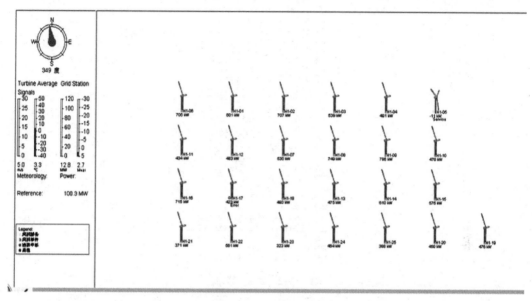

图 1'-41 风场视图

风机状态以不同颜色的小点表示,描述见下表。

表 1'-6 风机状态指示

颜色	指示
无	风机正常
黄色	风机服务状态
橙色	风机事件
红色	无通信
蓝色	风机掉线

地理输出页面中,风机叶片只有在实际转速超过 5 r/min 时才会转动,否则保持静止状态。点击某个风机或者气象站,将显示相应风机或气象站的实时状态图。

风场汇总数据部分从气象站获得风速、风向、空气温度,从电站获得有功功率、无功功率和有功功率参考值。如果风场没有电站,则有功功率、无功功率和有功功率参考值从风机获取。

十三、风机

风电有以下两种视图。

总体视图显示站点内所有风机当前数据。

状态视图显示已选风机当前数据。

历史数据
实时数据
概况
风力发电机
CPI Binhai
H1-01 H1-02 H1-03 H1-04 H1-
05 H1-06 H1-07 H1-08 H1-09
H1-10 H1-11 H1-12 H1-13 H1-
14 H1-15 H1-16 H1-17 H1-18
H1-19 H1-20 H1-21 H1-22 H1-
23 H1-24 H1-25 H2-001 H2-
002 H2-003 H2-004 H2-005
H2-006 H2-007 H2-008 H2-009
H2-010 H2-011 H2-012 H2-013
H2-014 H2-015 H2-016 H2-017
H2-018 H2-019 H2-020 H2-021
H2-022 H2-023 H2-024 H2-025
H2-026 H2-027 H2-028 H2-029
H2-030 H2-031 H2-032 H2-033
H2-034 H2-035 H2-036 H2-037
H2-038 H2-039 H2-040 H2-041
H2-042 H2-043 H2-044 H2-045
H2-046 H2-047 H2-048 H2-049
H2-050 H2-051 H2-052 H2-053
H2-054 H2-055 H2-056 H2-057
H2-058 H2-059 H2-060 H2-061
H2-062 H2-063 H2-064 H2-065
H2-066 H2-067 H2-068 H2-069
H2-070 H2-071 H2-072 H2-073
H2-074 H2-075 H2-076 H2-077
H2-078 H2-079 H2-080 H2-081
H2-082 H2-083 H2-084 H2-085

图 1'-42 风机-菜单

（1）风机-总体视图

点击风机→站点名称，将显示下图界面。

实时数据，风机状态概览，CPI Binhai

命令　Group Filter: CPI Binhai ✓

| 风力发电机 | | 风机时间 | 功率 | | 功率因数 | 电压 | 电流 | 风速 | 状态 | 延迟 |
名称	ID		有功 [kW]	无功 [kVAr]		[V]	[A]	[m/s]		[S]
H1-01	4800205	2019-02-17 - 11:02:13	675	-34	0.99	396	561	4.5	发电状态	
H1-02	4800206	2019-02-17 - 11:02:15	784	-24	0.99	396	654	4.5	发电状态	
H1-03	4800207	2019-02-17 - 11:01:56	776	-50	0.99	396	666	5.1	发电状态	
H1-04	4800208	2019-02-17 - 11:02:14	634	-25	0.99	396	535	4.8	发电状态	
H1-05	4800209	2019-02-17 - 11:02:15	-10	-15	-0.47	396	21	4.1	维护	
H1-06	4800210	2019-02-17 - 11:02:14	509	-39	0.99	396	429	6.0	发电状态	
H1-07	4800211	2019-02-17 - 11:02:14	430	-31	0.99	396	377	6.1	发电状态	
H1-08	4800212	2019-02-17 - 11:02:13	645	-38	0.99	396	520	5.0	发电状态	
H1-09	4800213	2019-02-17 - 11:02:07	506	-35	0.99	396	418	5.4	发电状态	
H1-10	4800214	2019-02-17 - 11:02:14	589	-35	0.99	396	494	5.6	发电状态	
H1-11	4800215	2019-02-17 - 11:02:14	419	-51	0.99	395	342	5.3	发电状态	
H1-12	4800216	2019-02-17 - 11:02:13	745	-28	0.99	396	615	5.6	发电状态	
H1-13	4800217	2019-02-17 - 11:02:15	474	-31	0.99	396	386	4.6	发电状态	
H1-14	4800218	2019-02-17 - 11:02:14	698	-30	0.99	396	586	5.2	发电状态	
H1-15	4800219	2019-02-17 - 11:02:14	722	-27	0.99	397	582	5.3	发电状态	
H1-16	4800220	2019-02-17 - 11:02:14	758	-31	0.99	396	623	5.2	发电状态	
H1-17	4800221	2019-02-17 - 11:02:15	521	-28	0.99	396	433	4.9	10116 无润滑时，偏航轴承	
H1-18	4800222	2019-02-17 - 11:02:14	720	-22	0.99	396	605	6.3	发电状态	
H1-19	4800223	2019-02-17 - 11:02:14	623	-23	0.99	396	521	4.4	发电状态	
H1-20	4800224	2019-02-17 - 11:02:15	423	-38	0.99	396	351	5.8	发电状态	
H1-21	4800225	2019-02-17 - 11:02:14	362	-41	0.99	395	317	4.1	发电状态	
H1-22	4800226	2019-02-17 - 10:59:47	299	-36	0.99	395	244	3.1	No operation, too weak wind	
H1-23	4800227	2019-02-17 - 11:02:14	605	-22	1.00	395	479	5.2	发电状态	
H1-24	4800228	2019-02-17 - 11:02:14	547	-31	0.99	395	466	4.5	发电状态	
H1-25	4800229	2019-02-17 - 11:02:15	411	-35	0.99	396	333	5.3	发电状态	

图 1'-43 风机-总体视图

（2）风机-状态

点击风机→风机名称，界面显示如下。

实时数据, 风力发电机, H1-02, CPI Binhai

命令

Wps Timestamp: 2019-02-17 11:03:55				Turbine Timestamp: 2019-02-17 11:03:54			

风机数据　　　　　　　　　　　　　　　　　　　　　　　　　　　　　序号　4800206

	24h	1h	10m.	最小	最大	最终样本	单元
风速	5.54	5.65	5.50	1.45	9.16	6.48	m/s
中等风速	5.13	5.20	4.99	1.16	8.85	5.01	m/s
有功功率	977.65	765.18	672.15	-16.36	3185.62	841.00	kW
无功功率	-11.30	-22.13	-24.44	-35.50	257.76	-22.00	kWar
功率因数			0.99	-0.49	1.00	1.00	
平均电压			396.25	393.68	399.91	396.50	V
平均电流			566.64	27.55	2675.36	709.00	A
偏航角度			352.66	267.90	358.84	348.00	
风向			351.24	267.26	358.37	348.00	
发电机转速			1016.86	51.05	1599.26	1087.40	RPM
风轮转速			8.51	0.43	13.39	9.10	RPM
变桨位置A			2.16	0.35	29.24	1.50	
变桨位置B			2.15	0.34	29.23	1.50	
变桨位置C			2.15	0.34	29.22	1.50	
可发电功率			0.00	0.00	0.00	0.00	kW
实际发电功率			0.00	0.00	0.00	0.00	kW

状态

WPS状态	无故障
风速仪	主风速仪激活
风力发电机	发电状态
刹车	刹车释放
偏航	偏航等待
发电机	发电机运行

温度

	24h	1h	10m	最终样本		
A1柜内温度	℃	℃	℃	℃		
A2柜内温度	℃	℃	℃	℃		
A3柜内左侧温度	28.83℃	29.16℃	30.00℃	31.00℃	-45	+195
A3柜内右侧温度	26.10℃	26.84℃	28.00℃	29.00℃	-45	+195
环境温度	2.17℃	2.76℃	3.00℃	3.00℃	-20	+45
齿轮油温度	41.12℃	39.99℃	37.19℃	42.00℃	-20	+150
发电机轴水非驱动端温度	33.84℃	34.65℃	40.93℃	43.00℃	-45	+195
发电机轴水驱动端温度	45.76℃	42.85℃	48.13℃	52.00℃	-45	+195
发电机U相绕组温度	59.63℃	66.31℃	75.95℃	75.00℃	-20	+150
发电机V相绕组温度	58.57℃	65.49℃	75.13℃	74.00℃	-20	+150
发电机W相绕组温度	60.57℃	66.84℃	76.34℃	76.00℃	-20	+150
齿轮箱高速轴承温度	47.86℃	46.11℃	43.23℃	48.00℃	-20	+150
齿轮箱中间轴承温度-发电机测	43.66℃	42.54℃	40.64℃	44.00℃	-45	+195
齿轮箱中间轴承温度-风轮测	40.64℃	39.86℃	38.18℃	40.00℃	-45	+195
机舱温度	20.56℃	20.87℃	21.00℃	22.00℃	-45	+195

生产图表

	最近24h	共计	总计	单元
发电机1发电量	23284	459611	26706396	kWh
发电机1发电时间	20.27	361.10	19303.55	h
平均风速	5.54	6.10	5.40	m/s
最大阵风风速	12.23	20.40	27.40	m/s
OK时间	23.84	395.07	28131.43	h
错误时间	0.00	0.00	620.88	h
可利用率	100.00	100.00	97.70	%
风速范围[5-25m/s]	15.86	262.79	12746.11	h
风机就绪	23.84	395.08	23679.39	h
外部错误	0.00	0.11	792.68	h
电网故障	0.00	0.00	65.17	h
Accumulated Boosted Energy	0.00	0.00	0.00	kWh
标准可利用率	100.00	100.00	97.70	%
其他时间	0.00	0.00	221.69	h
电网故障2	0.00	0.00	3895.05	h
风速退出范围	0.00	0.00	201.70	h
待机	0.00	0.29	4939.22	h
复位时间		2019-02-01 - 00:00:00	2015-12-03 - 07:38:56	
最新故障	2019-02-16 - 22:45:10 - 2019-02-16 - 22:45:10 - (50346)风场导航变流器不可用			

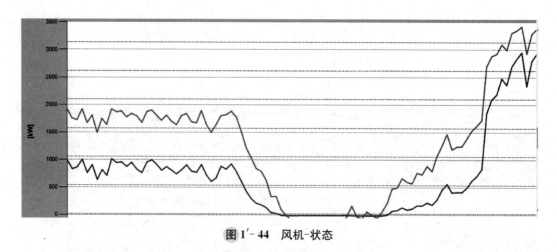

图 1'-44 风机-状态

（3）发送风机命令

用户可以发送命令到风机或风机组，下文介绍给风机发送命令和为命令编辑评论的方法。

① 键入密码（web WPS 登陆），发送指令到单个风机或者风机组。

② 点击命令，将显示可用命令列表。命令按照类型分组。

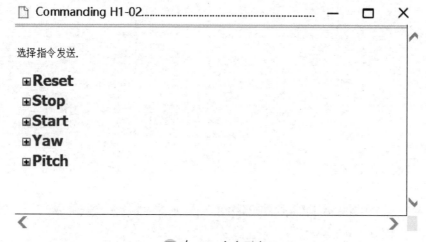

图 1'-45 命令列表

③ 从列表中选择要求的命令，将显示一个验证命令框。选择的命令的细节在显示框顶端。为在文本框中选择的命令添加一条评论。如果启用，用户可以从列表中选择一条预先定义好的评论，如图 1'-46 所示。如果风机处于服务模式，则所有在命令列表中的命令都是禁用的。

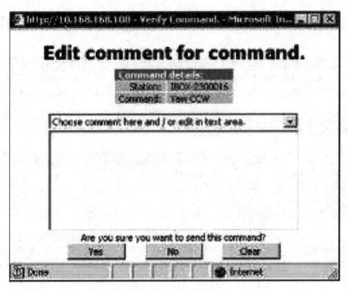

图 1'－46　命令验证

十四、电网

电网菜单给出当前电网测量数据。电网菜单有两个子菜单:状态提供当前电网测量数据。报警提供电网报警状态。

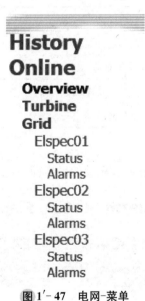

图 1'－47　电网-菜单

(1) 电网-状态

点击图 1'－47 所示的"电网"→"电网名"→"状态",可显示如图 1'－48 的电网状态界面。状态解释如表 1'－7 所示。

◁ Online, Grid Status, Elspec01, CPI Binhai

☼ Time	
Timestamp	2019-02-17 13:05:39
Grid Clock	19-02-17-13:05:38

✿ State	
WPS Status	No faults

⚠ Power		
Active Power	7.33	[MW]
Reactive Power	2.57	[MVAr]
Power Factor	0.94	
Frequency	49.97	[Hz]

	Voltage		Current	
Phase U	35.5	[kV]	128.0	[A]
Phase V	35.5	[kV]	128.0	[A]
Phase W	35.6	[kV]	124.0	[A]

⚙ Production	Export	Import	
Active Energy	232,610,627	544,562	[kWh]
Reactive Energy	12,779,131	13,207,942	[kVArh]

图 1′-48　电网状态

表 1′-7　电网-状态

名字	描述
时间	时间戳：电网当前数据的日期和时间电网时间：电网时间
状态	WPS 操作和错误状态显示
功率	有功功率、无功功率、功率因数、频率、三峡电压和三相电路显示
发电量	显示净有功和无功输入输出

（2）电网-报警

点击"电网"→"电网名"→"报警"，显示如下界面。

◁ Online, Grid Alarm Status, Elspec01, CPI Binhai

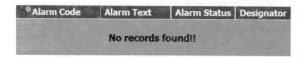

图 1′-49　电网-报警

正常情况下报警状态为绿色，而故障状态为红色。报警以 MB 或者 P341 开始，通过 Micom 继电保护器的 Modbus 连接恢复。除了报警以外的信息标志为蓝色，当输入有变化时不会触发 WPS 系统中的警报。电网报警会录入到 WPS 报警日志中,录入的警报可在报警日志或者在线报警页中进行监控。

（3）系统报警

点击"在线"→"系统警报",会显示如下系统报警界面。

◁ 实时数据, 系统报警, CPI Binhai

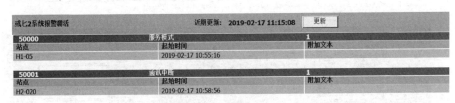

图 1′-50　系统报警

系统报警依据报警代码分类,有如下区域。

① 站点:产生系统报警的站点名字

② 起始时间:系统报警激发时间

③ 系统报警的附加信息:界面每 10 秒更新一次。

报警界面可以使用户监控当前报警状态,系统有两种模式的报警界面:普通模式和可选模式。

普通模式只显示有源报警。WPS 系统的默认模式是普通模式。

可选模式报警持续到用户确认有警报。

（4）报警-结构和描述

点击"在线"→"报警",如果使用了 WPS 系统中的普通模式,界面如图 1′-51 所示。如果选择可选模式,显示界面如图 1′-52。

◁ 实时数据, 警报, CPI Binhai

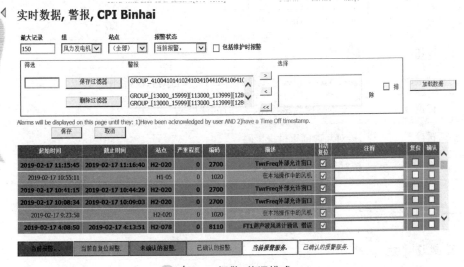

图 1′-51　报警-普通模式

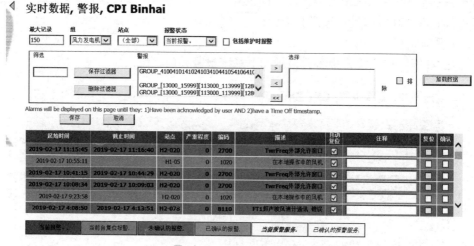

图 1'-52　报警-可选模式

① 设置显示报警的条件,具体条件见表 1'-8。

② 点击"加载数据",显示设置好的报警界面。

表 1'-8　报警描述

名称	描述
起始时间	报警/事件启动时间
终止时间	报警停止时间,该域在普通模式不可用,该模式下仅显示主动报警。
监控站	发生报警的监控站
严重度	报警生成的严重程度,严重值通常从风机接收。
代码	唯一报警代码
描述	报警描述
自动重设	如果自动重设复选框已选择,则可以自动重设,否则不可以。
评论	在文本框中为警报输入何时的评论
重设	.核对复选框重设报警码
确认	核对复选框确认报警码

十五、风场导航

1. 风场导航-描述

风场导航处理风场所有主动监管信息,一共有三种不同类型的风场导航。普通风场导航系统是在 WPS 在线服务器上运行的应用程序,通过 WPS 系统与风机进行通信。高性能风场导航(HPPP)是独立运行在专用服务器上的单元。HPPP如果装备了STIC,则可以与风机直接通信。组合或混合设置系统既包含了普通风场导航又包含了HPPP,可以用于上述两种类型的过渡阶段。此时,普通风场导航控制有功功率,HPPP控制电压。风场导航包括以下子菜单:状态、风机状态、参考、参考日志、参数、参数更改日志、拓扑(可选),如图1'-53。

图1'-53 风场导航-菜单

2.风场导航-状态

点击"风场导航"→"状态",如图1'-54。风场导航状态界面显示实时的风场导航控制器状态,状态描述见表1'-9。

Park Pilot, Status, CPI Binhai

Park Pilot Status	HPPP01		Turbines	Controller	VGM Layout
General					
Topology Selection			0		
Topology Turbine Count			25		
No Power Mode			Static		
Idle Requirement			0.0	%	
Elspec01Power - Active Power					
State			Automatic		
Reference Source			Modbus		
Reference Type			Absolute power		
Schedule Reference			100.3	MW	
Actual			2.6	MW	
Available			2.9	MW	
Curtailment	Total		0.4	MW	
Available Power Boost			0.0	MW	
Curtailment			12.2334	%	
In Scope Count			25		
Frequency Controller			Disabled		
Actual Frequency			-	Hz	
Turbine Fallback Power Reference Timeout			Disabled	s	
Total Available IR			0.00	MW	
Accumulated Boost Power			0.0	kWh	
HPPP01_VGM - Virtual Grid Meter					
Time			2019/2/17 - 13:16:00		
Name			HPPP01_VGM		
Power measurement source			Gms		
GMS Status			NoRedundancy		

图1'-54 风场导航-状态

表 1′-9　风场导航-状态描述

1	风场选择
2	转到选择的风场风机界面,更多信息请参考 114 页"风场导航状态.风机"
3	转到选择的风场控制器界面,更多信息,参看更多信息见 119 页"风场风场导航状态.风机"
4	功率参看在表上端显示

用户可以在风场导航配置的基础上为当前和未来参考输入计划表。

3. 风场导航-风机状态

WPS 提供风场导航控制的风机整体状态视图。

(1) 点击"风场导航"→"风机状态"。显示如图 1′-55 的界面。

Park Pilot, Turbine Status, CPI Binhai

Reactive Power / Voltage Tolerance　Active Power Tolerance
5% ▼　5% ▼　☐ Show Detailed Status Information
Reactive Power / Voltage tolerance set to:5[%]. Active Power tolerance set to:5[%].

Red: Turbine power or voltage control status not ok.
Yellow: Turbine exceeds selected tolerance.

Turbine		Power Control Status	Active Power [kW]						Reactive Power [kVAr]		Voltage Control Status	Voltage [V]	
Name	IP		External Reference	Available	Actual	Internal Reference	Reduction State	Reduction	Reference	Actual		Reference	Actual
Elspec01		Turbines OK:24/25									Turbines OK:24/25		
H1-01	10.177.208.135	OK	4,000	0	111			-	-	-39	OK	634.8	684.7
H1-02	10.177.208.139	OK	4,000	58	72			-	-	-39	OK	634.8	684.0
H1-03	10.177.208.143	OK	4,000	0	22			-	-	-43	OK	634.8	684.5
H1-04	10.177.208.147	OK	4,000	58	100			-	-	-37	OK	634.8	684.5
H1-05	10.177.208.151	OK	4,000	117	60			-	-	-39	OK	634.8	678.0
H1-06	10.177.208.131	OK	4,000	265	43			-	-	-42	OK	634.8	678.0
H1-07	10.177.208.203	OK	4,000	0	5			-	-	-40	OK	634.8	683.8
H1-08	10.177.208.207	OK	4,000	78	95			-	-	-42	OK	634.8	684.9
H1-09	10.177.208.211	OK	4,000	155	137			-	-	-48	OK	634.8	683.8
H1-10	10.177.208.215	OK	4,000	176	120			-	-	-39	OK	634.8	684.0
H1-11	10.177.208.195	OK	4,000	39	22			-	-	-53	OK	634.8	684.0
H1-12	10.177.208.199	Converter Stop	4,000	0	-16			-	-	248	Converter Stop	634.8	687.8
H1-13	10.177.209.15	OK	4,000	58	108			-	-	-34	OK	634.8	684.5
H1-14	10.177.209.19	OK	4,000	176	192			-	-	-40	OK	634.8	684.9
H1-15	10.177.209.23	OK	4,000	0	81			-	-	-43	OK	634.8	685.0
H1-16	10.177.209.3	OK	4,000	0	50			-	-	-34	OK	634.8	684.8
H1-17	10.177.209.7	OK	4,000	98	26			-	-	-40	OK	634.8	684.7
H1-18	10.177.209.11	OK	4,000	0	69			-	-	-38	OK	634.8	684.7

图 1′-55　风机状态

(2) 以下设置调整风场导航对风机状态的控制。

① 有功功率偏差:选择额定有功功率参考偏差;

② 无功功率/电压偏差:选择额定无功功率/电压偏差;

③ 显示详细的状态信息(在 HPPP 和混合设置中可用):选择复选框显示隐藏信息。

4. 风场导航-参考

点击"风场导航"→"参考",参考页面如图 1′-56。

参考界面给出以下信息,如当前每个控制器的参考、当前参考的计划类型的总体视图。参考页面允许用户、即时设置参考、设定要在未来时间激活的参考值、显示现在激活的参考源的设定历史、显示有功功率实际参考源设置。

Park Pilot, References, CPI Binhai

类型	当前有功参考值	当前设定值				时间表	实际参考者	当前计划值	
Elspec01Power									
Active Power	100.25 [MW] (Modbus)					History	Modbus	Since 2019-02-17 13:29:09	100.25 [MW]
Target Frequency			[Hz]	Set Now			Local	50.000 [Hz]	
Frequency Response Mode		▼		Set Now			Local	屏蔽	
Elspec01ReactivePower									
Reactive Power	0.00 [MVAr] (Scheduled)		[MVAr]	Set Now	Schedule	History	预定的	Since 2018-08-19 16:14:32	0.00 [MVAr]
Elspec01Voltage									
Voltage	This Controller is disabled								
Elspec02Power									
Active Power	200.51 [MW] (Modbus)					History	Modbus	Since 2019-02-17 13:29:11	200.51 [MW]
Target Frequency			[Hz]	Set Now			Local	50.000 [Hz]	
Frequency Response Mode		▼		Set Now			Local	屏蔽	
Elspec02ReactivePower									
Reactive Power	0.00 [MVAr] (Scheduled)		[MVAr]	Set Now	Schedule	History	预定的	Since 2018-08-20 16:47:17	0.00 [MVAr]
Elspec02Voltage									
Voltage	This Controller is disabled								
Elspec03Power									
Active Power	200.51 [MW] (Modbus)					History	Modbus	Since 2019-02-17 13:29:11	200.51 [MW]
Target Frequency			[Hz]	Set Now			Local	50.000 [Hz]	

图 1'-56 风机状态-参考

5.风场导航-参考日志

参考日志给出有功功率和无功功率控制器完整的变化信息。

点击"风场导航"→"参考日志",显示如图 1'-57 所示的参考日志界面。参考日志可导出至 excel 文件。

Park Pilot, Reference Log, CPI Binhai

Max Records	From Date	To Date	Park Pilot	Controller		
150	2019-02-13		Elspec01 ▼	Active Power ▼	Load data	Export

Park Pilot	Controller	Reference	User	Modified	From	Source
Elspec01	Active Power	100.23	ModbusSlaveIF	2019-02-20 - 18:35:14.460	2019-02-20 - 18:35:14.453	Modbus/Hardware
Elspec01	Active Power	100.23	ModbusSlaveIF	2019-02-20 - 18:35:14.460	2019-02-20 - 18:35:14.453	Modbus/Hardware
Elspec01	Active Power	100.20	ModbusSlaveIF	2019-02-20 - 18:34:12.120	2019-02-20 - 18:34:12.113	Modbus/Hardware
Elspec01	Active Power	100.32	ModbusSlaveIF	2019-02-20 - 18:33:12.100	2019-02-20 - 18:33:12.097	Modbus/Hardware
Elspec01	Active Power	100.17	ModbusSlaveIF	2019-02-20 - 18:32:08.067	2019-02-20 - 18:32:08.060	Modbus/Hardware
Elspec01	Active Power	100.30	ModbusSlaveIF	2019-02-20 - 18:31:10.837	2019-02-20 - 18:31:10.830	Modbus/Hardware
Elspec01	Active Power	100.29	ModbusSlaveIF	2019-02-20 - 18:30:13.137	2019-02-20 - 18:30:13.130	Modbus/Hardware
Elspec01	Active Power	100.25	ModbusSlaveIF	2019-02-20 - 18:29:11.220	2019-02-20 - 18:29:11.217	Modbus/Hardware
Elspec01	Active Power	100.21	ModbusSlaveIF	2019-02-20 - 18:28:11.310	2019-02-20 - 18:28:11.303	Modbus/Hardware
Elspec01	Active Power	100.14	ModbusSlaveIF	2019-02-20 - 18:27:10.110	2019-02-20 - 18:27:10.107	Modbus/Hardware
Elspec01	Active Power	100.30	ModbusSlaveIF	2019-02-20 - 18:26:10.080	2019-02-20 - 18:26:10.077	Modbus/Hardware
Elspec01	Active Power	100.20	ModbusSlaveIF	2019-02-20 - 18:25:13.507	2019-02-20 - 18:25:13.503	Modbus/Hardware
Elspec01	Active Power	100.30	ModbusSlaveIF	2019-02-20 - 18:24:11.370	2019-02-20 - 18:24:11.367	Modbus/Hardware
Elspec01	Active Power	100.18	ModbusSlaveIF	2019-02-20 - 18:23:12.193	2019-02-20 - 18:23:12.190	Modbus/Hardware
Elspec01	Active Power	100.30	ModbusSlaveIF	2019-02-20 - 18:21:10.907	2019-02-20 - 18:21:10.903	Modbus/Hardware
Elspec01	Active Power	100.19	ModbusSlaveIF	2019-02-20 - 18:20:09.893	2019-02-20 - 18:20:09.893	Modbus/Hardware
Elspec01	Active Power	100.29	ModbusSlaveIF	2019-02-20 - 18:19:11.470	2019-02-20 - 18:19:11.460	Modbus/Hardware
Elspec01	Active Power	100.30	ModbusSlaveIF	2019-02-20 - 18:18:10.753	2019-02-20 - 18:18:10.750	Modbus/Hardware
Elspec01	Active Power	100.22	ModbusSlaveIF	2019-02-20 - 18:17:11.840	2019-02-20 - 18:17:11.840	Modbus/Hardware
Elspec01	Active Power	100.29	ModbusSlaveIF	2019-02-20 - 18:16:13.517	2019-02-20 - 18:16:13.517	Modbus/Hardware
Elspec01	Active Power	100.19	ModbusSlaveIF	2019-02-20 - 18:15:13.497	2019-02-20 - 18:15:13.497	Modbus/Hardware
Elspec01	Active Power	100.29	ModbusSlaveIF	2019-02-20 - 18:14:08.843	2019-02-20 - 18:14:08.843	Modbus/Hardware
Elspec01	Active Power	100.33	ModbusSlaveIF	2019-02-20 - 18:13:12.373	2019-02-20 - 18:13:12.373	Modbus/Hardware
Elspec01	Active Power	100.22	ModbusSlaveIF	2019-02-20 - 18:12:08.063	2019-02-20 - 18:12:08.063	Modbus/Hardware
Elspec01	Active Power	100.36	ModbusSlaveIF	2019-02-20 - 18:11:13.490	2019-02-20 - 18:11:13.493	Modbus/Hardware
Elspec01	Active Power	100.24	ModbusSlaveIF	2019-02-20 - 18:09:11.423	2019-02-20 - 18:09:11.410	Modbus/Hardware

图 1'-57 参考日志

海上风电风机技术

6. 风场导航-参数更改日志

参数更改日志提供包含有时间戳和用户名字的所有参数更改,包括风场级和风机级。

(1) 参数更改日志-风场级

① 点击"风场导航"→"参数更改日志"→"风场级"。风场级参数更改日志如图 1′-58。

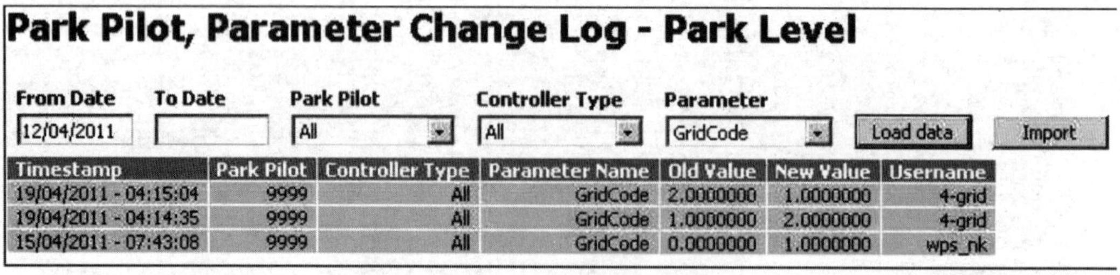

Park Pilot, Parameter Change Log - Park Level

From Date	To Date	Park Pilot	Controller Type	Parameter		
12/04/2011		All	All	GridCode	Load data	Import

Timestamp	Park Pilot	Controller Type	Parameter Name	Old Value	New Value	Username
19/04/2011 - 04:15:04	9999	All	GridCode	2.0000000	1.0000000	4-grid
19/04/2011 - 04:14:35	9999	All	GridCode	1.0000000	2.0000000	4-grid
15/04/2011 - 07:43:08	9999	All	GridCode	0.0000000	1.0000000	wps_nk

图 1′-58　参数变化日志-风场级别

② 在下面区域设定想要显示的参数更改日志的条件。

③ 点击"加载"。参数变化日志按设定条件显示。

参数更改日志设置与风场级类似。

附录二　SWT‑4.0‑130 型机组的维护

一、电气柜的维修与保养

关于电气和控制系统的详细信息，请参考单个风力发电机随附的电路图。确保所参考的电路图是最新版本，并遵守当地有关电气工作的要求。

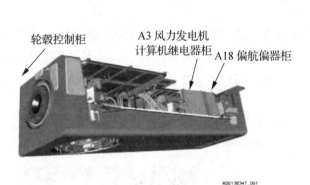

图 2′‑1　电气柜分布

图 2′‑2　电气柜内部结构

风力发电机中的所有电气柜都贴有标签说明其名称。

1. 主断路器的检查与保养

① 依据规定的断电步骤，切断 A12 柜及开关柜供电电源。根据电路图，断开 A12 中的 UPS 电源（24 V）的供电。

图 2′‑3　UPS 电源（24 V）的供电开关

图 2′‑4　主断路器解除锁定

图 2′‑5　主断路器插入把手

② 拆除主断路器前面的盖板。将钥匙插入主断路器,解除锁定状态,推下开关。插入把手,逆时针转动到底。

③ 将主断路器拉出至固定挡块处。转动卡扣,取下透明挡板。拆除四颗固定螺丝(其中两颗位于前面板下方)移除前面板,两颗固定螺丝,移除右侧挡板。

图 2'-6　主断路器拉出至固定挡块处

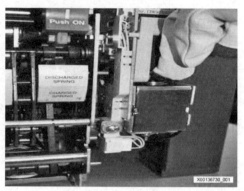

图 2'-7　释放主断路器

④ 释放合闸弹簧。操作时不要站在主断路器的前面,同时确保手指和工具远离主断路器,直到弹簧被释放。按下 YU 线圈上的按钮,确保弹簧已被释放。当线圈被激活时,按下"I"(合闸)按钮。一旦主断路器合闸,按下"O"(分闸)按钮释放主断路器。保持手指和工具远离主断路器,直至弹簧被释放。

⑤ 将标尺放置在与弹簧壳体框架齐平的位置,然后用卡尺测量弹簧壳体间隙。测量标尺和下壳体之间的距离,值应为 4.5~5 mm,记录该值。测量壳体右手侧和左手侧中的间隙。

图 2'-8　测量弹簧壳体中的间隙

图 2'-9　拆除线圈

当壳体框架在下壳体前方时,测量值为正值。当壳体框架与下壳体齐平时,测量值为0。当壳体框架在下壳体后方时,测量值为负值。如果测量值为 0 mm 或负值,记录该值并联系技术支持人员。

取下固定线圈的螺丝,拆除右侧的线圈。不要掉落该螺丝。拉下操作杆,轻轻拉出线圈。

⑥ 拆下电机插座。取出六角螺栓,然后拆下主断路器左手侧的电机。不要掉落垫圈和螺栓。将电机移动到左侧,然后拉出。

图 2'-10　拆下电机插座　　图 2'-11　取出六角螺栓,拆下电机　　图 2'-12　电机拉出

⑦ 小心提起"O"(分闸)开关。清洁指示点。用刷子清除旧的油脂和污物。用清洁剂清洁所有可见部件。当轴和钩可自由移动时说明清洁已完成。检查钩是否可立即复位。

⑧ 清洁弹簧壳体内外的所有指示点。清洁后,滴两滴油,并清理多余的残油。在清洁和应用油的同时,操作所有的运动部件。使用 EXXONMobilSHC524 或同等类型的油。

图 2'-13　清洁润滑

⑨ 通过手动储能杆为合闸弹簧储能，并通过分合闸按钮使主断路器动作，需进行四次测试。

图 2′-14　为合闸弹簧手动储能

图 2′-15　安装电机总成

⑩ 重新安装主断路器中的电机总成。支架上的箭头必须指向轴孔槽。安装垫圈和六角螺栓，扭矩 9 N·m。通过手动蓄能，对跳闸装置进行测试。按下"I"（合闸）开关，闭合主断路器。

⑪ 将电池插回 PR122。按下面板上的"ESC"键。向下滚动至 TEST（测试）项，按下"ENTER"（回车）项。输入密码 0001。使用向上和向下按钮选择数字，选定每个数字后按下"ENTER"键。向下滚动至 TripTest（跳闸测试）项。按住测试按钮，然后按下"ENTER"键。断路器必须立即跳闸。

图 2′-16　电池插回到 PR122 中

图 2′-17　按下"ESC"键

图 2′-18　按下 ENTER（回车）

图 2′-19　输入密码 0001

图 2′-20　按下"跳闸复位"按钮

如果主断路器没有立即跳闸,在继续工作之前应请求技术支持。

⑫ 按下"跳闸复位"按钮。通过手动储能杆为合闸弹簧储能,并通过分合闸按钮使主断路器动作。

⑬ 重新安装主断路器中的线圈总成。重新安装线圈总成中的螺丝。重新安装左侧的盖板。重新安装主断路器的前盖。安装时断路器必须打开,弹簧必须被释放。将主断路器推回原位。插入把手,一直顺时针转动直到主断路器被锁定。推上开关,取下钥匙。重新安装主断路器前方盖板。重新连接 UPS 电源(24 V)。重新连接开关柜,重新连接 A12。

图 2′-21 安装线圈总成   图 2′-22 安装"线圈总成"螺丝

图 2′-23 安装盖板   图 2′-24 主断路器推回原位   图 2′-25 恢复主断路器位置

图 2′-26 推上开关   图 2′-27 安装盖板   图 2′-28 合上 UPS 电源(24 V)

二、保护系统的维修与保养

1. 测试烟雾探测器

① 断电,具体要求详见表 $2'-1$。使用发烟笔产生烟雾激活烟雾探测器(LED 灯亮)。将发烟笔侧放,拆下"填充"插塞。将流体瓶的长嘴插入罐,然后挤压。

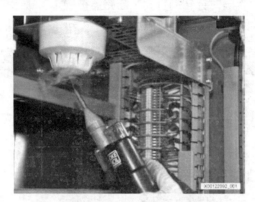

图 $2'-29$ 烟雾探测器测试

表 $2'-1$ 不同烟雾探测器的断电条件

	烟雾探测器位置	是否需要断电
	A12 主断路器	是
	A12LCL 过滤器柜	是
	A21 主开关板和控制器	否

续　表

	烟雾探测器位置	是否需要断电
	A3继电器柜	否
	A3CPU柜	否

② 向上拉触发器的锁定装置。轻轻按下触发器直到 LED 灯亮,这表示烟雾发生器的电源接通,握住触发器 6～9 秒钟加热蒸气发生器,慢慢挤压触发器产生蒸气。

③ 在使用发烟笔之前,使用长嘴吸尽"清空"和"填充"罐中的流体,拉下触发锁定装置,使触发器不能意外激活。

2. 更换 A12 中 BCU 的时钟电池

① 切断控制单元电力,确保 BAT LED 灯熄灭。参照电路图,断开 UPS 电源(24 V)。取下紧固螺丝,取出电池。

图 2'-30　确认 BAT LED 灯熄灭　图 2'-31　断开 UPS 电源(24 V)　图 2'-32　取出电池

② 插入新电池(型号 BR2032),重新紧固螺丝。

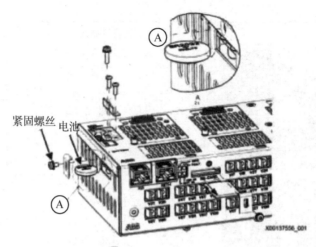

图 2'-33　插入电池

③ 对其他 BCU 执行相同的步骤。

④ 使用 ABB 手持面板,设置实时时钟(RTC)。

⑤ 重新连接 UPS 电源(24 V)。

3. 检查风向标和风速计

① 检查风向标和风速计是否正确安装。

② 检查风速计的风杯是否正确安装并完好无损。

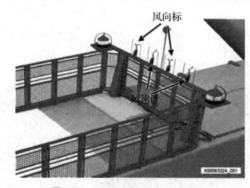

图 2'-34　检查风向标和风速计

图 2'-35　检查航空警示灯

4. 检查航空警示灯

航空警示灯的 230 V AC 电源需连接 UPS 备用电源。如果风力发电机掉电,UPS 设备可以为航空警示灯供电一个小时以上。

① 检查警示灯错误信息。如果航空警示灯发生错误、灯泡不亮或通信错误,警示灯会显示错误信息。

② 检查 GPS 信息。信息显示没有卫星通信。不同灯之间的同步受到影响。当通信系统重新工作后信息自动复位。

③ 检查航空障示灯是否安装牢固。

④ 闭合 A12 柜电源。

5. 检查塔架的除湿器

① 检查除湿器(年检)。上下调节测湿计时,测试除湿器是否启动和关闭。将测湿计设置到 40%,用手握住湿空气出气管(小直径软管),检查热空气是否流出。

图 2′-36　检查除湿器

图 2′-37　更换过滤器

② 检查除湿器转子(年检)。检查除湿器是否运行(风扇吹动)。断开干空气出气管连接(大直径软管)。使用手电筒直接查看干空气出气管左侧,验证转子转动速度是否非常缓慢。重新连接干空气出气管。

③ 更换除湿器的过滤器(年检)。当安装新过滤器时,过滤器上的箭头必须指向除湿器。

④ 检查除湿器软管(每五年一次)。目视检查软管线路是否短而呈直线。如有必要,调整或剪切软管线路改善空气流通。如果湿空气软管上有一个低点,检查是否有直径为 4 mm 的孔。如果没有,就进行钻孔。确保束线带没有束缚干空气软管使管径变窄而阻碍空气流通。如有必要,更换软管。

三、偏航系统的维修与保养

1. 检查和调整带有制动器的偏航电机

① 取下三个十字头螺丝,取出电机盖。

电机盖及三个十字头螺钉
两个带有制动器的偏航电机的电机盖
高度与其他电机盖高度不同

图 2'-38　取下电机盖

② 从贯穿轴上取出密封圈,取出风扇。

图 2'-39　取出密封圈　　　　　　　图 2'-40　取出风扇

③ 用游标卡尺或钢尺测量制动器转子的厚度。如果制动器转子的厚度不足 8 mm,则必须更换制动器。

 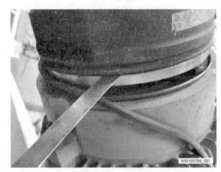

图 2'-41　测量制动器转子的厚度　　　图 2'-42　测量气隙

④ 用测隙规测量气隙,测量三个点,气隙必须为 0.25～0.4 mm。如果气隙大于 0.55 mm,应进行调整。

松开三个六角螺丝(如图 $2'$-43),使用 15 mm 扳手将螺纹套筒拧到定子上以调整气隙,逆时针转动 1/6 圈,气隙减少约 1.15 mm。

图 $2'$-43　松开六角螺丝

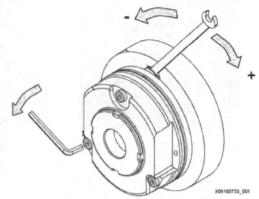
图 $2'$-44　调整气隙

⑤ 使用两个扳手撬起偏航电机制动器,如图 $2'$-45。使用专用工具测量摩擦扭矩。摩擦扭矩必须为 60 N·m+20/0 N·m。如果摩擦扭矩低于 60 N·m,则调整制动器。如有必要,使用钩形扳手卡住调整板。

图 $2'$-45　撬起偏航电机制动器

图 $2'$-46　测量摩擦扭矩

图 $2'$-47　调整制动器

⑥ 重新安装风扇。重新安装贯穿轴上的密封圈。重新安装电机盖,紧固三个十字头螺丝。

⑦ 对另一个带有制动器的偏航电机执行相同的检查。

2. 检查偏航齿轮油油位

① 检查油位表中的油位。油位必须位于上下观察窗之间。

② 如果底部观察窗中的油未满,则添加齿轮油直到顶部观察窗中可以看到油。

③ 当添加齿轮油时,使用一个软管从加压式贮油器上连接到泄油阀上。

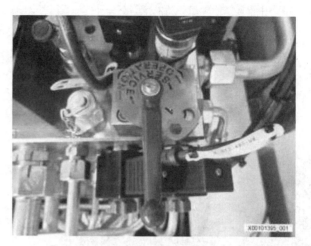

图 2′-48　检查偏航齿轮油油位　　　　图 2′-49　检修阀(252)设置到"检修"位置

3.更换偏航齿轮油

①将检修阀(252)设置到"检修"位置,用挂锁固定,并挂上"切勿启动"(Do-not-start)标志(上锁/挂牌)。

②取下贮油器顶部的放气塞,取下排放旋阀上的孔塞。在排放旋阀上安装快速接头。

图 2′-50　取下放气塞　　　图 2′-51　取下孔塞　　　图 2′-52　安装快速接头

③将软管从电钻泵上连接到快速接头上。

图 2′-53　软管连接　　　图 2′-54　关闭排放旋阀　　　图 2′-55　安装贮油器放气塞

④ 打开排放旋阀,将偏航齿轮中的齿轮油排放到空罐中。当空气被吸入到贮油器的顶部时,说明偏航齿轮中的齿轮油已经排空,关闭排放旋阀,断开电钻泵和快速接头之间的软管连接,在重新注油之前,用新的齿轮油冲洗电钻泵和软管。

⑤ 重新将软管从电钻泵上连接到快速接头上。重新布置电钻泵上连接的软管,使其从之前的加压状态变成现在的抽吸状态。关闭排放旋阀。

⑥ 打开排放旋阀。向偏航齿轮中泵入油,同时注意观察镜中的油位,当顶部观察镜中可以看到油时停止注油,关闭排放旋阀。

⑦ 从快速接头上取下软管,从排放旋阀上取下快速接头,在排放旋阀上安装孔塞,但不要拧紧。这样在拧紧孔塞时排放旋阀中不会有压力。

⑧ 打开排放旋阀。紧固排放旋阀上的孔塞,安装贮油器顶部的放气塞。

⑨ 将检修阀(252)设置到"运行"位置,取下挂锁和切勿启动(Do-not-start)标志。

4. 检查偏航制动器是否泄漏

检查泄漏软管中是否有油,观察偏航制动器的液压系统是否泄漏。

5. 检查偏航制动衬块是否磨损

检查偏航制动器中的指示销。当制动器中的指示销达到边缘时,制动衬块被磨损约 5 mm。制动衬块磨损 7 mm 是允许的。

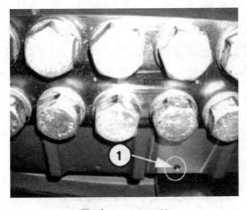

图 2'-56　指示销

图 2'-57　检查润滑和磨损

6. 检查偏航小齿轮和偏航轴承内齿环的润滑和磨损情况

① 在不拆除盖子、润滑脂垫和不偏航的条件下,目视抽检偏航小齿轮和偏航轴承内齿环的润滑、磨损和撕裂情况。在两个后部偏航齿轮电机处抽检,进行目视检查。

② 清除多余润滑脂。

图 2'-58　清除多余润滑脂

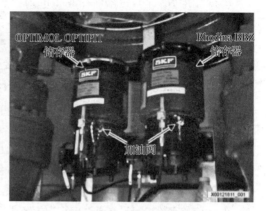

图 2'-59　中央润滑系统

7. 检查偏航部分的中央润滑系统

① 用油脂泵给贮存器加满润滑脂。润滑脂的温度不能太低,因为温度太低不利于搅拌器排出润滑脂中的空气,具体温度取决于润滑脂的型号,润滑脂中不允许存在污物和杂质,因为这样会导致泵元件出现运行故障。

② 将润滑脂盒的底部安装在油脂泵的注油座上。检验标签上的润滑脂型号。在注油座上安装润滑脂盒并拧紧。将软管连接到注油泵上。

③ 点击 F3 重置油脂泵。点击 F4 启动油脂泵。确保显示器上的润滑脂量在增加。如果显示器上的润滑脂量没有增加,对润滑脂盒的顶部施加少许压力。

④ 在放气管垫抹布,通过泵箱底部的阀门给系统排气。泵出少许润滑脂,确保泵和软管中没有残留的旧润滑脂。

⑤ 将软管连接到润滑脂贮存器的快速接头上。

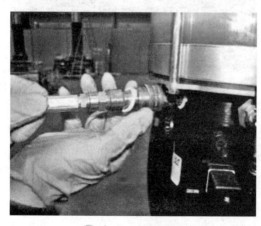

图 2'-60　软管连接

图 2'-61　检查偏航位置系统

⑥ 泵入 6 或 12 kg 润滑脂到贮存器中(两个贮存器的量)。轻击润滑脂盒顶部的折叠处以清空润滑脂盒。不要添加过多的润滑脂。点击 F4 停止油脂泵。从润滑脂贮存器上

断开软管连接。

8. 检查偏航位置系统

① 在手持终端菜单 24＞屏幕 5(MENU24＞screen5)中读取偏航位置。

② 用指南针测量机舱位置。比较位置,当风力发电机的毂盖指向北方时,偏航位置指示器在手持终端中菜单 24＞屏幕 5(MENU24＞screen5)的读数必须是 0°。如果不是调整部分的描述调整偏航位置指示器。

③ 检查电缆是否没有过度扭绞。

④ 检查偏航计数器是否安全紧固。

⑤ 取下盖子,确保齿轮适当啮合。

⑥ 重新安装盖子。将风力发电机偏航使电缆垂直悬挂,从而使其完全解缆。

9. 调整偏航位置指示器

① 使用指南针找到"N"方向,将机舱偏航指向北方。

② 取下偏航位置指示器的盖子。

③ 松开四个螺丝。

④ 推开固定两个大齿轮的板,使其远离小齿轮。

⑤ 向右或左转动大齿轮。偏航位置指示器必须等于 0°,电缆扭转圈数应介于 0 和0.5 之间。在手持终端中进入"菜单 24＞屏幕 5"(MENU24＞screen5),找到偏航位置指示器的方向。

⑥ 将大齿轮推回到靠近小齿轮的位置,不要太紧,然后紧固四个螺丝。

⑦ 重新安装盖子。

图 2′-62　松开螺丝

图 2′-63　紧固螺丝

10. 检查主轴承的润滑脂量

① 停止风力发电机。

② 锁定高速风轮锁定装置。

③ 拆除后轴承上顶部主轴的盖板。

④ 取下后轴承盖。

图 2'-64　取下后轴承小盖

⑤ 去除堆积在盖子后面的润滑脂。

⑥ 评估润滑脂的加注量(滚珠在润滑脂塞的后面),并注意检查表中标明的润滑脂量。作为最低要求,必须有少量润滑脂滚动到滚珠的前面,如图 2'-65 所示。

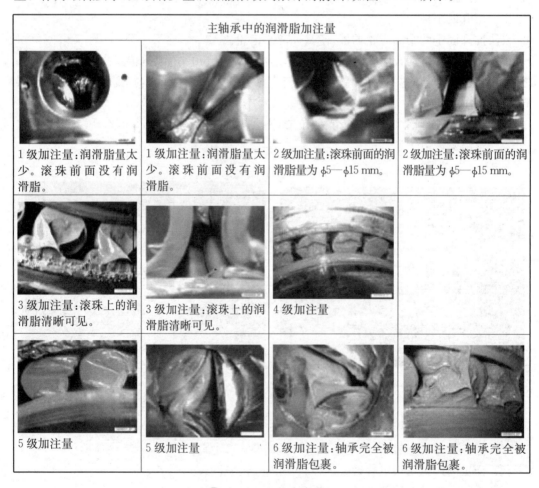

主轴承中的润滑脂加注量			
1级加注量:润滑脂量太少。滚珠前面没有润滑脂。	1级加注量:润滑脂量太少。滚珠前面没有润滑脂。	2级加注量:滚珠前面的润滑脂量为 $\phi5$—$\phi15$ mm。	2级加注量:滚珠前面的润滑脂量为 $\phi5$—$\phi15$ mm。
3级加注量:滚珠上的润滑脂清晰可见。	3级加注量:滚珠上的润滑脂清晰可见。	4级加注量	
5级加注量	5级加注量	6级加注量:轴承完全被润滑脂包裹。	6级加注量:轴承完全被润滑脂包裹。

图 2'-65　润滑脂量对照

⑦ 重新安装后轴承盖上的小盖。

⑧ 对前轴承执行相同的程序。

11. 清空润滑脂逃逸收集容器

清空四个润滑脂逃逸收集容器。

12. 检查主轴承中央润滑系统

① 目视检查泵、分配器和进口处的连接点是否漏油。

图 $2'-66$　目视检查

② 启动润滑装置。

使用手持终端进入菜单 24＞屏幕 14（MENU24＞screen14）。按下"."启动润滑装置，按下"."停止润滑装置。读取"润滑脂总量"，确保润滑装置运行时该读数在增长。取下润滑装置中的插座，在插销 1 和 3 之间放置一个跨接线，检查"低油位传感器"。手持终端中会显示故障指示。故障指示显示在手持终端上可能需要十分钟的时间。

③ 在手持终端中，进入菜单 24＞屏幕 18（MENU24＞screen18），重置脉冲计数器。

13. 给主轴承润滑系统重新加注润滑剂

给主轴承润滑系统加注润滑剂的方法与细节与给偏航部分中央润滑系统添加润滑剂相同。

注意，加润滑脂时，轻轻抬起润滑装置的盖子，在加注润滑脂的过程中，留意观察止推板。当止推板距离顶部约 5 cm 时，停止加注润滑脂。最后清空和清洁两个轴承的滴油板。

图 $2'-67$　抬起润滑装置的盖子

图 $2'-68$　止推板距离顶部
约 5 cm 停止加注

图 $2'-69$　清洁滴油板

14. 齿轮箱检查

① 将风力发电机偏航,使其远离风向 90°。推动盘车装置使其啮合。接合高速风轮锁定装置,并填写检查表。

图 2'-70　高速风轮锁锁定位置

图 2'-71　检修门

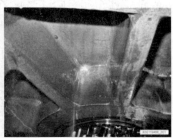
图 2'-72　表面上污物沉积示例

② 清洁齿轮箱上的检修门和四周。确保在移除检修门时没有灰尘、污物或油漆颗粒进入齿轮箱,当移除检修门时与其保持距离,避免带入灰尘。检查口袋中的物件,防止其掉落齿轮箱。将工具放置到安全的地方,防止其掉落到齿轮箱中。如果有必要,将工具系在绳子上,然后挂在手腕上,避免其掉落在齿轮箱中。

② 检查齿轮箱外部

目视检查齿轮箱外部是否清洁、有泄漏迹象、油漆状况和可能存在的裂纹。目视检查齿轮箱四周是否漏油,灰尘堆积可能是漏油的迹象。目视检查低速轴和高速轴是否有漏油的迹象。用干净的抹布擦拭法兰、连接件和其他可能漏油的地方,检查抹布上是否有油。修补油漆,如果无法修补,记录损坏的地方,并报告给厂家的服务部门。

③ 确保当打开检修门时没有水会滴进齿轮箱。拆下检修门,将所有螺栓收置在安全地方,防止其掉落到齿轮箱中。

④ 检查齿轮箱内部。

目视检查齿轮箱内部是否清洁、有无污物漂浮,表面是否有污物沉积。如有可能,目视检查轴承外表面是否损坏、腐烂。

图 2'-73　目检部位示意

目视检查高速小齿轮和中间齿轮(IMS)是否磨损、撕裂和损坏。拍摄照片进行记录。目视检查油管是否安全紧固。安装检查盖。解除高速风轮锁定装置,采用盘车装置逐步旋转齿轮。锁定高速风轮锁定装置,并填写检查表。拆下检查盖。重复检查,直到高速小齿轮和中间齿轮(IMS)的整个表面检查完毕。

⑤ 重新安装检修门,扭紧螺栓。解除高速风轮锁定装置。推动盘车装置使其不再啮合。

⑥ 填写检查表 CH547352,示例如图 $2'-74$。

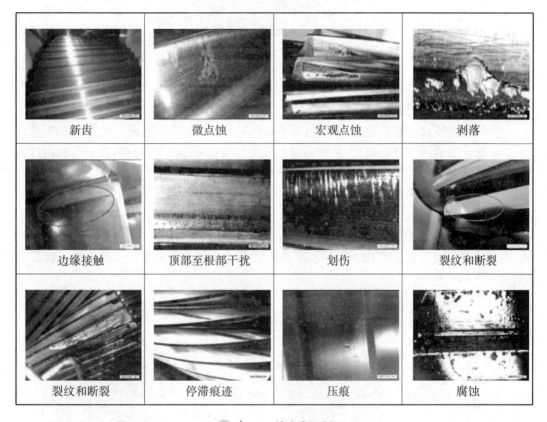

<table>
<tr><td>新齿</td><td>微点蚀</td><td>宏观点蚀</td><td>剥落</td></tr>
<tr><td>边缘接触</td><td>顶部至根部干扰</td><td>划伤</td><td>裂纹和断裂</td></tr>
<tr><td>裂纹和断裂</td><td>停滞痕迹</td><td>压痕</td><td>腐蚀</td></tr>
</table>

图 $2'-74$　检查表示例

15. 检查齿轮箱加热元件

① 通过手柄,进入菜单 30＞测试开关(MENU30＞Test switches);

② 按下 5,按下 ESC,进入菜单 20＞输出控制(MENU25＞Output control)。在控制器文档中找到齿轮油加热输出,使用箭头键找到所需的输出,按下"."激活输出。

③ 用钳形表在 A3 中测量。每个加热元件的电流必须是 1.2 A±0.2 A。一组加热元件的电流必须是 2.01 A。

④ 测试完毕后,在菜单 3(MENU3.)中重置系统。

图 2′-75　电流测量

16. 检查齿轮箱油位

① 先对离线式过滤器进行排气。

② 检查在线式泵在最近 24 小时内是否运行了五分钟。停止并制动风力发电机。

③ 接合高速风轮锁定装置,并填写检查表。让齿轮箱停止 15 分钟,使所有的内部齿轮油都流回油槽。检查齿轮油位时风力发电机不能运转。

④ 检查油位有两种方法。

方法 1 最准确但是耗时。

推动盘车装置使其啮合,使用盘车装置旋转齿轮,直到转子至少旋转半圈。在旋转过程中,注意齿轮油油位的变化。实际和准确的齿轮油油位应介于最小读数和最大读数之间,确定平均油位。

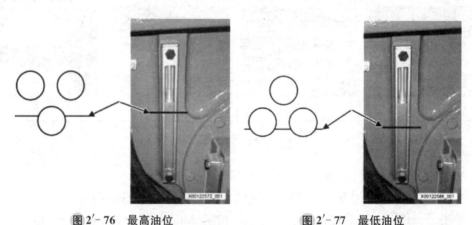

图 2′-76　最高油位　　　　　　　图 2′-77　最低油位

方法 2 不如方法 1 准确,但更简单省时。

观察玻璃油位表中的齿轮油油位。估计齿轮油油位。

齿轮油应位于上下标记之间。如果齿轮油油位位于上标记之上,齿轮箱可能漏油。通过离线式过滤器阀门将多余的润滑油收集到塑料罐中。如果齿轮油油位位于下标记之下,则注加注齿轮油。如果玻璃油位表中可以看见齿轮油,但油位在下标记之下,齿轮箱最多只能运行五天。五天之内必须给齿轮箱注油。如果玻璃油位表中看不见齿轮油,齿轮箱必须停止运行。

⑤ 检查所有的连接处是否漏油。检查玻璃油位表中的油是否干净、没有泡沫。

⑥ 解除高速轴锁定。

图 2′－78　玻璃油位表

17. 向齿轮箱加注齿轮油

① 拆下检修门。

② 检查油罐是否完全干净。打开油罐，取下盖子的密封圈，将盖子和密封圈放置在安全的地方，防止其掉落齿轮箱。

③ 将齿轮油倾入齿轮箱。启动在线式泵，让在线式泵运转至少 5 分钟。停止运转，10 分钟后评估油位。

④ 根据实际需要加注齿轮油，直到油位达到玻璃油位表的上标记处。重新安装检修门，扭紧螺栓。解除高速轴锁定。

18. 检查齿轮箱油压的压力传感器

① 在测试接头上安装压力计。启动齿轮油泵，读取压力值。

② 检查手持终端中菜单 2＞屏幕 9（MENU2＞Screen9）显示的压力值，确保其与压力计的读数相同。

③ 停止齿轮油泵。

① 齿轮箱用油的压力传感器　② 测试接头

图 2′－79　检查油压压力传感器　　图 2′－80　怠速泵位置

19. 更换怠速泵

① 锁定高速风轮锁定装置,并填写检查表。检查油位,如有必要,将油排尽。

② 拆下怠速泵上方的两级板和地板。将容器置于连接件下方,收集残留的齿轮油。拆下软管和管道接头,将泵和软管的孔塞上。拧开泵法兰中的螺栓。

图 2'-81　拆除软管和管道的接头　　　　图 2'-82　泵法兰中的螺栓

③ 沿轴向方向移动泵设备直到其可以自由移动,然后拆下。

④ 从总成中拆下泵设备,在总成上安装新的泵设备。沿轴向方向移动插入新的泵设备,小心使齿正确吻合。

⑤ 根据螺栓紧固标准值,拧紧螺栓。取下插塞,重新安装软管和管道接头。重新安装怠速泵上方的两级板和地板。解除高速轴锁定。

20. 检查齿轮箱吊挂

目视检查橡胶衬套是否有严重裂纹和膨胀,示例如图 2'-84 所示。如果发现损坏,联系厂家的服务部门。

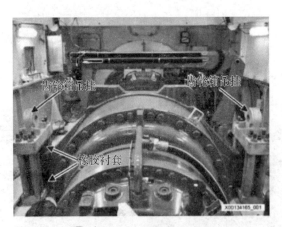

图 2'-83　齿轮箱吊挂示意

橡胶衬套的疲劳损伤示例	
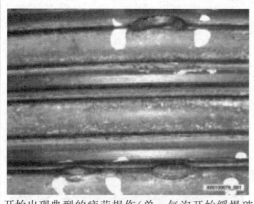	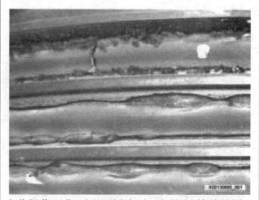
开始出现典型的疲劳损伤（单一气泡开始缓慢破裂）。	疲劳损伤恶化（出现更多气泡，小裂纹，橡胶碎屑）。
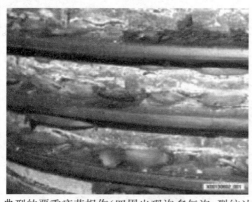	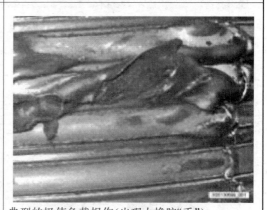
典型的严重疲劳损伤（四周出现许多气泡，裂纹达几毫米深，有橡胶碎屑）。	典型的极值负载损伤（出现大橡胶"舌"）。

图 2′－84 橡胶衬套

21. 更换在线式过滤芯

图 2′－85 在线过滤器

① 进入菜单 30（Menu30），按下 9 激活 Dahl 测试，当标志值为零时该标志被激活。按下 ESC 键，参照图纸找出对应的输出点位，关闭齿轮箱上的阀门。关闭过滤器放气阀。

图 2'-86 齿轮箱阀门示意

图 2'-87 关闭过滤器放气阀

② 进入菜单 25＞输出控制（MENU25＞Outputcontrol），使用箭头键选择齿轮油泵在低速运转下的输出以启动泵。

③ 泵启动后立即取下泵上的螺丝。注意：泵启动后几秒钟放气孔中将流出约半升油然后停止，注意收集流出的油。

图 2'-88 螺丝位置示意

图 2'-89 拆下盖子

图 2'-90 安装起重机吊钩

④ 运转泵，直到回油软管中听到冒泡声。此时过滤器中已经排尽油并充满空气。当油泵运转时，安装油泵的螺丝。螺丝安装完毕后，立即停止油泵。拆下盖子，注意不要让污物和杂质进入系统中。在过滤器的吊眼上安装起重机吊钩。使用维护用起重机小心吊出过滤芯，吊出过程中允许油滴下。

⑤ 取下过滤芯底部的螺母，拆卸过滤芯。注意从过滤器外壳边缘中取出过滤芯后，再拆卸过滤芯，确保没有部件掉落到过滤器外壳中。

图 2′-91 取下过滤器底部螺母

图 2′-92 取出旧滤芯

⑥ 取出旧的过滤芯，将其放置在袋子中。

⑦ 估计过滤器磁体上的碎屑量，在检查表中记录污染的程度。

在检查表中记录与磁体上与实际相对应的数字等级。如果磁体的污染程度估计达到非常严重的污染等级，取少许碎屑样本，将其放入油样本瓶中，与油样本一起送检分析。

a. 非常干净

b. 轻度污染

c. 中度污染

d. 重度污染

e. 非常严重的污染

图 2′-93 磁体污染等级

⑧ 清洁过滤器的磁体。在新过滤芯中安装干净的磁体，安装新过滤器，紧固过滤芯底部的螺母。小心在过滤器外壳中放置新过滤芯。组装过滤器外壳，交叉旋紧螺栓至 400 N·m。

⑨ 打开齿轮箱上的阀门和过滤器放气阀,检查是否漏油和密封是否完好。

⑩ 过滤器更换完毕后,在菜单3(Menu3)中选择"重置计算机"。

图 2′-94　清洁过滤器磁体

图 2′-95　过滤芯底部的螺母

图 2′-96　新滤芯

图 2′-97　过滤器更换

22. 更换齿轮箱的空气过滤器内衬

拧下过滤器外盖。更换过滤器内衬。将外盖再次拧紧到过滤器外壳上。

23. 清洁在线式过滤器与离线式过滤器的球阀过滤器

清洁球阀过滤器。

图 2′-98　安装在在线式过滤器中的球阀过滤器

步骤：

图 2'-99　安装在离线式过滤器上的球阀过滤器

图 2'-100　球阀过滤器的分离

24. 更换离线式过滤芯

更换在线式过滤芯后，立即更换离线式过滤芯，离线式过滤器会排出部分油。更换过滤芯前，必须排出过滤器外壳中的油。

图 2'-101　更换离线式过滤芯

① 关闭离线式过滤器和在线式过滤器之间的阀门。通过泄油阀排出最后的油。

② 取下顶部螺母和过滤器盖。松开翼形螺母，取下弹簧和弹簧导杆。取下过滤芯。

图 2'-102　取下顶部螺母

图 2'-103　取下过滤芯

③ 更换密封件后，安装新的过滤芯。

图 2'-104　安装新过滤芯　　　　图 2'-105　紧固螺母

④ 在将弹簧导杆和弹簧压入到位之前，检查 O 形圈是否正确放置在凹槽中。紧固螺母，直到其接触弹簧导杆顶部，再拧 8 圈。

⑤ 安装过滤器盖，紧固顶部螺母。

图 2'-106　安装过滤器盖　　　　图 2'-107　紧固顶部螺母

⑥ 打开离线式过滤器和在线式过滤器之间的阀门，启动在线式泵，给过滤器排气，让在线式泵运转至少 15 分钟。检查过滤器是否漏油及其压力。拧松并取出放气螺丝，让泵运行，直到油流出。将放气螺丝拧回原位。检查齿轮箱中的油位。

25. 检查齿轮油软管

检查齿轮油软管是否因与其他部件摩擦而损坏。目视检查齿轮油软管是否有裂纹和损坏。

26. 更换齿轮油软管

① 排出软管中的油。

通过手柄终端，进入菜单 30(Menu30)，按下 9 激活 Dahl 测试(当标志值为零时该标志被激活）。按下 ESC 键,在控制器文档中查找低速运转时齿轮油泵的输出,关闭齿轮箱阀门和过滤器放气阀。进入菜单 25＞输出控制（MENU25＞Outputcontrol）,使用箭头键选择齿轮油泵在低速运转下的输出以启动泵。泵启动后立即取下泵上的螺丝。泵启动后几秒钟放气孔中将流出约半升油。这将会停止,但应收集流出的油。

图 2′-108　关闭齿轮箱阀门　　图 2′-109　关闭过滤器放气阀　　图 2′-110　泵上的螺丝

运转泵,直到回油软管中听到冒泡声。现在过滤器中已经排尽油并充满空气。注意:尽可能减少泵吸气的时间。当油泵运转时,安装油泵上的螺丝。螺丝安装完毕后,立即停止油泵。

② 更换软管 A。

将碎布放在软管接头的下方,避免油溢出,用干净的盲塞塞住所有开口。

从油冷却器上拆下上输油软管和下输油软管,从管道上拆下上输油软管和下输油软管。松开软管支架,取下旧软管。安装新软管之前,将垫圈浸满齿轮油。在拧紧螺丝之前,确保垫圈安装正确。确保输油软管的开口和连接点是干净的。扭紧软管支架中的螺栓。确保软管不要彼此触碰。如有必要,在扭紧配件和/或支架之前调整软管位置。取下盲塞之前,在连接点之间安装新软管。更换软管 B～I 方法类似。

图 2′-111　拆下上输油软管　　图 2′-112　拆下下输油软管　　图 2′-113　垫圈浸满齿轮油

图2′-114　拆下齿轮箱顶部输油软管B

图2′-115　拆下输油软管B

图2′-116　软管B垫圈安装

图2′-117　从在线式泵拆下输油软管C

图2′-118　从管道拆下输油软管C

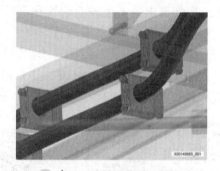
图2′-119　松开软管C支架

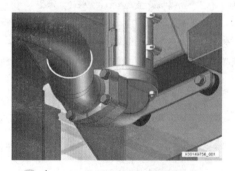
图2′-120　从油泵上拆下输油软管D

图2′-121　从齿轮箱拆下输油软管D

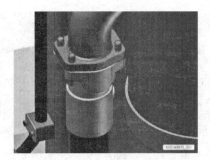

图 2'-122 从在线式泵拆下输油软管 E

图 2'-123 从油泵拆下输油软管 E

图 2'-124 从在线式泵拆下输油软管 F

图 2'-125 从齿轮箱拆下输油软管 F

图 2'-126 松开软管 F 支架

图 2'-127 从在线式过滤器拆下输油软管 G

图 2'-128 从离线式过滤器拆下输油软管 G

图 2'-129 从离线式过滤器拆下输油软管 H

图 2′-130　从齿轮箱拆下输油软管 H

图 2′-131　从怠速泵拆下输油软管 I

图 2′-132　从阀门拆下输油软管 J

③ 从齿轮箱中排出油冲洗齿轮油软管

从齿轮箱上断开回油软管连接,塞上齿轮箱上的开口。检查球形塞阀是否关闭,连接一个外部排放管到齿轮箱上的回油软管上。放置一个塑料罐,将外部排放管插入到塑料罐中,再打开外部排放管上的球形塞阀。在手持终端中,进入菜单 25(Menu25),按下".",以低速启动在线式泵。当空气从外部排放管中排出时,在菜单 25(Menu25)中停止在线式泵。关闭球形塞阀。(注意:尽可能减少泵吸气的时间)将一个排放软管连接到斜齿级上。打开球形塞阀,排出油后关闭球形塞阀。将排放软管连接到行星级上,打开球形塞阀排出油后,关闭球形塞阀。

图 2′-133　断开齿轮箱的回油软管连接

图 2′-134　连接注油软管

④ 用新油冲洗齿轮箱。

在齿轮箱上的回油软管接头上安装一个快速接头便于注油,连接注油软管。加注 200 升齿轮油冲洗齿轮箱。打开固定在回油软管上的外部排放管上的球形塞阀。在手持终端中,进入菜单 25(Menu25),按下".",以低速启动在线式泵。当空气从外部排放管中排出时,在菜单 25(Menu25)中停止在线式泵。关闭球形塞阀。(注意:尽可能减少泵吸气的时间)重新安装齿轮箱上的回油软管。如果必要,更换在线式过滤器或离线式过滤器。

⑤ 重新给齿轮箱加注新油。

拆下齿轮箱上的空气过滤器外壳,安装注油装置。在注油装置上安装一个快速接头便于注油,连接注油软管。添加齿轮油,直到观察镜中的油位达到最低水平。在手持终端中,进入菜单 25(Menu25),按下".",以低速启动在线式泵,触动油冷却系统的旁通阀 30

秒钟。松开放气螺丝,给离线式过滤器排气。排气几次,直到空气全部排出。10 分钟后,在菜单 25(Menu25)中按下".",停止在线式泵。等待 10 分钟,在观察镜中检查油位。如有必要,加注齿轮油,直到达到最高油位。拆下注油装置,将空气过滤器外壳重新安装在齿轮箱上。更换空气过滤器。在手持终端中,进入菜单 30(Menu30),触动测试开关,将其设置到标准运行状态。齿轮油更换完毕后,检查所有的连接件是否漏油。

四、发电机维护

发电机维护工作主要包括发电机螺栓力矩检查、加热元件检查、轴承润滑系统检查、驱动端的轴承维护和发电机对中等。定期维护可保证发电机在低维护费用下运行状态良好,对电机进行维护工作之前确保发电机主回路电源等已处于断电状态。

1. 螺栓力矩检查

SWT－4.0－130 机组主要连接螺栓需定期进行紧固与力矩校验,校验周期及对应力矩值请参考 ZSM1038081(维护指导手册)。

力矩紧固注意事项如下。

① 按照维护指导手册进行力矩紧固。

② 螺栓紧固必须严格遵守主机厂商要求,如十字效验、力矩抽检等。

③ 力矩紧固工作人员必须经过专业培训,熟知操作流程。

④ 力矩紧固前确认工器具状态,是否完好。

力矩检查工作需严格执行指导手册,按照厂家指导进行,同时在工作中如发现螺栓有、螺栓损伤等问题,必须进行更换。

表 2'－2 螺栓力矩检查表

序号	螺栓位置	螺栓类型	性能等级	力矩值	对边宽度	备注
1	发电机弹性支撑	M30	10.9	600 N·m	46 mm	
2	发电机弹性支撑-横杆	M20	8.8	175 N·m	30 mm	

2. 加热元件检查

检查时，风力发电机必须通电，但发电机必须断电。加热元件连接在 A3 控制器的端子排中。

① 在手持终端菜单 19（MENU19）中，更改参数 UP2200 至最大值。

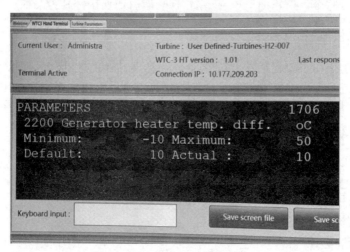

图 2′-135　手持终端设置菜单 19

② 用钳形表测量控制器中端子上的电缆的电流，以此来测量加热元件的电流，电流必须为 4.5 A±0.3 A。

③ 测试完毕后，在菜单 19（MENU19）中将参数 UP2200 重置至默认值。

图 2′-136　钳流表测量电流

3. 轴承润滑系统检查

发电机轴承通过中央润滑系统进行润滑。润滑脂型号、更换周期、更换数量等参见下表。

表 2′- 3　轴承润滑系统检查表

润滑点	发电机轴承,带中央润滑系统
使用的润滑油脂型号	KLÜBERPLEXBEM41 - 132
第一次更换间隔时间	运行一年以后
定期更换间隔时间	每年更换一次发电机油脂
	每年一次抽取发电机前后轴承的润滑脂样本 重要提示:所有样本必须在 14 天内返回到取样指定检测机构。
润滑脂	KLÜBERPLEXBEM41 - 132
重量	约 3.9 kg
备注	清除排放管中的多余润滑脂
	清除发电机(前部和后部)下面的多余润滑脂
	监听轴承中是否有异常噪声
	清除发电机排放管和机舱中溢出的润滑脂
	当加入新的润滑脂时必须使用易用型油脂泵
	不要过量加注润滑脂

① 目视检查泵、分配器和进口处的连接件是否漏油。

图 2′- 137　发电机润滑系统加脂泵

② 启动润滑装置。

使用手持终端进入菜单 24＞屏幕 16(MENU24＞screen16)。按下"."启动润滑装置。按下"."停止润滑装置。读取润滑脂总量,确保润滑装置运行时该读数在上升。取下润滑系统中的插座,检查"低油位传感器"。等待手持终端产生错误信息(大约 10 分钟后触发故障)。在手持终端中,进入菜单 24＞屏幕 18(MENU24＞screen18),重置脉冲计数器。

③ 使用注油泵给发电机轴承的中央润滑系统加注润滑脂。加注方法与偏航部分加润滑脂方法相同。

图 2′-138　注油泵加注油脂润滑脂贮存器的快速接头

④ 清空废油盒

清空发电机前部和后部的废油盒，再清洁润滑脂排放管道。

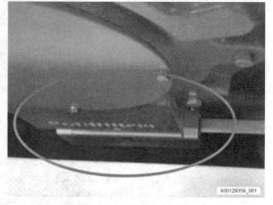

图 2′-139　发电机前部废油盒　　　　图 2′-140　发电机后部废油盒

4. 发电机前轴承的维护

① 更换发电机轴承上的碳刷并清洁滑环，锁定高速风轮锁定装置。清洁并检查碳刷，如果碳刷的长度小于 25 毫米则需要更换。清洁绝缘轴承，用浸过溶剂的抹布在 5 厘米范围内，从内到外清洗绝缘材料。

注意：仅使用干净的抹布清洁，请勿使用清洁剂。

② 测量驱动端的电阻，用已安装的碳刷测量驱动端的电阻（电阻测试）。

使用已校准的工具在 500 V 直流下测量电阻。将一个测试探针固定在滑环上，另一个固定在接地框架上,连接处不能有油漆覆盖。测量电阻阻值必须低于1Ω。

在检查表中记录数据。

③ 测量驱动端的轴承绝缘。

从碳刷架上取下碳刷,将其置于碳刷架顶部,不要与其他部件接触。用已校准的工具测量电阻,工具的测量能力最大为1 000 V DC。将一个测试探针固定在滑环上,另一个固定在接地框架上。测量电阻1分钟,读数必须高于1 GΩ。接地框架上的测量点不能有油漆覆盖,在检查表中记录绝缘读数。

图 2'-141　发电机轴承驱动端碳刷　　图 2'-142　检查发电机冷却风扇　　图 2'-143　检查进气和排气弹性软管

5. 发电机冷却系统检查

① 检查发电机冷却电机固定螺栓是否松动。

② 检查用于进气和排气的弹性软管是否密闭和完好无损。

6. 发电机对中

发电机转子和齿轮箱输出轴的同心度对发电机的工作状况及其寿命尤为关键,因此每个维护周期需对发电机进行对中调整,操作步骤如下。

① 拆卸联轴器护罩,并将激光设备按照图 2'-144 中所示安装。其中 M 测量单元安装在发电机侧,S 测量单元安装在齿轮箱侧(刹车盘上)。注意在设备上有"up"向上示意。

图 2'-144　安装激光设备

② 打开对中仪,进入设置进入"波形设置"菜单,按手柄上下键选择值为"3"后退出,再进入"精确度设置"菜单,选择 0.01 mm。设置完成后点返回键返回上一菜单。选择第二个菜单点击进入,选择右下标红色菜单进入,选择图 2'-145(d)菜单进入。

(e) 图显示的是关于两个激光设备目前的状态。要求根据图(e)调整激光设备,两个角度的差尽量接近于 0 度,对应的激光红线均显示在中间位置(可用 M 设备上的红色微调旋钮)。

完成后返回到最初界面,选择第一个菜单进入,选择菜单(卧式)

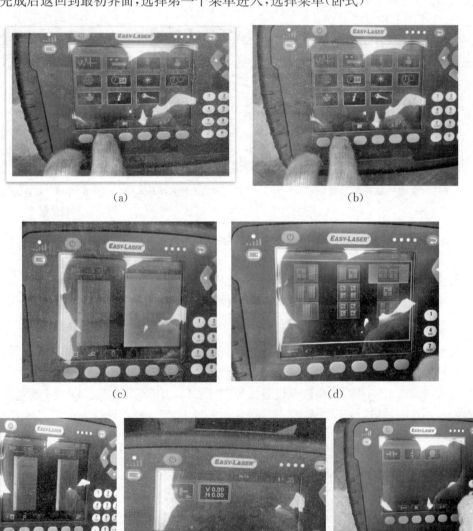

$$(a) \qquad (b)$$

$$(c) \qquad (d)$$

$$(e) \qquad (f) \qquad (g)$$

图 2'-145 对中仪设置

② 输入各个测量值。要求两个激光设备之间的距离为各自支架杆中心的距离（误差不超过 1‰），最上面的距离为 S 端设备至联轴器中心的距离。数值输入完毕后自动跳至下一界面。

图 2′-146　输入测量值

图 2′-147　测距

图 2′-148　保存

进入界面后，按对中仪上绿色确认按钮，选取第一个数据屏幕上方红色标注位置会出现保存进度条，待保存完成后进行下一项操作。另外，如果进入后不在该界面，则选择图中标黄色位置进行模式切换至如图 2′-148 界面。

③ 待第一个点保存后，进入到如（a）图界面。松开刹车，将 S/M 圆圈转动至红色扇形区域外（S/M 会变成黄色）后刹车，待 S/M 角度显示稳定后，点击对中仪手柄上绿色确认键选取第二个数据，同样观察界面上方的黄色进度条。同样选取第三个测量值。一定注意要灵活运用刹车，三个数据选取结束后自动进入如（b）图界面。图中所示的数值意义为，V 显示为发电机垂直方向的数值，MF1 为发电机前脚比中心线低 3.77 mm，MF2 为发电机后脚比中心线低 7.69 mm。H 显示为水平方向，MF1 为发电机前端相对于中线偏左（非液压站侧）1.94 mm，MF2 为发电机后端相对于中线偏左（非液压站侧）4.75 mm。

将刹车松掉，控制盘车电机将 S/M 激光设备运行到靠近竖直方向的位置（大概距离竖直位置 30°即可）则出现如（c）图界面（这样竖直方向的数值可以实时变化），图中竖直方向的 MF1、MF2 数值框变黄色，并且显示增加或减少垫片的示意图。然后将刹车抱死，进行下一步调整发电机竖直方向位置。

④ 对中要求为，竖直方向，MF1、MF2 的值为 2.00～3 mm（全部在 2.5 mm 为最佳）。水平方向，MF1、MF2 的值为－1.0～0 mm（全部在－0.5 mm 为最佳）。所有的夹角为 0～0.08°，所以根据要求值调整发电机位置。现场的垫片有多种，有 5 mm、2 mm、1 mm 等根据具体情况加减垫片。

如图 2′-150，竖直方向发电机前脚需要增加 3 mm 垫片，后脚需要增加 7 mm 垫片。但根据经验来看，前后脚哪个脚低应该先垫哪个脚，垫完后再根据数值确定另外一端需要增加多少垫片。例如图上情况，应该先增加 MF2 的垫片，后根据数值再增加 MF1 的垫片。要考虑到调整结束后地脚螺栓紧固时，发电机前后脚值会下降 0.2 mm 左右。

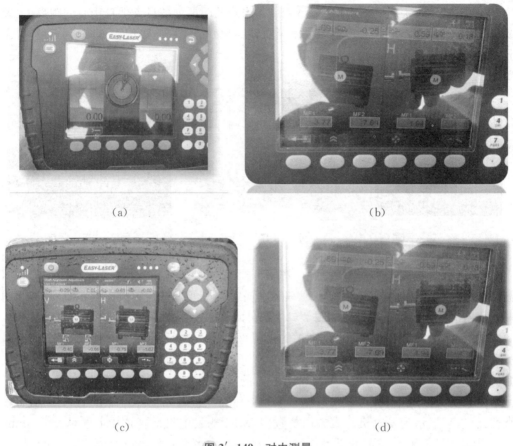

(a)   (b)

(c)   (d)

图 2′-149　对中测量

⑤ 用力矩放大器松开 4 颗固定螺栓增加垫片的过程为,如果先增加后脚垫片,则松开两个后脚螺栓(不能全部松掉,松多少取决于需要增加的垫片),前脚螺栓保持力矩拧紧状态。将矮千斤顶放在如图所示位置,将发电机顶起后,放置垫片。然后卸掉千斤顶压力,卸压时需两侧同步缓慢卸压。

(a)   (b)

图 2′-150　放置垫片

⑥ 待后脚(前脚)调整完成后调整另外一端。最后将 MF1、MF2 调整在标准范围内。如下图。

图 2'-151 对中结果测量

⑦ 竖直方向调整结束后,将刹车松掉,通过盘车电机将 S/M 旋转至接近水平位置,界面上水平方向的 MF1、MF2 显示为黄色,这样可以实时监控到数值的变化,调整水平方向,调整如图,将数值调整在标准范围内。在调整水平方向时需要将另外一侧的其中一颗螺栓进行固定,防止发电机整体偏移或前后偏移。

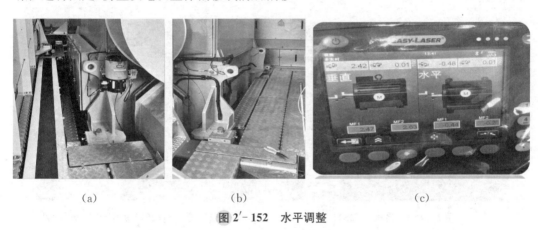

(a)   (b)   (c)

图 2'-152 水平调整

⑦ 调整结束后将所有的地脚螺栓固定力矩并画力矩标识线,并备份对中数据。恢复联轴器护罩,恢复其他工器具。

五、机舱中的制动器和液压系统维护

1. 应遵守的安全规则

括号内的数字表示部件在液压系统图中的位置编号和在风力发电机中设备上的编号。所有压力值均显示在液压图中。

① 每次维修时,检查油位和是否漏油。如果漏油,在修理故障后彻底清洁漏油现场。

② 在断开任何阀门和旋转接头等连接件之前,彻底清洁缺陷部件与系统的连接点。

③ 处理液压系统时要格外小心,不要让任何污物进入系统。

④ 对制动器和液压系统的维修工作执行完毕后,在风力发电机进入自动运转之前,必须检查制动系统。

2. 检查变桨和高速制动器的液压站

(1) 检查压力传感器(218)

① 根据指导手册,锁定高速轴机械锁,并填写检查表 ZCH1031600 在传动系统/轮毂中工作的安全性部分。

② 在测试接头(212)上安装压力计。比较压力计上显示的压力值和手持终端中菜单 2>屏幕 7(Menu2>screen7)上显示的压力读数(±2 bar)。

(2) 检查制动阀(252)

① 手动停止风力发电机(1001)。

② 根据指导手册,锁定高速轴机械锁,并填写检查表 ZCH1031600 在传动系统/轮毂中工作的安全性部分。

③ 将检修阀(252)设置到“运行”位置。在测试接头(248)上安装压力计。检查系统上的制动压力是否足够和稳定(60～65 bar)。按下启动按钮,检查风力发电机是否松开制动器,压力表的读数是否为 0 bar。按下停止按钮,将检修阀(252)设置到“检修”位置,用挂锁固定,并挂上“切勿启动”(Do-not-start)标志(上锁/挂牌)。

图 2′-153　检修阀(252)

图 2′-154　检修阀(252)设置到“检修”位置

④ 解除高速轴锁定。

阀门(254)的测试方法与阀门(252)相同。

(3) 检查压力传感器(228)

该压力传感器监控制动钳中的压力。

① 根据指导手册,锁定高速轴机械锁,并填写检查表 ZCH1031600 在传动系统/轮毂中工作的安全性内容。

② 在测试接头(227)上安装压力计,激活制动器。

③ 比较压力计上显示的压力值和手持终端中菜单 2>屏幕 8(Menu2>screen8)上显示的压力读数(±2 bar)。

④ 解除高速轴锁定。

（4）测试泄压阀（210）

① 根据指导手册，锁定高速轴机械锁，并填写检查表。ZCH1031600 在传动系统/轮毂中工作的安全性内容。

② 在测试接头（212）上安装压力计，取下压力传感器（218）上的插塞。压力增加直到泄压阀（210）打开（90 bar±2 bar），保持压力恒定，当压力恒定时读取压力值。

③ 如果压力读数与液压图中规定的压力值不匹配，则更换泄压阀（210）。不允许调整阀门。重新安装压力传感器（218）上的插塞。

④ 解除高速轴锁定。

（5）测试制动阀（216）

① 根据指导手册，锁定高速轴机械锁。

② 在测试接头（227）上安装压力计。在菜单 24（Menu24）中松开制动器（压力计读数＝0 bar）。

取下制动阀（216）上的阀塞，检查压力是否增加。重新安装制动阀（216）上的阀塞，检查压力值是否立即下降到 0 bar。

③ 解除高速轴锁定。

（6）检查阀门（211）

① 根据指导手册，锁定高速轴机械锁，并填写检查表 ZCH1031600 在传动系统/轮毂中工作的安全性内容。

② 在测试接头（227）上安装压力计，在菜单 24（Menu24）中松开制动器（压力计读数＝0 bar）。

③ 将检修阀（252）设置到"检修"位置，用挂锁固定，并挂上"切勿启动"（Do-not-start）标志（上锁/挂牌）。

④ 取下阀门（211）上的阀塞，检查压力增加是否需要 6～10 秒的时间。重新安装阀门（211）上的阀塞。

⑤ 解除高速轴锁定。

（7）检查油槽中的液压油油位

① 当风力发电机正常停止后，检查轮毂系统中的油是否加满。

② 通过观察镜（22）读取液压油油位。油位必须位于最低标记和最高标记之间。如有必要，注满油。

（8）检查油位传感器（21）

① 断开油位传感器的插头，取下油位传感器。

② 将插头连接到已取下的油位传感器上。当油位传感器浮标位于底部时，手持终端上出现错误信息。将油位传感器浮标位置于顶部，在手持终端中将错误复位。

③ 安装油位传感器，将插头连接到油位传感器上。

（9）测试压力传感器（17）

为了避免损坏旋转接头，运行过程中泵站上的阀门（27）必须位于"运行"位置。为了使系统建立压力，阀门（14）必须位于"运行"位置。

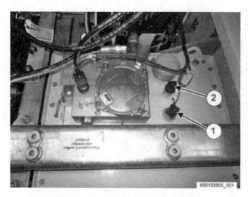

图 2'-155　安装油位传感器

图 2'-156　取出滤芯

① 根据指导手册,锁定高速轴机械锁,并填写检查表 ZCH1031600 在传动系统/轮毂中工作的安全性。

② 在测试接头(18)上安装压力计,取下阀门(201)上的阀塞。

③ 在手持终端中,在菜单 24(Menu24)中启动泵。

④ 当旁通阀(25)关闭时读取压力计上的压力值,压力应是 240 bar±2 bar。

⑤ 当旁通阀(25)打开时读取压力计上的压力值,压力应是 255 bar±2 bar。

⑥ 比较压力计上显示的压力值和手持终端中菜单 24＞屏幕 10(Menu24＞screen10)上显示的压力读数。将阀塞连接到阀门(201)上。

(10) 更换压力式过滤器(11)的过滤芯

① 从 A3 柜关闭 609.Q1。

② 将阀门(14)设置到"检修"位置释放液压。在测试接头(18)上安装压力计,检查系统是否减压(0 bar)。拆下过滤器,取出过滤芯。清空过滤器中的油,用一块干净的抹布清洁过滤器内部。

③ 在更换新过滤芯。将过滤器小心推到 O 形圈中,注意不要挤压 O 形圈。

④ 将过滤器拧紧到过滤器外壳上,扭矩 30±10 N·m。

⑤ 从 A3 柜打开 609.Q1,将阀门(14)设置到"运行"位置。启动泵,检查是否漏油和油位。

(11) 更换回油过滤器(30)过滤芯

① 从 A3 柜关闭 609.Q1,将阀门(14)设置到"检修"位置释放液压。

② 松开并小心拆下盖子。抬起并稳住过滤器,让油滴到油槽中。

③ 更换过滤芯。安装外盖,拧紧 4 个螺母的扭矩为 30 N·m。

④ 将阀门(14)设置到"运行"位置。从 A3 柜打开 609.Q1。

(12) 更换空气过滤器(20)

① 从 A3 柜关闭 609.Q1。

② 松开过滤器的螺丝。更换过滤芯。安装过滤器,仅用手紧固。不要使用任何工具。

③ 从 A3 柜打开 609.Q1。

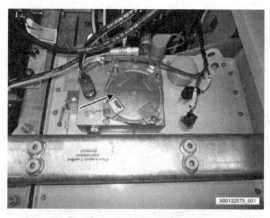

图 2′-157 回油过滤器(30)

图 2′-158 空气过滤器(20)

(13) 测试蓄能器(70)的预压力

图 2′-159 测试蓄能器

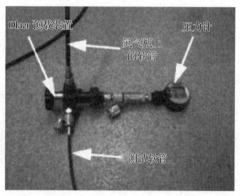

图 2′-160 蓄能器(70)加压

① 根据指导手册,锁定高速轴机械锁,并填写检查表 ZCH1031600 在传动系统/轮毂中工作的安全性内容。

② 从 A3 柜关闭 609.Q1。将阀门(14)设置到"检修"位置。在测试接头(18)上安装压力计,检查系统是否减压(0 bar)。等待 5 分钟,让蓄能器中的气体与蓄能器外壳同温。

③ 测量蓄能器外壳的温度,根据蓄能器预压力测量校正表(11~32 页)校正蓄能器的预压力。

④ 拆下蓄能器中的堵塞器。使用普通测试软管在蓄能器上安装压力计,确定 20℃时氮气压力为 180 bar±5 bar。

如果 20℃时校正后的预压力介于 125 bar 和 175 bar 之间,则使用 Olaer 预载装置给蓄能器加注氮气。

如果压力低于最低值(20℃时 125 bar),则更换蓄能器。

⑤ 测试蓄能器(220)的预压力。

⑥ 解除高速轴锁定。

图 2'-161　测试蓄能器(220)压力

图 2'-162　测试蓄能器(230)

(14) 测试蓄能器(230)的预压力

① 接合高速风轮锁定装置。参见接合高速风轮锁定装置(第 1~61 页)部分,并填写检查表 ZCH1031600 在传动系统/轮毂中工作的安全性内容。

② 从 A3 柜关闭 609.Q1。打开阀门(14),保持阀门(253)和(254)开启直到压力被释放。

③ 在测试接头(227)上安装压力计,检查系统是否减压(0 bar)。

等待 5 分钟,让蓄能器中的气体与蓄能器外壳的同温。测量蓄能器外壳的温度,根据蓄能器预压力测量校正表(11~32 页)校正蓄能器的预压力。

④ 拆下蓄能器中的堵塞器。使用普通的测试软管在蓄能器上安装压力计,确保 20℃时氮气压力为 20 bar±1 bar。

如果 20℃时校正后的预压力介于 14 bar 和 19 bar 之间,则使用 Olaer 预载装置给蓄能器加注氮气。

如果压力低于最低值(20℃时 14 bar),则更换蓄能器。

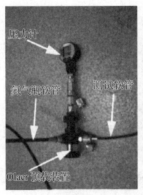

图 2'-163　蓄能器(230)加压

（15）检查润滑泵站电机中的轴承

检查润滑电机中的每个轴承,注意核对润滑剂类型和重量。

图 2′－164 检查润滑电机轴承

图 2′－165 取下盖板

3. 检查高速制动器

（1）检查制动衬片

测量制动衬片以及背板的厚度。如果厚度小于等于 27 mm,更换制动衬块。

（2）检查制动衬块和制动盘之间的气隙

在制动衬块中添加垫片前后必须检查气隙。

① 接合高速风轮锁定装置。

② 取下盖板。

③ 目视检查制动盘与制动盘两侧的制动衬块之间的气隙,并监听是否有噪声。

图 2′－166 检查气隙

图 2′－167 调整定位螺丝

如果必要,调整定位螺丝,减小制动盘和制动衬块之间的气隙。制动盘每侧的距离必须是 1～1.5 mm。详细方法参见制动器的安装和维护手册。

如果制动盘在制动衬片上磨损,通过调整定位螺丝来调节制动钳的移动范围,参见制动器的安装和维护手册。

④ 重新安装盖板,解除高速轴锁定。

（3）检查制动钳上的活塞密封件是否漏油

用塑料软管连接下排放口和滴油盘。检查下排放口是否有油流出。如果发现漏油，则更换密封件，参见制动器的安装和维护手册。

（4）控制制动盘

HCU 被激活后，检查制动盘是否有裂纹和变色。

4. 检查偏航制动器液压站

（1）检查液压油油位

当风力发电机偏航时，检查油位是否位于观察镜的上标记处。

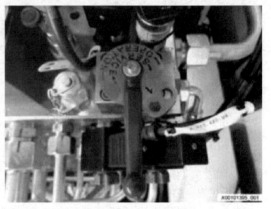

图 2′-168　检查油位　　　　图 2′-169　检修阀(252)设置到"检修"位置

（2）重新加注液压油

① 停止风力发电机。

② 将检修阀(252)设置到"检修"位置，用挂锁固定，并挂上"切勿启动"(Do-not-start)标志。

③ 拆下油位传感器。重新加注新油。当系统没有压力时，检查油位。

图 2′-170　拆下油位传感器

④ 将检修阀(252)设置到"运行"位置，取下挂锁和切勿启动(Do-not-start)标志。

（3）测试油位传感器(352)和(353)

① 断开油位传感器的插头。取下油位传感器。

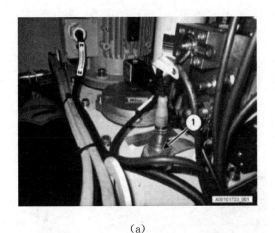
（a）

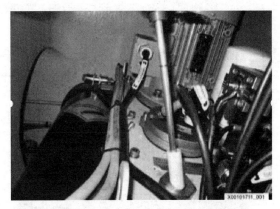
（b）

图 2′-171　取下油位传感器

②　将插头连接到已取下的油位传感器上。在手持终端中将故障复位。油位传感器中的浮标位于底部。将浮标置于顶部,将错误复位。

③　重新安装油位传感器。将插头重新连接到油位传感器上

（4）测试蓄能器(315)的预压力

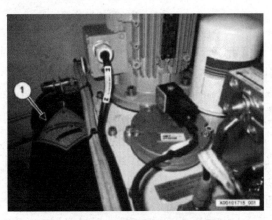

图 2′-172　偏航制动器的储能器(315)

①　对准偏航锁定装置。

②　关闭 A18 柜上的 690 V(700.Q1),安装偏航锁定装置。

③　关闭 A3 中的 690 V(609.Q1),在测试接头(311)上安装压力计。将阀门(336)设置到"检修"位置,通过压力计检查系统是否减压(0 bar)。

④　等待 15 分钟,让蓄能器中的气体与蓄能器外壳同温。测量蓄能器外壳的温度,校正蓄能器的预压力。

⑤　取下蓄能器中气体阀的保护盖。使用测试软管在蓄能器上安装压力计,确定 20℃时氮气压力为 120 bar±5 bar。如有必要,加注氮气。如果压力低于最低值(20℃时 84 bar),则更换蓄能器。

⑥ 将阀门(336)设置到"运行"位置,取下偏航锁定装置。打开 A18 柜上的 690 V(700.Q1)。打开 A3 柜上的 690 V(609.Q1)。

(5)更换回油阀(304)

① 对准偏航锁定装置,关闭 A18 柜的 690 V(700.Q1)。接合偏航锁定装置,关闭 A3 柜的 690 V(609.Q1)。

② 在测试接头(311)上安装压力计,将阀门(336)设置到"检修"位置,通过压力计检查系统是否减压(0 bar),更换回油过滤器。

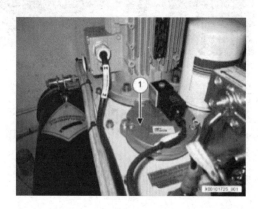

图 2′-173　更换回油过滤器

③ 将阀门(336)设置到"运行"位置,取下偏航锁定装置。打开 A18 柜的 690 V(700.Q1),打开 A3 柜的 690 V(609.Q1)。

(6)更换空气过滤器(354)的过滤芯

① 关闭 A18 柜的 690 V(700.Q1),关闭 A3 柜的 690 V(609.Q1)。松开过滤器螺丝。

② 更换过滤芯。安装过滤器,直接用手紧固。

③ 打开 A18 柜上的 690 V(700.Q1),打开 A3 柜上的 690 V(609.Q1)。

(7)测试泄压阀(310)

① 激活偏航制动器。

② 在测试接头(311)上安装压力计,取下压力传感器(312)上的插塞。

③ 在手持终端中将错误 7121 复位直到压力停止上升。压力计读数应为 220 bar±5 bar。如果压力读数不符合液压图中规定值,则更换泄压阀(310)。

(8)测试压力传感器(312)

① 在测试接头(311)上安装压力计。

② 在手持终端菜单 2>屏幕 7(Menu2>screen7)中读取压力值,检查其与压力计上的压力值是否相同(±2 bar)。

(9)测试压力传感器(345)

① 在测试接头(342)上安装压力计。

② 在手持终端菜单 2>屏幕 7(Menu2>screen7)中读取压力值,检查其与压力计上的压力值是否相同(±2 bar)。

（10）测试阀门（330）、（332）和（335）

① 激活偏航制动器。

② 检查手持终端菜单 2＞屏幕 7（Menu2＞screen7）中压力传感器（345）显示的压力值是否为 180 bar±5 bar。

③ 将风力发电机偏航。

④ 检查手持终端菜单 2＞屏幕 7（Menu2＞screen7）中压力传感器（345）显示的压力值是否为 5 bar±0.5 bar。

（11）测试阀门（303）

① 在测试接头（311）上安装压力计。

② 将阀门（336）设置到"检修"位置以启动泵，让泵运行五分钟。压力应下降约 5 bar。

③ 将阀门（336）设置到"运行"位置。压力应开始增长。

④ 当压力开始增加时，取下阀门（303）上的阀塞。压力应停止增长。

⑤ 重新安装阀门（303）上的阀塞。压力应增加到 180 bar。

（12）检查舱门液压站的油位

① 停止风力发电机。

② 将检修阀（252）设置到"检修"位置，用挂锁固定，并挂上"切勿启动"（Do-not-start）标志。

图 2'-174　检修阀（252）设置到"检修"位置　　图 2'-175　检查油位　　图 2'-176　检修阀（252）设置到"运行"位置

③ 检查上油位。油位应位于最高标记处。将检修阀（252）设置到"运行"位置，取下挂锁和切勿启动（Do-not-start）标志。

六、变桨和液压系统安全规程

1. 在轮毂中工作时的安全注意事项

① 打开机舱的前舱门，打开轮毂舱门。

② 仔细阅读作业指导书 D1025247 再进入轮毂。

图 2′-177　机舱的前舱门

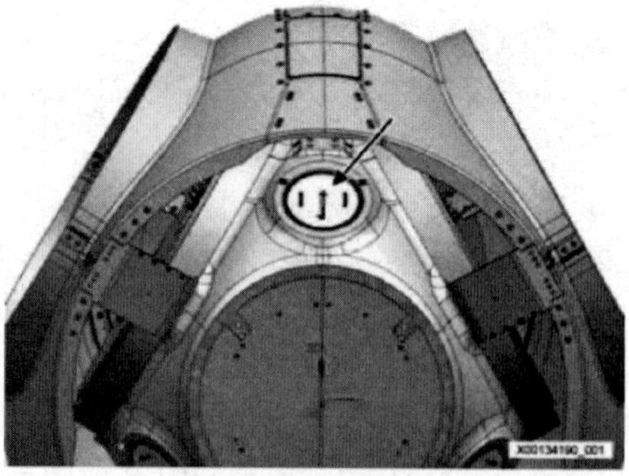

图 2′-178　轮毂舱门

2. 一般维修注意事项

① 当在轮毂中工作时，润滑剂绝不能接触变桨汽缸用免维护关节轴承固定处。这会大大缩短轴承的使用寿命。如果观察轴承有润滑剂，用乙醇清除这些润滑剂。

② 每次检查时，检查油位和是否漏油。如果漏油，在修理故障后彻底清洁漏油现场。

③ 在断开任何阀门和旋转接头等连接件之前，彻底清洁缺陷部件与系统的连接点。

④ 处理液压系统时要格外小心，不要让任何污物进入系统。

3. 轮毂中漏油清理

如果观察到轮毂中严重漏油(轮毂周围油飞溅)，则叶片轴承可能被污染，必须进行再润滑(冲洗)。如果发现集油瓶或叶根中有液压油，必须执行下述的再润滑(冲洗)程序。

步骤：

① 清洁叶片轴承内部。清理油和润滑脂，更换轮毂中的油收集器。清空所有排放杯。

② 清洁叶片轴承外部。尽可能清洁密封件、叶片和毂盖。将叶片变桨到停止位置，进行再次清洁，将风轮旋转两次 1/3 角度，重复清洁。

③ 润滑叶片轴承，每个轴承需要 10 kg 润滑剂。如果使用自动系统的旁路，则连接分配器确保润滑脂均匀分布。当给轴承添加润滑脂时，使轴承变桨多次，确保润滑脂均匀分布。根据重新给叶片轴承加注润滑剂。

④ 在重新安装排放杯之前，使叶片变桨至少两次。如果不想再清洁，直接安装排放杯。如果排放杯是满的，应清空。检查油收集器，如有必要，进行更换。

⑤ 每隔一个星期重复清洁程序三次。

4. 检查轮毂中的变桨系统

(1) 清洁密封圈

① 清洁朝向轮毂的密封圈，清理润滑脂和污物。

② 清洁朝向轮毂盖的密封圈，清理润滑脂和污物。

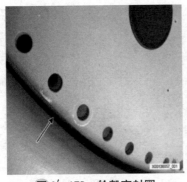

图 2′－179 轮毂密封圈

图 2′－180 朝向轮毂盖的密封圈

（2）检查叶片轴承的中央润滑系统

步骤：

① 目视检查泵、分配器、进口和轴承软管处的连接件是否漏油。检查泵中的油是否装得过满。最大添加油位参见泵上的标签所示。从动板必须位于此油位之下。

② 接合高速风轮锁定装置。

③ 在手持终端中进入菜单 24＞屏幕 7（MENU24＞screen7），按下"右箭头"启动泵，使轮毂通电。在手持终端中进入菜单 24＞屏幕 13（MENU24＞screen13），按下"．"启动，按下"．"停止。

④ 读取润滑脂总量，确保润滑装置运行时该读数在增长。注意查看维修检查表中规定的润滑脂量（分量）。在手持终端中，进入菜单 24＞屏幕 18（MENU24＞screen18），重置脉冲计数器。取下润滑系统中的插座，在插座中的插销 1 和 3 之间插入跨接线，确认"低油位传感器"。使手持终端显示错误。

⑤ 在手持终端中将错误复位。拆下跨接线，重新安装插座。

（3）重新给叶片轴承的润滑系统加注润滑剂

步骤：

① 将润滑脂盒紧固在泵底部装置上，泵出一些润滑脂，确保泵和软管中没有残留的旧润滑脂。

② 将软管连接到润滑系统的快速接头上。在中央润滑系统的润滑脂贮存器中加满润滑脂。不要添加过多的润滑脂。最大添加油位参见泵上的标签所示。从动板必须位于此油位之下。

润滑脂的温度必须高于－10℃，因为温度太低不利于搅拌器排出润滑脂中的空气，具体温度取决于润滑脂的型号。润滑脂中不允许存在污物和杂质。

③ 注满润滑脂后取下软管。

图 2'-181 快速接头

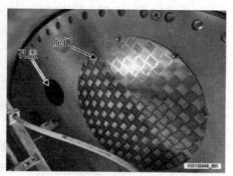

图 2'-182 取下叶片舱门和孔盖

（4）清空集油瓶

① 取下叶片舱门和孔盖。

② 拆下集油瓶。

图 2'-183 集油瓶

图 2'-184 清空集油瓶

③ 按下活塞至起始位置，清空集油瓶。小心按住活塞的中央，否则它会倾斜。确保活塞没有倾斜，正确放置在集油瓶的底部。如果活塞或集油瓶有损坏，更换集油瓶。

④ 重新安装集油瓶。重新安装叶片舱门和孔盖。

（5）校准滑阀反馈

在开始校准叶片之前必须确保该校准是正确的。

① 在手持终端中，进入菜单 24＞屏幕 11(MENU24＞screen11)。

② 使用箭头键选择叶片 A、B 或 C，按下 ENTER 键开始校准。

```
变桨阀—                                           1
     A:sxx.x,B:sxx.x,C:sxx.x,R:sxx.x
选择叶片＜/＞叶片
—A
```

校准完成后，显示下列屏幕：

变桨阀一		1
A:sxx.x、B:sxx.x、C:sxx.x		
校准完成:叶		

如果校准失败,显示下列屏幕:

变桨阀一		1
A:sxx.x、B:sxx.x、C:sxx.x		
校准错误:叶		

在尝试再次校准之前,检查连接等。

③ 按相同的方法校准其余两个电磁阀。

(6) 检查桨距角

① 当叶片处于0°位置时,检查箭头和标记是否一致。

图 2'-185　检查箭头和标记

② 如果箭头和标记不一致,执行偏置校准。

③ 通过手持终端中的菜单24>屏幕6(MENU24>screen6)将叶片变桨。

④ 检查其他叶片。

(7) 叶片的偏置校准

偏置校准从轮毂中杆(0°)的一个位置标记和板式叶片上的一个小金属箭头(用于检查桨距角的箭头)开始。

① 在手持终端中,进入菜单24>屏幕9(MENU24>screen9)。使用箭头键选择叶片A、B或C,按下ENTER开始校准。

变桨-校准叶片-A	60	9/21
值　　A:87.6　B:85.0　C:84.9　AE:84.9		
选择叶片</>		
E=开始校准(1.位置)		

② 使用右/左箭头使叶片精确变桨到 0°位置。调节增量可以使用上/下箭头进行调节。

```
变桨-校准叶片-A              0                9/21
值      A:0.2    B:73.6    C:73.6    AE:1.5

增量选择  ︿               方向选择</>
         ﹀
增量: 0.1                          E=结束校准
```

③ 当叶片精确处于 0°位置时,按下 ENTER 键。

```
变桨-校准叶片-A              60               9/21
值      A:60.0   B:73.6    C:73.6    AE:65.0

增量选择  ︿               方向选择</>
         ﹀
增量: 0.1                          E=结束校准
```

④ 再次按下 ENTER 键。变桨编码器重置为 0°。然后,调整叶片直到变桨编码器(显示在 AE 附近的图中)显示为 60.0°,叶片变桨呈 60°。

```
变桨-校准叶片-A              60               9/21
值      A:60.0   B:73.6    C:73.6    AE:65.0

增量选择  ︿               方向选择</>
         ﹀
增量: 0.1                          E=结束校准
```

⑤ 当叶片角度调节为 60°时,按下 ENTER 键,开始校准下一个叶片。

```
变桨-校准叶片-B              60               9/21
值      A:85.0   B:85.0    C:84.9    AE:84.9

选择叶片</>

E=开始校准(1.位置)
```

⑥ 重置风力发电机,在菜单 24>屏幕 7(MENU24>screen7)中目视检查叶片位置。

(8) 检查蓄能器(106A)和(106B)上的预压力

① 将阀门(108)和(128)设置到"检修"位置。将液压泵站上的阀门(27)和(14)设置到"检修"位置。将阀门(117)设置到"检修"位置使蓄能器减压。

② 在测试接头(111)上安装压力计,检查系统是否减压(0 bar)。等待 15 分钟,让蓄能器中的气体与蓄能器外壳的温度相同。

③ 用压力计测量氮气压力(20℃时为 125 bar±5 bar)。测量蓄能器外壳的温度,校正蓄能器的预压力。如有必要,加注氮气。如果压力低于 88 bar,更换蓄能器。

④ 将检修阀(117)、阀门(27)、(14)、(108)和(128)设置到"运行"位置。将阀门(27)

和(14)设置到"运行"位置。将阀门(108)和(128)设置到"运行"位置。

(9) 重新给蓄能器加注氮气

① 将氮气瓶上的软管安装到 Olear 预载装置上。在 Olear 预载装置和蓄能器之间安装测试软管。

② 加注氮气过程中,小心打开氮气瓶上的旋阀。当达到所需的压力时,关闭氮气瓶上的旋阀。

③ 安全紧固蓄能器上的盖塞。

图 2′－186　紧固储能器盖塞

(10) 检查阀门(103)和(120)

每次在一个叶片上执行该检查程序,其他叶片必须被锁定。

① 将阀门(108)和(128)设置到"运行"位置。测试过程中叶片将变桨。

② 在手持终端中,进入菜单 24＞屏幕 6(MENU24＞screen6)。

③ 将叶片变桨到运行位置,等待直到泵停止运行。取下阀门(119)和(109)上的阀塞。取下阀门(103)上的阀塞。叶片必须变桨到停止位置。

④ 设置桨距角为 88°。当桨距角到达 88°时,重新安装阀门(119)、(109)和(103)上的阀塞。将叶片变桨到运行位置,等待直到泵停止运行。

⑤ 取下阀门(119)、(109)和(120)的阀塞。叶片必须变桨到停止位置。

⑥ 设置桨距角为 88°。当桨距角到达 88°时,重新安装阀门(119)、(109)和(120)上的阀塞。

(11) 检查阀门(119)和(109)

每次在一个叶片上执行该程序。其他两个未测试叶片上的桨距锁定装置必须接合。阀门(109)和(119)作为阀门(102)的密封件。阀门(102)在关闭位置不能过紧。

① 在手持终端中,进入菜单 24＞屏幕 6(MENU24＞screen6)(变桨位置/基准)。

② 松开阀门(109)和(119)阀塞上的螺丝,键入 0 作为新的变桨位置。

③ 启动泵,按下 Enter 键。叶片开始变桨到 0°。

④ 当叶片开始变桨到 0°时,取下阀门(119)上的阀塞。取出阀塞时,叶片必须立即停止。

⑤ 将叶片变桨到停止位置 88°。叶片变桨到停止位置,重新安装阀门(119)的阀塞。

对阀门(109)执行相同的程序。

(12) 检查阀门(116)和加压阀(26)

压力阀(26)需要预先施加 3.3~3.5 bar 的压力,否则会损坏。如果阀门(27)位于"检修"位置,则预压力已经下降,不能再测量。

① 检查阀门(27)是否位于"运行"位置。

② 将叶片变桨到运行位置(0°)。在测试接头(113)上安装压力计。

③ 激活机舱中的紧急停止按钮。当叶片位于停止位置时,测量压力是否为 3.3~3.5 bar。

④ 将紧急停止按钮复位,对其他两个叶片执行相同的程序。

(13) 检查压力传感器(107)

① 将阀门(108)和(128)设置到"检修"位置。

② 在测试接头(111)上安装压力计。

③ 启动泵,比较压力计上显示的压力值和手持终端中菜单 24>屏幕 10(Menu24>screen10)上显示的压力读数。将阀门(108)和(128)设置到"运行"位置。

④ 对其他两个叶片执行相同的程序。

七、变频器冷却

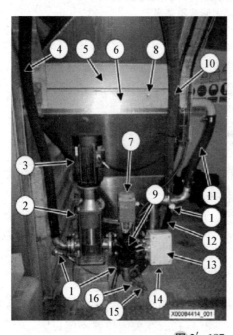

(1) PT110传感器
(2) 泵的放气阀
(3) 泵电机
(4) 冷却器软管(流向变流器底部)
(5) 变压器冷却器
(6) 变流器冷却器
(7) 手动促动-电动液压致动器
(8) 通气孔
(9) 三通阀
(10) 冷却器软管(从变流器顶部流出)
(11) 进入变流器冷却器的冷却器软管
(12) 从变流器冷却器出来的冷却器软管
(13) 接线盒
(14) 加热元件(接线盒后面)
(15) 加注/排放点
(16) 加注过滤器

图 2'-187 变频器

1. 排出冷却剂

① 根据电路图关闭泵电机和加热元件。

② 在制动器三通阀处关闭电源。手动旋转制动器至半开位置。

③ 在加注点和排放点连接排放软管。

④ 拧开高位水箱上的泄压阀,将冷却剂排放到 25 塑料容器中。注意,冷却回路中有

约 120 升冷却剂。

⑤ 手动促动至初始位置。注意,风力发电机运行时红色指示器不可见。

2. 系统加注和排气

① 从加注点给系统加注冷却剂,直到加到高位水箱的一半。

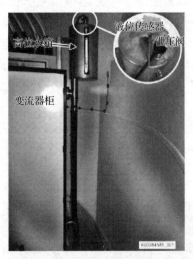

图 2′- 188　系统加注和排气

② 通过泵的放气阀和变流器冷却器上的测试接头给系统排气。在制动器三通阀处关闭电源。

③ 启动泵,通过泵的放气阀和变流器冷却器上的测试接头给系统排气。顺时针手动转动制动器直到其到达停止位置。通过泵的放气阀和变流器冷却器上的测试接头给系统排气。

④ 逆时针手动转动制动器直到其到达停止位置。通过泵的放气阀和变流器冷却器上的测试接头给系统排气。检查高位水箱的液位是否指示在一半的位置。如果必要,重新加注冷却剂。在制动器三通阀处打开闭电源。

3. 清洁变流器冷却器与散热片

为了进入冷却器,必须拆下检修舱门。

图 2′- 189　清洁变流器冷却器

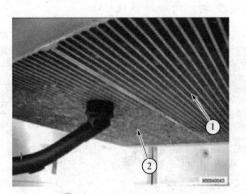

图 2′- 190　清洁散热片

① 使用带有刷子的大功率吸尘器吸出冷却器中的污物,例如使用新的吸尘器袋和过滤器来最大化吸力。

② 目视检查散热片是否干净。

如果气道堵塞,在手持终端中进入菜单 24>屏幕 27(Menu24>screen27)。高速运转风扇,用金属清洗剂喷洒风扇。如果使用电机吸尘,清洁完毕后总应使用金属清洗剂使散热片骨架变干,防止污物堆积。根据材料安全数据表(MSDS)的要求规范穿着个人防护装备。

③ 让风扇保持运行,直到冷却器完全变干,然后再次真空吸尘。

如果冷却器的气道仍然没有完全畅通,使用压缩空气或高压水清洗剂进行冲刷。

④ 如果冷却器上结水珠,则应更换冷却器,因为冷却器上很快会有污物堆积,从而降低冷却能力。

⑤ 检查冷却器是否泄漏/有裂纹,散热片是否被腐蚀。

4. 检查 A12 水冷却系统中的液位传感器

① 在高位水箱上的观察镜中读取水位。

图 2'-191 观察水位

② 在手持终端中,进入菜单 2>屏幕 13(Menu2>screen13),检查水位读数是否与观察镜中的水位一致。

5. 检查发电机的冷却系统

① 检查冷却系统和发电机风扇是否通过螺栓紧固连接在一起。

图 2'-192 发电机冷却系统

② 检查用于进气和排气的弹性软管是否密闭和完好无损。

6.清洁齿轮油和液压油冷却器的散热片

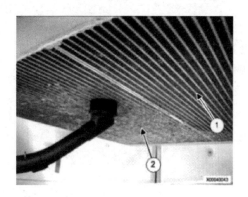

图 2′－193　清洁冷却器散热片

① 从外部清洁齿轮油冷却器和液压油冷却器的散热片。

使用带有刷子的功率强大的吸尘器吸出冷却器中的污物,例如使用新的吸尘器袋和过滤器来最大化吸力。

目视检查散热片是否干净。如果气道堵塞,用金属清洗剂喷洒风扇。如果使用电机吸尘,在清洁完毕后总应使用金属清洗剂使散热片骨架变干,防止污物堆积。

根据材料安全数据表(MSDS)的要求规范穿着个人防护装备。

启动风扇并让其保持运行,直到冷却器完全变干,然后再次真空吸尘。

如果冷却器上结水珠,则应更换冷却器,因为冷却器上很快会堆积污物,从而降低冷却能力。

② 检查油冷却器是否泄漏/有裂纹,散热片是否被腐蚀。更换软管时,检查冷却器是否堵塞。